Trapp/Wallerus

Handbuch der Maße, Zahlen, Gewichte und der Zeitrechnung

Reclam Sachbuch

Wolfgang Trapp
Heinz Wallerus

Handbuch der Maße, Zahlen, Gewichte und der Zeitrechnung

Mit 100 Tabellen und 35 Abbildungen

Reclam

6., durchgesehene und erweiterte Auflage 2012

RECLAMS UNIVERSAL-BIBLIOTHEK Nr. 19023

Gesamtherstellung: Reclam, Ditzingen. Printed in Germany 2012

ISBN 978-3-15-019023-4
www.reclam.de

Inhalt

In den Tabellen steht ~ für »zirka, ungefähr« (Zeitangaben), ≈ für »entspricht in etwa« (Wertangaben). Für die Abkürzung von »Liter« bzw. »Länge« wird der deutlicheren Unterscheidbarkeit wegen die Form ℓ verwendet.

1 Einleitung

1.1 Sinn und Notwendigkeit des Messens und der Maße

Messen und Maß, Wägen und Gewicht sind Begriffe, die uns täglich begegnen. Ein Zusammenleben von Menschen ist heutzutage ohne Maße und ohne Messen nicht mehr vorstellbar. Ja sogar die Existenz der Menschheit ist ohne Messungen und ohne Berücksichtigung der Ergebnisse des Messens unmöglich.

Das Messen ist so sehr Bestandteil des menschlichen Lebens geworden, dass wir schon gar nicht mehr bemerken, wann wir etwas messen, was wir messen oder wie wir ein Messergebnis zur Kenntnis nehmen und auswerten. Dem morgendlichen Signal des Weckers, mit oder ohne Musik, liegt eine Zeitmessung zugrunde. Steigen wir auf die Personenwaage, so messen wir unsere Masse, das Körpergewicht. Unseren Waschwasserverbrauch ermittelt ein Wasserzähler. Die Frühstücksbrötchen sind mit Butter, Marmelade, Wurst oder Käse belegt, Waren, die wir nach Gewicht vorverpackt oder zugewogen gekauft haben. Ehe wir aus dem Haus gehen, lesen wir vom Thermometer die Außentemperatur ab. Im Auto sind wir von Messgeräten für Geschwindigkeit, Wegstrecke, Benzinstand, Öltemperatur und für andere Messgrößen umgeben. Fühlen wir uns unwohl, greifen wir zum Fieberthermometer und nehmen Medikamente, die mit Hilfe von Messgeräten dosiert wurden.

Schon diese Aufzählung zeigt, dass Messungen und Messgeräte allgegenwärtig sind. Allerdings sind manche Messergebnisse für uns von größerer Bedeutung als andere, und daher muss das eine Messgerät genauer anzeigen als das andere. Wenn wir unsere Körpertemperatur messen oder uns auf die Waage stellen, ist beides für unsere Gesundheit

wichtig. Allerdings kann bei der Temperaturmessung das Ergebnis über Leben oder Tod entscheiden, bei der Wägung dagegen nur über unseren Geldbeutel. Das Fieberthermometer *muss* im Rahmen unvermeidlicher, möglichst geringer Toleranzen richtig anzeigen. Die Personenwaage *darf* prozentual größere Abweichungen haben, ohne dass das Ergebnis unserer Gesundheit schadet.
Es gibt noch viele Beispiele für die unterschiedliche Bedeutung der Richtigkeit und Zuverlässigkeit von Messgeräten und deren Ergebnissen:

- Es kann Leben und Gesundheit vom Messergebnis abhängen.
- Es können wirtschaftliche Vorteile oder Nachteile von der Messung beeinflusst werden.
- Es kann um unser Wohlbefinden gehen.
- Es kann darum gehen, unsere Wissbegierde zu befriedigen.

Die Wissenschaft vom Messen heißt »*Metrologie*« und gliedert sich in:

- die theoretische Metrologie, die sich vorwiegend mit den Maßeinheiten, den Maßsystemen und deren theoretischen Zusammenhängen befasst;
- die technische Metrologie, zu der die Mess- und Hilfsmittel, die Normalgeräte und die Messräume gerechnet werden;
- die gesetzliche Metrologie, die das staatlich geordnete und beaufsichtigte Messwesen umfasst;
- die historische Metrologie, die sich mit der Geschichte des Messens beschäftigt.

Wegen der seit Anbeginn der Geschichte überragenden Bedeutung des Güteraustausches hat die Obrigkeit schon in den frühesten Zeiten »Maß und Gewicht« überwacht. Mit den Fortschritten in der Messtechnik, vor allem in jüngster Zeit, und der Zunahme der Erkenntnisse über die Gesundheitsgefährdung durch Umwelteinflüsse hat der Staat die Überwachung der Messgeräte auf viele Gebiete des täglichen Lebens ausgedehnt. Heute kontrollieren die staatlichen Eichämter Messgeräte (vgl. Kap. 5):

- im Handel und für den Verbraucherschutz,
- in der Heilkunde und bei der Herstellung und Prüfung von Arzneimitteln,
- für den Arbeits- und Umweltschutz,
- für die Verkehrsüberwachung und andere amtliche Aufgaben.

In unserer *Wohnung* kommen wir mit einfachen Messgeräten aus. Zur Längenmessung genügt uns ein Gliedermaßstab, früher Zollstock genannt; die nähende Hausfrau hat ein »Zentimeterband«. Außerdem steht im Bad eine Personenwaage, und im Schrank liegt ein Fieberthermometer. Auch eine Küchenwaage, eine Briefwaage, eine Anzahl Zimmerthermometer, Außenthermometer, Messbecher und mehrere Uhren gehören zur Wohnungsausstattung.
An den Heizkörpern unserer Zentralheizung sitzen meist »Heizkostenverteiler«, die durch die temperatur- und zeitabhängige Verdunstung einer Flüssigkeit die abgegebene Wärmemenge zu schätzen gestatten.
Im Haus gibt es noch Zähler für den Verbrauch von Gas, Wasser und Elektrizität. Derartige Messgeräte gehören den Versorgungsunternehmen und werden von diesen regelmäßig abgelesen und gewartet. An die Telefonapparate sind häufig Gesprächseinheitenzähler angeschlossen.
Liebhaberfotografen benutzen einen Belichtungsmesser, der heute meist in der Kamera eingebaut ist.
Gehen wir zum Einkaufen, so finden wir, dass es ohne Messungen und ohne Messgeräte keinen *Warenverkehr* geben kann. An der Bedienungstheke des Supermarktes wird uns noch, wie früher, Wurst und Fleisch zugewogen, wir bekommen jedoch einen Bon mit, auf dem Grundpreis, Gewicht und der daraus berechnete Verkaufspreis abgedruckt

sind. Meist ist auch noch ein Strichcode für die automatische Datenerfassung durch die Kasse aufgedruckt. Was wir nicht bemerken, ist die Weitergabe von Gewicht, Warenart, Preis usw. an einen zentralen Rechner für die Warenbilanzierung.

Neuerdings wird eine elektronische Waage direkt an der Kasse eingebaut (POS = Point of Sale), deren Waagenbrücke ein Fenster für die Abtastung des obligatorischen Strichcodes besitzt. Diese Waage ist für lose Ware, wie Obst und Gemüse, bestimmt. Das Wägeergebnis wird angezeigt und zusammen mit dem Grundpreis und dem Verkaufspreis auf den Kassenbon gedruckt. Der Kauf wird dadurch noch mehr beschleunigt, da der Kunde nicht mehr selbst das Obst und Gemüse abwägen und etikettieren muss.

In den Regalen und Kühltruhen finden wir eine riesige Auswahl vorverpackter Waren, die meist nach Gewicht, aber auch nach Volumen oder Stückzahl gekennzeichnet sind.

Seit Anfang 2000 muss neben dem Verkaufspreis auch der Preis für 1 Kilogramm oder Liter, der Grundpreis, angegeben werden. Damit entfallen die recht komplizierten Vorschriften der Fertigpackungsverordnung über die Grundpreisangabe und deren Ausnahmen bei Verwendung bestimmter Packungsgrößen. Der Preisvergleich wird bei den jetzt zulässigen beliebigen Packungsgrößen durch diese Neuregelung sehr erleichtert.

Nicht nur Lebensmittel werden in Abwesenheit des Käufers abgepackt und verschlossen, sondern auch Arzneimittel, Kosmetika, Wasch- und Reinigungsmittel, Anstrichstoffe, Klebstoffe, Schmieröle, Futtermittel für Heimtiere usw. Der Käufer hat beim Kauf dieser »Fertigpackungen« in der Regel keine Möglichkeit zur Kontrolle. Er muss sich darauf verlassen können, dass die Mengenangabe auf der Packung, im Rahmen der unvermeidlichen Abweichungen, mit dem tatsächlichen Inhalt übereinstimmt. Deshalb hat der Gesetzgeber die Herstellung von Fertigpackungen strengen Vorschriften unterworfen.

Heizöl wird durch Tankwagen angeliefert und über geeichte Volumenzähler mit Umwertung auf die Bezugstemperatur von 15 °C zugemessen. Auch der Tankwagen wurde zuvor in der Raffinerie über geeichte Zähler befüllt.
Ähnliche Mineralölzähler messen in den Zapfsäulen der Tankstellen die Treibstoffabgabe für das *Auto*. Elektronische Fernübertragungen melden das Messergebnis zur Kasse und sorgen so für eine Beschleunigung des Tankens. Geeichte Reifendruckmesser hält die Tankstelle ebenfalls bereit. Der korrekte Reifendruck dient der Sicherheit und durch Kraftstoffeinsparung auch der Umwelt.
In allen Kraftfahrzeugen sind zahlreiche Messgeräte eingebaut, die Geschwindigkeit, Wegstrecke, Öltemperatur, Kühlmitteltemperatur, Batteriespannung und oft noch weitere Größen messen.
Zur Überwachung des Straßenverkehrs setzt die Polizei Geschwindigkeitsmessgeräte (Radargeräte und »Laserpistolen«) ein.
Besonders in der *Heilkunde* und im *Arzneimittelwesen* muss genau und irrtumsfrei gemessen werden. Ärzte, medizinische Laboratorien und Patienten müssen sich auf die Ergebnisse der Messungen von Blutdruck, Augeninnendruck, Körpertemperatur oder der Blutbestandteile verlassen können. Aber auch bei der Herstellung und Prüfung von Arzneimitteln in Pharmabetrieben und Apotheken müssen geeichte Messgeräte verwendet werden, um Schaden für Gesundheit und Leben zu verhüten.
Im modernen Gesundheitswesen werden darüber hinaus eine immer größere Anzahl von Instrumenten, Apparaten, Vorrichtungen, Stoffen oder anderen Gegenständen verwendet, die zur Anwendung für Menschen zur Erkennung, Verhütung, Überwachung, Behandlung oder Linderung von Krankheiten bestimmt sind. Da von der Sicherheit, der Zuverlässigkeit und der Leistung dieser »Medizinprodukte« die Gesundheit und der Schutz der Patienten, der Anwender und Dritter abhängt, hat der Staat durch seine Aufsicht für die Einhaltung der Vorschriften und Regeln zu sor-

gen. Diesem Zweck dient das Medizinproduktegesetz mit seinen Ausführungsverordnungen, das neben der traditionellen Eichung auch andere Maßnahmen vorsieht, die Unfallsicherheit und die Messsicherheit zu gewährleisten.
Schon lange werden von Ärzten Röntgengeräte für Diagnose und Therapie benutzt. Gegenwärtig finden viele radioaktive Strahlungsquellen für die verschiedenartigsten Untersuchungen Eingang in die Heilkunde, die Wissenschaft und die Technik. Auch in Kernkraftwerken treten gesundheitsschädliche Strahlen auf. Strahlenschutzmessgeräte sind für solche Bereiche daher unentbehrlich.
Es sind dies vor allem Personendosimeter, Ortsdosimeter und für den medizinischen Bereich klinische Dosimeter. Diese Messgeräte dienen der Festlegung der maximalen Aufenthaltsdauer von Personen in strahlengefährdeten Bereichen, der Abgrenzung dieser Bereiche in Kernkraftwerken, Röntgenabteilungen und radiologischen Arztpraxen sowie der Strahlenschutzüberwachung von medizinischen Röntgendiagnostik-Einrichtungen.
Die Bedeutung einer sauberen, intakten *Umwelt* wird von keiner Seite bestritten, denn Arbeits- und Umweltschutz ist auch Gesundheitsschutz. Um Gegenmaßnahmen treffen zu können, ist es außerordentlich wichtig, die verschiedenen Umweltbelastungen zu messen.
Nicht nur Luftschadstoffe beeinträchtigen unser Wohlbefinden, auch der Lärm zerrt an unseren Nerven. Die Lärmschwerhörigkeit ist mittlerweile zu einer häufigen Berufskrankheit geworden.
Um die vom Staat gesetzlich vorgegebenen Lärmgrenzwerte einhalten zu können, werden von der zuständigen Überwachungsbehörde geeichte Schallpegelmesser zur Messung von Verkehrslärm, Gewerbe- und Industrielärm, Gaststättenlärm, Baulärm und Hauslärm eingesetzt.
Auch beim Hausbau wird zur Kontrolle ausreichenden Schallschutzes der Schallpegel gemessen, ebenso wie er bei Planungsentscheidungen beim Bau von Autobahnen, Flughäfen, Industrieanlagen usw. berücksichtigt wird.

1.2 Einige Begriffe vom Messen und von den Maßen

Das Ergebnis einer Messung ist die Angabe einer »*physikalischen Größe*«, des Produktes aus Zahl und Maßeinheit. Die physikalische Größe ist die Eigenschaft eines Objektes (Körper, Zustand oder Vorgang), die sich qualitativ und quantitativ bestimmen lässt. Meinen wir nur die qualitativen Eigenschaften wie Länge, Fläche, Masse, Temperatur, Elastizität usw., so reden wir genauer von »*Größenart*«, während Größe im engeren Sinn sich auf die qualitativen und die quantitativen Eigenschaften eines bestimmten Objektes bezieht.

Damit wir physikalische Größen messen können, brauchen wir »*Einheiten*«. Die Messung einer Größe ist der Vergleich mit der für die Größe vorgeschriebenen Einheit. Bei der Messung der Länge unserer Tischplatte stellen wir beispielsweise fest, dass wir unser 0,5 m langes Lineal viermal anlegen können. Das Ergebnis der Messung lautet dann:

$$\ell = 4 \cdot 0{,}5\,\mathrm{m} = 2{,}0\,\mathrm{m}$$

Die physikalische Größe ist also das Produkt aus einer Zahl und einer Einheit.

Entsprechend messen wir Temperaturen in Grad Celsius, Flächen in Quadratmeter, Massen (Gewichte) in Kilogramm usw.

Eine Zusammenstellung von zweckmäßig gewählten Einheiten, die nach bestimmten Regeln verknüpft werden, nennen wir ein »*Einheitensystem*«. Gebräuchlich ist auch der Ausdruck »*Maßsystem*«. Ein physikalisches Maßsystem enthält Basisgrößen, abgeleitete Größen sowie dazu festgelegte Einheiten.

Die historische Entwicklung von »*Maß und Gewicht*«, wie früher Maßsysteme bezeichnet wurden, wird im folgenden Abschnitt eingehend geschildert.

2 Historische Entwicklung des Messens und der Maßsysteme[1)]

Unter »Maß und Gewicht« verstand man im engeren Sinne nur die Einheiten Länge, Fläche, Volumen und Masse (Gewicht), die vor allem beim Warenaustausch, im Bauwesen und bei der Landvermessung eine Rolle spielen – Bereiche, die der Staat schon frühzeitig beaufsichtigte. Daher wurde unter »Maß und Gewicht« auch oft das gesamte gesetzlich geregelte und staatlich beaufsichtigte Messwesen zusammengefasst.

2.1 Vorgeschichtliche Zeit

Das Messwesen begann wahrscheinlich mit der Zeitbestimmung und der Wegmessung. Die Zeit wurde aus der beobachteten Höhe des Sonnenstandes ermittelt. Aus der Länge des Schattens, den ein Baum, ein Mensch oder ein in den Erdboden gesteckter Speer wirft, und aus seiner Richtung konnte man die Ortszeit bestimmen – das Prinzip der Sonnenuhr. Die Beobachtung des Laufes der Sonne, des Mondes und der anderen Planeten führte zur Festlegung von Zeitpunkten und damit zu den Anfängen des Kalenders.
Längenmaße wurden von Körpermaßen des Menschen und von seiner körperlichen Leistungsfähigkeit (*Wegstunde*!) abgeleitet. So maß man in *Mannslängen*, in *Hand-* und *Fingerbreiten*, in *Ellen* (Unterarmlänge), in *Klaftern* (die Strecke zwischen den ausgebreiteten Armen eines erwachsenen Menschen) und benutzte den *Tagesmarsch* als Maßeinheit.

---

1) Vgl. auch Kap. 10: Zeittafeln der Metrologie.

Schon in der Steinzeit fand ein beträchtlicher Warenaustausch statt. Die getauschten Produkte wird man mit Hohlmaßen in Gestalt geflochtener Körbe gemessen haben. Vermutlich hat man die Masse auch schon mit einfachen Waagen, bestehend aus einem Holzbalken und Schnüren, bestimmt.
Die drei physikalischen Basisgrößen Länge, Masse und Zeit dürften die ersten gewesen sein, die der Mensch durch Messungen zu erfassen suchte.

2.2 Vorderasien und Ägypten im frühen Altertum

Die ältesten uns bekannten Funde von Messgeräten stammen aus Vorderasien und Ägypten.
Die *Babylonier* kannten schon ein staatlich überwachtes Messwesen, das in seinen Anfängen auf die Sumerer oder auf noch ältere Kulturen zurückgeht. (Vgl. Tab. 6.2.1.) Überliefert sind Gewichtstücke und auf Statuen eingemeißelte Längenmaße. Die Gewichtstücke tragen Zeichen des Herrschers als Beurkundung ihrer Richtigkeit. Die Normalmaße wurden in den Tempeln unter der Obhut der Priester aufbewahrt. Sie standen damit unter göttlichem Schutz.
In Babylonien war, wie später in Ägypten, eine große und eine kleine Masseneinheit in Gebrauch. Das große Gewicht, die *königliche Mine,* betrug etwa 1010 g, lag also nahe bei 1 kg. Das kleine Gewicht war halb so schwer, wog demnach um 505 g; diese *leichte Mine* wurde dem Warenverkehr zugrunde gelegt. Die schwere Mine diente der Festlegung der Abgaben. Die grundlegenden Gewichtseinheiten späterer Staaten lagen in ihren Beträgen ebenfalls oft nahe 1000 oder 500 g.
Das in Altbabylon gebräuchliche Längenmaß ist uns durch eine um 2100–2001 v. Chr. datierte Skulptur eines

Stadtfürsten, des Gudea von Lagasch, überliefert. Er trägt auf den Knien einen Maßstab mit einer Gesamtlänge von 26,45 cm. Aus der Skalenteilung dieses Maßstabes errechnet sich die sogenannte *Gudea-Elle* zu 49,59 cm. – Etwa aus derselben Zeit stammt ein mit Einkerbungen versehenes, rund 45 kg schweres Metallstück, das nach dem Fundort im Zweistromland *Nippur-Elle* genannt wird. Aus den Einkerbungen errechnet sich eine Elle von 51,86 cm.
Eine recht große babylonische Gewichtseinheit späterer Zeit, des 6. bis 5. Jahrhunderts v. Chr., war das *Talent*. Ein Talent hatte ca. 32, ca. 28 oder ca. 24 kg, je nach dem Gewicht der Füllung eines würfelförmigen Hohlmaßes der Kantenlänge von einem *assyrischen Fuß* zu 32 cm. Es wurde entweder mit Wasser, Öl oder Gerste gefüllt.
Die babylonischen Einheiten und ihre Einteilung bildeten die Grundlage für die in der Folgezeit entstandenen Maßsysteme vieler Staaten des Mittelmeerraumes.

In Ägypten (vgl. Tab. 6.2.2) war das Messwesen stark vom Nil beeinflusst, da nach den jährlichen Überschwemmungen alles Ackerland neu vermessen werden musste. Die Feldmesskunst war daher hoch entwickelt und ebenso wie die Wasserstandsmessung des Nils äußerst wichtig. In Ägypten sind Ellen aus Metall und Stein mit eingeritzten Unterteilungen gefunden worden. Die *königliche Elle* war danach 52,4 cm lang und galt, wie in Babylon, für Abgaben an den König und an die Priester. Die *gemeine Elle* von etwa 45 cm war für den täglichen Gebrauch bestimmt.
Masseneinheiten waren das *Kedet* und das *Deben* zu 10 Kedet. Es wurden Gewichtstücke zu $^1/_2$, 1, $2^1/_2$, 5, 10 und 50 Kedet verwendet. Ein Deben wiegt 90,96 g. Auffällig ist, dass es, im Gegensatz zu den fein geteilten Längenmaßen, für die Masse nur zwei Unterteilungen mit sehr geringem Wert gibt. Es ist anzunehmen, dass mit diesen Gewichten nur wertvolle Waren wie Edelmetalle, Edelsteine, Weihrauchharze o. ä. gewogen wurden. Von Bedeutung ist,

dass die babylonische Silbermine genau die Masse von 60 Kedet hat, wie in Dokumenten und Inschriften oft erwähnt wird.

2.3 Griechenland und das Römische Reich in der Antike

Wegen der engen Handelsbeziehungen beeinflussten die ägyptischen und babylonischen Maße und Gewichte die Maßsysteme der Staaten des Mittelmeerraumes.
Bei den *Griechen* (vgl. Tab. 6.2.3) wurden beispielsweise die Längenmaße unter babylonischem Einfluss in ein festes System gebracht. Die absoluten Werte sind örtlich und zeitlich verschieden, die Einteilung jedoch gleich. Die Länge des *Fuß* (ποῦς) schwankt zwischen 27,5 und 34,8 cm. Der *attische Fuß* wird in der neueren Literatur für die Zeit um 500 v. Chr. zu 31,04 cm angegeben. Die *Elle* ist $1^1/_2$ Fuß, also 46,56 cm, lang.
Auch die Gewichte weisen, obwohl sie durch die Verbreitung des Münzgeldes stärkeren Tendenzen zur Vereinheitlichung unterlagen, viele regionale und lokale Besonderheiten auf. Grundlage der griechischen Gewichtssysteme ist die orientalische Mine zu 100 *Drachmen* zu je 6 *Obolen*. 60 Minen ergeben 1 Talent.
Die Hohlmaße weisen nicht nur örtlich und zeitlich, sondern auch im System und je nach den gemessenen Füllgütern starke Unterschiede auf und sind überdies in ihren absoluten Werten umstritten.
Das richtige Messen wurde streng überwacht. In Athen hatten auf dem Markt, der Agora, Agronomen die Aufsicht über den Handel. Wegen des regen Marktverkehrs wurden ihnen später Metronomen als Hilfsbeamte für Maß und Gewicht beigegeben. Die Athener bewahrten anfangs ihre Normalmaße in einem Tempel der Akropolis auf; später wurde auf der Agora ein »Eichlokal« errichtet.

In den Städten des *Römischen Reiches* (vgl. Tab. 6.2.4) gehörte die Aufsicht über das Messwesen zum Amt des Ädilen. Dieser hatte das Recht, falsche Gewichtstücke einzuziehen und falsche Maßgefäße zu zerstören.
Das Römische Reich verfügte zur Kaiserzeit über ein enges Netz von »Stützpunkten« für Normalmaße, um in jedem Teil des Riesenreiches einheitliche Maße und Gewichte zu gewährleisten. Die genauesten Vergleichsmaße, die *Exagien,* wurden in der Stadt Rom auf dem Kapitol im Ponderarium des Tempels der Juno Moneta aufbewahrt.
Jede Legion, als Mittelpunkt römischer Herrschaft in den Provinzen, erhielt Kopien der Exagien, die wegen ihrer Bedeutung in dem Sacellum des Legionslagers neben den Feldzeichen und dem Bildnis des Kaisers aufbewahrt wurden. Die Kohorten bekamen von den Legionen *Gebrauchsnormale*, mit denen die Messgeräte der Händler und Handwerker verglichen wurden. Auf diese Weise wurden im ganzen Imperium Romanum bis zu seinem Untergang einheitliche Maße und Gewichte aufrechterhalten, ein Zustand, der erst mehr als tausend Jahre später wieder erreicht wurde.
Die Grundlagen des römischen Maßsystems bildeten *Libra* und *Uncia*. Hiermit wurden sowohl Gewichts- als auch Volumeneinheiten bezeichnet. Als Hohlmaße waren Libra und Uncia fest bestimmt und unveränderlich. Die Werte der Gewichtslibra und der Gewichtsuncia ergaben sich aus der Dichte der Stoffe (Getreide, Öl oder Wein), die eine Maßlibra oder eine Maßuncia füllten. Da man in späterer Zeit nicht berücksichtigte, dass die Römer zur Festlegung der Masseneinheit als Normalfüllung Öl benutzten, entstanden in vielen Städten von der Norm abweichende Gewichtseinheiten.
Nach Messungen an prägefrischen Münzen und neuen, ungebrauchten Gewichtstücken entspricht eine Libra der Masse von 327,45 g. Das ist mit hoher Genauigkeit die Masse von 36 altägyptischen Kedet. Die Festlegung der Libra

auf das obige Gewicht soll in der Mitte des 5. Jh. v. Chr. erfolgt sein. Dieser Wert ist weitgehend konstant geblieben. Die Libra hatte nach dem griechischen System folgende Einteilung: 1 *Libra* = 12 *Unciae* = 48 *Sicilici* = 72 *Sextulae* = 96 *Drachmae* = 288 *Scripula* = 576 *Oboli* = 1728 *Siliquae*. Daneben war noch eine feinere Unterteilung der Libra gebräuchlich. (Vgl. Tab. 6.2.4.)
Der römische Fuß, *Pes monetalis*, war die Grundlage der römischen Längenmaße. Er war 29,617 cm lang und einmal in 16 *Digiti* (Finger) von 1,851 cm Länge, andererseits aber auch in 12 *Unciae* (Zoll) von 2,468 cm Länge unterteilt.
Aus dem Pes monetalis wird durch Addition von 2 Digiti = 3,702 cm der sogenannte *Drusianische Fuß* zu 33,319 cm Länge. Der Drusianische Fuß hat somit 18 Digiti.
Die Elle des römischen Systems, *Cubitus*, ist das Eineinhalbfache des Fuß und somit 44,425 cm lang. Es sind also 6 Ellen gleich 8 Drusianische Fuß oder 9 römische Fuß.
Im Römischen Reich war als Wegemaß die Meile (*mille passuum*, Pl. *milia passuum*, viel später *miliarium*, *miliaria* – Meilenstein, Meilensteine) entsprechend 1000 Doppelschritten von jeweils 5 römischen Fuß eingeführt. Das entspricht etwa 1478,7 m. (Siehe auch Kapitel 6 »Römische Wegemaße«.)
Die Römer unterschieden, ebenso wie die Griechen, Hohlmaße für flüssige und solche für trockene Messgüter.
»*As*« war bei den Römern ursprünglich jedes Ganze, ob Münz-, Maß-, Gewichts- oder Zins-, Erbschafts- und andere Rechnungsverhältnisse betreffend. Das As wurde duodezimal geteilt, und $^1/_{12}$ As machte eine Unze aus. Als Gewicht hieß das As »Libra«. (Vgl. Tab. 6.2.4–4.)

2.4 Europa und der Mittelmeerraum im Mittelalter und in der Neuzeit bis zum Ende des 18. Jahrhunderts[1)]

Das Ende des Imperium Romanum bedeutete auch das Ende eines kontrollierten Maß- und Gewichtswesens. Zunächst übernahmen die Nachfolgestaaten die römischen Maßeinheiten, wie man aus den Bezeichnungen beispielsweise der fränkischen Einheiten schließen kann. Karl der Große verordnete in den Kapitularien von 789 die Verwendung gleicher Maße und Gewichte.

Sehr wirksam konnten diese Bestrebungen auf die Dauer nicht sein, denn mit der Verleihung des Marktrechtes erhielten die aufblühenden Städte auch die Aufsicht über Maß und Gewicht. Damit entstanden in jedem irgend bedeutenden Marktort zumindest für jene Waren eigene Maßgrößen, die er regelmäßig umsetzte oder lieferte.

Diese Verschiedenheit der tatsächlich gebrauchten Maßeinheiten entstand nicht nur durch bewusstes Abgehen von den bislang üblichen Werten, um etwa bei Wein durch ein kleineres Schankmaß eine Steuer auf den Verbraucher abzuwälzen, sondern auch durch ungenaue Fertigung neuer Normalmaße. Vernachlässigung der Eichung und der Maßkontrolle führte ebenfalls zu vielen, allerdings nur wenig voneinander abweichenden lokalen Einheiten.

Auf dem Lande hatten die Grundherren das Recht zu bestimmen, in welchem Hohlmaß oder Gewicht die ihnen zustehenden Abgaben zu leisten seien. Bei den Hohlmaßen für Getreide und Hülsenfrüchte war der Hauptgrund für starke Schwankungen die Möglichkeit, »gehäuft« oder »gestrichen« zu messen. Nun wurden aber alle Grundzinsen in Getreide, wie es scheint, gehäuft geliefert. Um die Abgaben allmählich zu erhöhen, lag es nahe, ein neues

1) Vgl. Tab. 6.3.3.

Maß zu schaffen, das den gehäuften Inhalt des alten Maßes bereits gestrichen voll erreichte. Und nach einiger Zeit wurde das neue Maß wiederum gehäuft verlangt… Auf diese Weise fand schon zur Karolingerzeit eine schrittweise Vergrößerung der Hohlmaße statt.

Durch diese Entwicklung ging die logische Verknüpfung der aus der Antike überkommenen Maßeinheiten schnell verloren. Längenmaße und Hohlmaße hatten kein einfaches Zahlenverhältnis mehr zueinander.

Auch bei den einzelnen Einheiten für dieselbe Größenart gab es selten einen übersichtlichen Zusammenhang beispielsweise zwischen *Ruthe*, *Klafter*, *Elle* und *Fuß*. M. R. B. Gerhardt schreibt 1791 in seinem »Allgemeinen Contorist«: »Von deutschen Maaßen hat das Längenmaaß folgendes gewöhnliche Verhältnis:

1 Ruthe	2 Klafter	6 Ellen	12 Fuß	144 Zoll	1728 Linien
	1	3	6	72	864
		1	2	24	288
			1	12	144
				1	12

Bei der geometrischen Einteilung aber rechnet man die Ruthe zu 10 Fuß 100 Zoll 1000 Linien 10000 Scrupel.«

Diese Einteilung war das Ideal, bei dem man natürlich berücksichtigen muss, dass die Zahlenwerte der Einheiten von Ort zu Ort sehr verschieden waren. Dazu kam, dass im Laufe der Zeit fast jedes Handelsgut seine eigenen Maßgrößen hatte. Da vor allem Stoffe nach Ellen gemessen wurden, gab es je nach Handelsbrauch Ellen für Leinwand, für Wolle, für Seide, für Barchent usw. Die im Lande produzierte Leinwand wurde mit der längsten Elle gemessen, da sich die Länge nach dem Wert der Ware richtete. Daher war die Wollelle kürzer und die Seidenelle am kürzesten. Noch im 19. Jahrhundert galt dieser Handelsbrauch. Die Elle war jedoch nicht immer 2 Fuß lang. In Bayern beispielsweise maß die Elle 2 Fuß und $10^1/_4$ Zoll, in Preußen dagegen

2 Fuß und $1^1/_2$ Zoll. Die Elle fiel also aus dem Rahmen der einfachen Umrechnungsfaktoren. Natürlich war ein Zoll bayerisch nicht gleich einem Zoll preußisch. Erst mit der Einführung des metrischen Maßsystems um 1870 änderten sich diese Verhältnisse.

Bei den Volumenmaßen unterschied man solche für Flüssigkeiten und solche für trockene, rieselfähige Messgüter wie Getreide, Hülsenfrüchte, Salz usw. Bei den Getreidemaßen wurde schon der Unterschied zwischen »*Gehäuft-Maß*« und »*Glattgestrichen-Maß*« erwähnt. Auch »*Gerüttelt-Maß*« kam vor. Außerdem gab es für »rauhe Frucht« (Hafer) und »glatte Frucht« (Roggen, Weizen, Gerste) unterschiedliche Größen und Messverfahren. Auch wurde Sommerkorn und Winterkorn unterschieden. Wie schon erwähnt, hatte auch jeder Bezirk seine eigenen Maßgrößen.

Für andere trockene Messgüter gab es ein Kalkmaß, ein Salzmaß, ein Kohlenmaß, verschiedene Maße für Holz usw.

Bei den Flüssigkeitsmaßen waren für die einzelnen Handelsgüter gleichfalls unterschiedliche Maßgrößen üblich. Man verwendete begreiflicherweise für Öl, Milch, Wein, Bier und Honig jeweils andere Messgefäße, denen auch unterschiedliche Inhalte zugeordnet waren.

Die größten Flüssigkeitsmaße entstanden durch die Gegebenheiten des Transportes. Die Größe der Einheit *Saum* (auch *Sauma*, *Soma*, *Sohm*, *Ohm*, *Ahm* usw. genannt) entsprach der Belastungsfähigkeit eines Tragtieres. Vorwiegend im Gebirge spielten die »Saumtiere« eine große Rolle, da nur sie auf einem »Saumpfad« die schwer begehbaren Pässe überqueren konnten. Das Tragtier, ob Esel, Maultier oder Pferd, wurde seitlich mit zwei gewichtsgleichen Behältern, *Lägel* genannt, belastet. 1 Saum war also gleich 2 Lägel und betrug zwischen 120 und 150 Liter. Die Grenzwerte eines Saumes ergeben sich so aus der Tragfähigkeit von Esel und Maultier mit netto 120,5 kg (= 134 ℓ Öl) und für das Pferd mit 136 kg (= 151 ℓ Öl). Die

Saumgrößen von mehr als 150 Liter könnten von einem »Wagensaum« abgeleitet sein, der Tragfähigkeit von Karren, die gleichfalls im Gebirge verwendet wurden.
Die Größe des Weinmaßes richtete sich vor allem in den Weinbaugegenden nach dem Verarbeitungszustand des Weines. Es wurden an den meisten Orten drei, an einigen jedoch folgende vier »Eichmaße« unterschieden: *Trester-Eich, Trüb-Eich, Hell-* oder *Schön-Eich* und *Schenk-Eich.* Die ersten drei bezogen sich auf die Reinheit des Weines, die letzte, die kleinste, berücksichtigte eine Abgabe.
Bei den Gewichtseinheiten können wir bis zur Einführung des metrischen Systems drei Hauptgruppen unterscheiden:

- das Handelsgewicht,
- das Münzgewicht, auch für Gold und Silber verwendet,
- das Medizinal- oder Apothekergewicht.

Darüber hinaus waren häufig noch weitere Werte in Benutzung. Am Beispiel der bedeutenden Handelsstadt Frankfurt am Main sollen aufgrund der Angaben in den zeitgenössischen Handbüchern für Münzen, Maße und Gewichte die Gewichtsgrößen aufgezeigt werden, die sich allein in einer Stadt im Laufe der Zeit herausgebildet hatten und zu Beginn des 19. Jh. gleichzeitig galten:

1. Markgewicht oder Silbergewicht, zugleich Münzgewicht und Gewicht für unverarbeitetes Gold. Bei dem Kölnisch-Markgewicht gab es noch vier verschiedene Einteilungsarten.
2. Kronengewicht für verarbeitetes Gold.
3. Dukatengewicht, für unverarbeitetes Gold mit dem Feingehalt von Dukaten.
4. Leichtes Handelsgewicht.
5. Schweres Handelsgewicht.
6. Spezereigewicht der Stadtwaage.
7. Speckgewicht der Stadtwaage, für Würste, Schinken, anderes Rauchfleisch usw.

8. Heugewicht.
9. Mehl- und Malzgewicht.
10. Wollwaagegewicht.
11. Butter- und Fleischgewicht.
12. Fischgewicht für frische Fische.
13. Medizinal- oder Apothekergewicht.
14. Juwelengewicht.

Also vierzehn Gewichtsarten in einer Stadt!

Der *Zentner*, als große Gewichtseinheit, wurde nicht überall in 100 Pfund geteilt. Es gab Zentner von 100, 104, 106, 108, 110, 112, 114, 116 und 120 Pfund. Auch dies trug zur allgemeinen Maßverwirrung bei.
Zu Beginn des 19. Jahrhunderts waren allein im Großherzogtum Baden 112 verschiedene Ellen, 92 verschiedene Flächen- oder Feldmaße, 65 verschiedene Holzmaße, 163 verschiedene Fruchtmaße, 123 verschiedene Flüssigkeitsmaße, 63 verschiedene Wirts- oder Schenkmaße und 80 verschiedene Pfundgewichte in Benutzung.
Dieser Zustand des Maßwesens hemmte natürlich außerordentlich Handel und Verkehr und verlangte von jedermann ständige Umrechnungen und das Nachschlagen in umfangreichen Handbüchern.

2.5 Kulturen außerhalb des Abendlandes: Indien, China

Im alten *Indien* gab es bis zum Beginn des ersten indischen Großreiches (etwa 250 v. Chr.) nur innerhalb eines Bezirkes ein einheitliches System für Maß und Gewicht. Die Begriffe für Maße und Gewichte lassen einerseits ihren Ursprung erkennen: Strick, Elle, Ruf, Last, Bohne, Bogenlänge, Stock, andererseits die Tätigkeit, bei der sie vorwiegend verwendet wurden: ein »Krug Saatgut« für eine Flä-

che Ackerland. Die Verhältniszahlen waren »4«, ein Vielfaches davon bis 32000, und/oder »10«.
Verbreitete Längenmaße waren *Angula* (Finger, etwa 2 cm), *Hasta* (Elle, etwa 45 cm), *Danda* (Stock, etwa 180 cm), *Kroscha* (Ruf, etwa 1,8 km), *Yodschana* (Anschirrung, etwa 14,5 km). Allgemeines Flächenmaß war das *Nivertana* von etwa 1,2 ha. Einheit des Gewichtes war das *Krischnala* von etwa 120 g, der *Karscha* oder *Pana* mit etwa 10 g, der *Pala* mit 40 g u. a. Grundlage des Hohlmaßes war das Volumen des Gewichtes von 1 Pala Getreide.

Auch in China waren im Altertum in jedem Teilstaat eigene Maße und Gewichte gebräuchlich, wobei sowohl die benutzten Maßeinheiten als auch ihre Bezeichnungen stark variierten. Aus Inschriften auf bronzenen Maßgefäßen, die zu der Periode von 1600 bis 771 v. Chr. gehören, konnte man damals gültige Einheiten von Maß und Gewicht ermitteln.
In der folgenden Zeit des Feudalismus (bis 221 v. Chr.) bildeten die zahlreichen Vasallenstaaten eigene Maßsysteme aus. In größerer Zahl erhaltene Standardgewichte beweisen, dass die Einheiten längere Zeit konstant geblieben waren. Üblich waren damals eine Zehner- und eine Viererteilung der Einheiten. Die reine Dezimalteilung setzt sich erst später durch.
Der Staatsmann Shang Yang führte im Königreich Qin im 4. Jahrhundert v. Chr. eine Serie von Reformen durch, so dass Shilmangdi von Qin (247–210 v. Chr.) die Maßeinheiten in seinem Herrschaftsbereich vereinheitlichen konnte.
Seit der Han-Dynastie (206 v. Chr. – 220 n. Chr.) kamen als Längenmaß das *Chi* (Fuß) mit ungefähr 23 cm Länge, als Hohlmaß das *Sheng* mit etwa 0,2 ℓ und als Gewichtseinheit das *Jin* mit etwa 220 g in Gebrauch. Bis zum 19. Jahrhundert vergrößerten sich diese Einheiten auf etwa 32 cm, 1,0 ℓ und 600 g.

Im Gegensatz zu der verwirrenden Vielzahl der absoluten Werte der Maß*einheiten* war das chinesische Maß*system* der relativen Maßverhältnisse einfach und übersichtlich. Es hat sich im Laufe der drei Jahrtausende chinesischer Geschichte nur geringfügig geändert.

2.6 Entstehung des metrischen Maßsystems

Allen landesfürstlichen Bemühungen gelang es nicht, über Landesgrenzen hinweg ein einheitliches Maßsystem einzuführen. Der Grund lag vor allem darin, dass, meist aus Prestigegründen, kein Herrscher sich veranlasst sah, die Maße seines Nachbarn anzuerkennen. Eine starke Zentralgewalt, die so etwas hätte durchsetzen können, gab es nicht.
Daher bemühte sich die Wissenschaft, ein System zu finden, das, frei von nationalen Besonderheiten, den zukünftigen Anforderungen entsprach und daher Aussicht hatte, international anerkannt zu werden.

2.6.1 **Anforderungen an ein internationales Maßsystem**

– Auswahl und Unveränderlichkeit der Maßeinheit

Als Maßeinheit wurden zu den verschiedenen Zeiten alle möglichen Gegenstände und Körperteile gewählt. Während man in den Anfangszeiten des Handels Maß oder Gewicht bei jedem Handelsvorgang besonders vereinbarte, wurden bei zunehmendem Handel einheitliche und allgemein verbindliche Festlegungen der Maße dringend erforderlich. Es lag nahe, diese Maße der Natur zu entnehmen, damit sie immer zur Verfügung standen und leicht reproduzierbar waren; man konnte sie leicht beschaffen. Allerdings waren sie nicht unveränderlich, und wegen dieser Unsicherheit schuf man Verkörperungen: Man nahm beispielsweise einen Metallstab für Längenmaße, ein Gefäß für Volumenmaße oder ein Gewichtstück zur Messung von Massen.

– Einfachheit des Systems

In den Zeiten des beginnenden Güteraustausches wurde für jeden Messvorgang, also die Bestimmung der Länge, der Fläche, des Volumens, des Gewichtes, eine besondere Einheit festgelegt, die mit den anderen keinen oder nur einen lockeren Zusammenhang hatte. Bei weiterer Entwicklung bemühte man sich, ein Maßsystem möglichst auf einer Einheit, vorwiegend der Längeneinheit, aufzubauen.

– Bequemlichkeit für den Gebrauch

Die Untereinheiten und die abgeleiteten Einheiten waren so zu wählen, dass sich bequeme Umrechnungsfaktoren ergaben. Dies wurde mit allen nur denkbaren Zahlensystemen versucht, mit dem Dualsystem, dem Dezimalsystem bis zum Sexagesimalsystem. In der Geschichte finden wir das Duodezimalsystem oft neben dem Dezimalsystem vertreten.

– Leichte Wiederbeschaffbarkeit bei Verlust

Bei den häufigen Feuersbrünsten in den Städten, den Kriegswirren mit ihren Plünderungen bestand ständig die Gefahr des Verlustes der gegenständlichen Normalmaße, von deren Veränderungen durch Umwelteinflüsse einmal abgesehen.

2.6.2 Versuche zur Schaffung von unveränderlichen Naturmaßen

Das Bestreben, aus der Natur ein unveränderliches Maß zu erhalten, wurde erst erfolgversprechend, als die Wissenschaft zu einer genaueren Kenntnis der physikalischen Gesetze gelangte und feinere Methoden, sie experimentell zu prüfen, entwickelte.

Die Auswahl eines »Naturmaßes« fiel nicht leicht. Konstante physikalische Maße im heutigen Sinne waren bis zum 18. Jahrhundert kaum bekannt. Vielmehr galten Materialkonstanten wie die Dichte des Wassers oder die Abmessungen der Erde als unveränderlich, also konstant. Auch die Länge eines Pendels mit einer bestimmten Schwingungsdauer wurde zunächst als konstant angesehen. Nachdem aber Versuche die Ortsabhängigkeit der Pendellänge für dieselbe Schwingungsdauer ergeben hatten, wurde beschlossen, eine Längeneinheit aus den Abmessungen der Erde abzuleiten.

Am 26. März 1791 hat der französische Nationalkonvent das *Meter* als gesetzliche Längeneinheit, und zwar als den zehnmillionsten Teil der Länge eines Erdmeridians zwischen Nordpol und Äquator, festgelegt.

Als weitere Einheiten wurden bestimmt:

- das *Ar* als Flächeneinheit für Flurstücke gleich einem Quadrat von der Seitenlänge 10 m;
- das *Ster* (Raummeter) als Raummaß für geschichtetes Brennholz gleich 1 m^3;
- das *Liter* als Volumeneinheit für Flüssigkeiten und Schüttstoffe gleich 1 dm^3;
- das *Gramm* als Masseneinheit gleich der Masse von 1 cm^3 reinen Wassers bei der Temperatur des Eispunktes.

Die Einheiten werden dezimal unterteilt und vervielfacht – ein wesentlicher Vorzug des neuen Maßsystems. Die Abkehr von dem sehr unübersichtlichen und unpraktischen Duodezimalsystem und der Übergang auf die einfach zu übersehende dezimale Abstufung der Einheiten hat die Einführung wesentlich erleichtert.

Auf Vorschlag des Holländers Jan Hendrick van Swinden wurden die dezimalen Unterteilungen durch lateinische und die dezimalen Vielfache der Einheiten durch griechische *Vorsatzwörter* benannt. Bei der Vielzahl der heute benötigten Vorsätze (siehe Tab. 3.1.3) kommen jedoch auch Namen aus anderen Sprachen (Italienisch, Skandinavisch) und Kunstwörter zur Anwendung.

Weiterhin wurde beschlossen: Die Einheit der Länge soll aus der Messung des Meridianbogens zwischen Dünkirchen und Barcelona berechnet werden.

Die Gradmessung wurde mit der *»Toise de Pérou«* durchgeführt, einem Maßstab, der nach der »Toise de Chatelet« gefertigt worden war und bereits bei der grundlegenden Gradmessung von Peru (1735–1737) als Längeneinheit gedient hatte.

Da der Nationalkonvent den Abschluss der Gradmessungen nicht abwarten wollte, führte er das metrische Maßsystem mit Gesetz vom 7. April 1795 in Frankreich ein.

Als Prototyp des Meters galt zunächst ein Strichmaßstab aus Platin, das *»mètre provisoire«*, das gleich 443,44 *Pariser Linien* der Toise de Pérou von 864 Linien festgesetzt wurde. Als Prototyp der Masseneinheit wurde zur Erleichterung der Messungen anstatt eines Grammstückes ein Kilogrammstück hergestellt.

Nach Abschluss der Gradmessungen wurde aufgrund neuer Berechnungen mit Gesetz vom 10. Dezember 1799 das *»mètre vrai et définitif«* mit 443,296 Linien der Toise de Pérou festgelegt. Eine Verkörperung aus Platin wurde zusammen mit einem Platinkilogramm in den französischen Staatsarchiven hinterlegt. Diese Maßverkörperungen hießen künftig *»mètre des archives«* und *»kilogramme des archives«*.

Alle Festlegungen von Einheiten, ob aus der Natur entnommen oder durch Vereinbarung körperlich festgelegt, haben den Nachteil, dass die Unsicherheit ihrer Realisierung von der Messgenauigkeit abhängt. Spätere Nachprüfungen der Resultate der französischen Gradmessung führten zu der Erkenntnis, dass der Erdkörper nicht starr ist. Es war also ein Irrtum, anzunehmen, dass der Erdmeridianquadrant für alle Zukunft die Möglichkeit bieten würde, bei Verlust der Maßverkörperung das Meter durch eine neue Gradmessung mit Sicherheit neu zu bestimmen. Man hatte demnach kein wirklich unveränderliches Naturmaß geschaffen.

2.7 Die Einführung des metrischen Maßsystems

In Frankreich, dem Geburtsland des Meters und des metrischen Systems, wurde in der Folgezeit das neue System als der Revolution zugehörig verteufelt. Erst am 1. Januar 1840 wurden die metrischen Maße obligatorisch und die Verwendung der nichtmetrischen Maße verboten. Frankreich führte demnach – nach den Niederlanden (1816), Belgien (1816), Luxemburg (1816) und Griechenland (1836) – erst als fünftes Land das neue Maßsystem ein.

Nachdem auch in Deutschland einflussreiche Kreise aus Wissenschaft, Technik und Wirtschaft ihre Ansicht durchgesetzt hatten, die verwirrende Maßvielfalt sei unhaltbar, stellten auf Initiative Bayerns sieben Staaten des Deutschen Bundes im Jahre 1860 den Antrag bei der Bundesversammlung in Frankfurt, in allen Staaten des Deutschen Bundes gemeinsames Maß und Gewicht einzuführen. Eine Sachverständigenkommission empfahl im folgenden Jahr die Einführung des metrischen Systems.

Am 17. August 1868 erließ König Wilhelm von Preußen im Namen des Norddeutschen Bundes die »*Maß- und Gewichtsordnung für den Norddeutschen Bund*«, die am 1. Januar 1872 Geltung erlangen sollte. Die süddeutschen Staaten erließen fast gleichlautende Gesetze, die gleichfalls am 1. Januar 1872 in Kraft treten sollten. Nach der Reichsgründung wurde die norddeutsche Maß- und Gewichtsordnung dann durch Gesetz vom 16. April 1871 (RGBl. 1871 S. 63) zum Reichsgesetz erhoben.

In Österreich wurde am 1. Januar 1876 das metrische Maß-

system obligatorisch eingeführt. Auch in der Schweiz galt von 1877 an metrisches Maß und Gewicht.
Diesen Beispielen folgten bis zur Gegenwart alle europäischen und fast alle außereuropäischen Staaten. Am 1. Oktober 1995 führte auch Großbritannien das Internationale Einheitensystem obligatorisch ein, ließ allerdings bis zum 31. Dezember 1999 noch Ausnahmen zu (vgl. Kapitel 3.5). In den USA ist das metrische System seit 1866 fakultativ eingeführt. Danach sind die metrischen Einheiten in der überwiegenden Mehrheit aller Länder obligatorisch eingeführt oder in der Einführung begriffen. Die Meterkonvention umfasst derzeit 51 Mitgliedstaaten und 20 assoziierte Staaten. Sie arbeiten daran, dass das fundamentale Netzwerk der Messtechnik zwischen weltweit tätigen Industrieunternehmen und Staaten noch reibungsloser funktioniert. In einigen Staaten sind immer noch die metrischen Einheiten fakultativ neben anderen Einheiten zugelassen.

2.7.1 **Gründung der Internationalen Meterkonvention**

Der wichtigste Punkt bei der Schaffung eines Maß- und Gewichtssystems, besonders wenn es international gelten soll, ist die Herstellung genauer Urmaße und davon abgeleiteter Kopien. Außerdem ist die Aufbewahrung und die schonende Benutzung von ausschlaggebender Bedeutung. Bei Vergleichungen der im Laufe der Zeit hergestellten Kopien mit den französischen Urmaßen stellte man aber teilweise unzulässig große Abweichungen fest, ein höchst unbefriedigender Zustand für die einzelnen Staaten.
Unter den Wissenschaften war die Geodäsie mit ihrer engen internationalen Verflechtung besonders an einheitlichen Maßen und äußerst genauen Maßverkörperungen interessiert. Die 2. Generalkonferenz der Europäischen Gradmessung, die 1867 in Berlin tagte, nahm deshalb u.a. folgende Resolution an: »Im Interesse der Wissenschaft

und insbesondere der Geodäsie sollte in Europa ein einheitliches Maß- und Gewichtssystem mit Dezimalteilung angenommen werden. Die Konferenz empfiehlt das Metrische System und hält die Herstellung eines neuen europäischen Normalmeters für wünschenswert, dessen Länge sich von der des französischen Mètre des archives so wenig wie möglich unterscheiden soll. Weiter befürwortet die Konferenz die Gründung eines europäischen internationalen Büros für Maß und Gewicht.«

Nach langen Vorbereitungen wurde dann die Internationale Meterkonvention gegründet, die am 8. August 1870 in Paris zum erstenmal zusammentrat. Es versammelten sich 14 europäische und 8 amerikanische Staaten. Wegen des Deutsch-Französischen Krieges konnten die Vertreter von Bayern, Belgien, den Niederlanden, Preußen, dem Norddeutschen Bund und Württemberg nicht teilnehmen. Nach vorbereitenden Arbeiten vertagte sich die Konferenz und trat 1872 zur zweiten Sitzung zusammen. Es wurde ein ständiges Internationales Komitee für Maß und Gewicht eingesetzt und die Herstellung neuer Prototypen für das Meter und das Kilogramm vorbereitet.

Am 20. Mai 1875 wurde anlässlich der sogenannten »Diplomatischen Meterkonferenz« von 17 Staaten die »Meterkonvention« unterzeichnet: »Zur Sicherung der internationalen Einigung und der Vervollkommnung des metrischen Systems«, wie es in der Präambel heißt.

1889 tagte die 1. Generalkonferenz für Maß und Gewicht, die von den Delegierten der Signatarstaaten gebildet wurde. Sie genehmigte die neuen *Prototypen* für das Meter und das Kilogramm. Es wurden Kopien (*Etalons*) an die Mitgliedstaaten durch Los verteilt. Außerdem wurde festgelegt, dass der Kilogrammprototyp nicht mehr als »Gewicht« zu bezeichnen, sondern in Zukunft als Einheit der Masse zu betrachten ist. Man war jetzt vom »Naturmaß« abgegangen und hatte als Urmaße die gerade hergestellten Prototypen von Meter und Kilogramm festgelegt.

Am 26. September 1889 übernahm auch Deutschland die neuen Prototypen des Meters und des Kilogramms in seinen Besitz. Die Novelle vom 26. April 1893 zur Maß- und Gewichtsordnung des Deutschen Reiches setzte den oben erwähnten Beschluss der 1. Generalkonferenz in deutsches Recht um.
Die Generalkonferenz für Maß und Gewicht tagte von da an regelmäßig, verbesserte Schritt für Schritt die Prototypen und sorgte für eine ständige Anpassung der Einheitendefinition an den technischen Fortschritt.
Im Jahre 1948 beauftragte die 9. Generalkonferenz für Maß und Gewicht das Internationale Komitee für Maß und Gewicht: »[. . .] die Schaffung einer vollständigen Neuordnung der Einheiten im Messwesen zu prüfen, die darüber in Kreisen der Wissenschaft, der Technik und des Unterrichts aller Länder herrschenden Vorstellungen durch eine offizielle Umfrage in Erfahrung zu bringen und Empfehlungen über die Einführung eines praktischen Einheitensystems vorzubereiten, das zur Annahme durch alle Signatarstaaten der Meterkonvention geeignet ist«.
Die 11. Generalkonferenz für Maß und Gewicht (1960) nahm den Namen *Internationales Einheitensystem* (Système International d'Unités) mit dem internationalen Symbol *SI* für dieses praktische Einheitensystem an und gab Regeln für die Anwendung der Vorsätze, für die abgeleiteten Einheiten sowie weitere Hinweise für den Gebrauch und führte damit eine Gesamtregelung für Einheiten im Messwesen ein. Sondersysteme der Physik, wie beispielsweise das CGS-System (Zentimeter/Gramm/Sekunde), waren damit entbehrlich geworden.
Die Bundesrepublik Deutschland gab den Beschlüssen der Generalkonferenzen, an denen deutsche Sachverständige maßgeblich mitgewirkt hatten, in dem »*Gesetz über Einheiten im Messwesen*« vom 2. Juli 1969 die rechtliche Grundlage für die Bundesrepublik. Unter Berücksichtigung der Richtlinie der Europäischen Union 80/181/EWG wurde das

Gesetz über die Einheiten im Messwesen und die Zeitbestimmung (EinhZeitG) vom 3. Juli 2008 und die zugehörige Einheitenverordnung (EinhV) vom 25. September 2009, entsprechend den Beschlüssen der Generalkonferenz für Maß und Gewicht, dem technischen Fortschritt angepasst.

2.8 Geschichte der Zeitrechnung und der Zeitmessung

2.8.1 Geschichte des Kalenders

Ein Leben ohne Kalender ist heute unvorstellbar. Die moderne Gesellschaft kann ohne eine geordnete Zeitrechnung nicht bestehen.
Schon in vorgeschichtlicher Zeit hatten die Menschen das Bedürfnis, die Zeit zu messen. Die Urmenschen beobachteten verschiedene Naturerscheinungen, wie den Wechsel von Tag und Nacht, die Mondphasen, den Wechsel der Jahreszeiten. Diese Beobachtungen ließen Gesetzmäßigkeiten erkennen, die eine Zeitmessung möglich machten.
Die erste natürliche Einheit der Zeitmessung war der *Tag*, dann die *Woche.* Sie zählte, entsprechend der Anzahl der Finger einer Hand, erst fünf, dann sieben Tage. Die 7-Tage-Woche entstand nicht nur aus der abergläubischen Bevorzugung der Zahl 7. Es wurde vielmehr beobachtet, dass ein Viertel des Mondmonats, beispielsweise von Neumond bis zum ersten Viertel, etwa sieben Tage dauert. Diese Zählung nach Wochen war bei vielen Völkern des alten Orients weit verbreitet.
Die nächste Stufe war der *Mondkalender*, der bei den Chinesen, den Sumerern, den Babyloniern, den Hebräern, den Indern und einigen anderen Völkern in Gebrauch war. Bei dieser Zeitrechnung haben die Jahreszeiten keinen festen Platz im Jahreslauf, sie wandern durch das ganze Jahr.

Nachdem die nomadisierenden Hirtenvölker sesshaft geworden waren, mussten sie die Termine für Aussaat und Ernte bestimmen, also den Wechsel der Jahreszeiten voraussagen. Das war nur mit dem *Sonnenkalender* möglich, bei dem der Beginn von Frühling, Sommer, Herbst und Winter immer zum selben Zeitpunkt eintritt.

Der Wechsel von Tag und Nacht, die Veränderung der Mondphasen sowie der Wechsel der Jahreszeiten sind also die Erscheinungen, von denen sich die drei Grundeinheiten eines jeden Kalendersystems ableiten: *Sonnentag*, *Mondmonat* und *Sonnenjahr*. Wir nehmen den mittleren Sonnentag als feste Größe und können so die Dauer des Mondmonats und des Sonnenjahres feststellen:

– Der *synodische Monat* (Mondmonat) ist der Zeitabschnitt zwischen zwei aufeinanderfolgenden gleichen Mondphasen. Ursprünglich rechnete man ihn zu 30 Tagen. Später wurde festgestellt, dass ein Mondmonat nur 29,5 Tage dauert. Deswegen haben die Monate im Mondkalender jeweils 29 und 30 Tage, wobei die Anzahl der Tage so wechselt, dass der erste Tag eines jeden folgenden Monats mit dem Erscheinen des »Neumondes« am Himmel zusammenfällt. Die Jahre des Mondkalenders enthalten abwechselnd 354 und 355 Tage. Somit ist das *Mondjahr* 10 bis 12 Tage kürzer als das Sonnenjahr.

Gegenwärtig wird die Dauer des synodischen Monats mit 29,53059 mittleren Sonnentagen angegeben. Das sind 29 Tage 12 Stunden 44 Minuten und 2,8 Sekunden.

– Das *tropische Jahr* ist der Zeitabschnitt zwischen zwei aufeinanderfolgenden Durchgängen des Sonnenmittelpunktes durch den Punkt der Frühlings-Tagundnachtgleiche. Die Länge eines tropischen Jahres beträgt zurzeit 365,242199 Tage oder 365 Tage 5 Stunden 48 Minuten und 45,9936 Sekunden.

Das Problem bei der Aufstellung eines Kalenders, ob Mond- oder Sonnenkalender, ist die Tatsache, dass es zwischen der Dauer eines Tages und der Dauer eines Jahres keinen einfachen zahlenmäßigen Zusammenhang gibt. Darum war es nicht leicht, ein übersichtliches System zur Zählung der Tage im Monat und im Jahr zu finden.

Aus diesen Gründen entstanden drei Kalendertypen:

- *Sonnenkalender*, bei denen man eine Übereinstimmung zwischen den Tagen und den Jahreszeiten herstellen wollte;
- *Freie Mondkalender*, deren Ziel es war, Übereinstimmung zwischen den Tagen und dem Mondmonat ohne Rücksicht auf das Sonnenjahr zu erlangen;
- *Gebundene Mondkalender (Lunisolarkalender)*, mit denen versucht wurde, zwischen allen drei Zeiteinheiten Übereinstimmung herzustellen.

Gegenwärtig verwenden fast alle Staaten der Erde einen Sonnenkalender. Der Mondkalender dagegen spielte in den alten Religionen eine große Rolle. In einigen islamischen Staaten gilt er noch heute.

Der gebundene Mondkalender dient in der jüdischen Religion zur Berechnung der religiösen Feiertage und wird im Staat Israel verwendet. Er ist außerordentlich kompliziert in seinem Aufbau.

Die Diskrepanz zwischen der Dauer eines Tages und der eines Jahres versuchte man mehr oder minder erfolgreich durch unterschiedliche Systeme von Schalttagen und Schaltjahren zu lösen.

Die wichtigsten Varianten des Kalenderjahres sind das ägyptische, das römische oder Julianische und das Gregorianische Jahr.

Das ägyptische Jahr hatte stets 365 Tage. Es gab keinen Schalttag. Durch diese grobe Annäherung bewegte sich das ägyptische Jahr in 1461 Jahren einmal durch die Jahreszeiten. In einem Menschenleben bedeutet dies eine Verschiebung von 20 Tagen, was damals nicht sehr störte. Die Bedeutung, die für uns die Jahreszeiten haben, hatte

für die Ägypter die Nilüberschwemmung. Diese wurde dadurch angezeigt, dass der Stern Sirius im Großen Hund (von den Ägyptern Sothis genannt) kurz am Morgenhimmel erschien. Im alten Ägypten war das um den 19. Juli der Fall; heute hat sich diese Erscheinung auf den 4. August verschoben. Wenn wir von den Hundstagen sprechen, meinen wir das alte Datum.
Jeder Monat hatte 30 Tage und bestand aus 3 großen Wochen zu je 10 Tagen oder aus 6 kleinen Wochen zu je 5 Tagen. (Die Griechen nannten sie »*Dekaden*« und »*Pentaden*«.) Darüber hinaus hatten die Ägypter noch 5 zusätzliche Tage, die keinem Monat zugeordnet waren, sondern dem Jahresende, als Geburtstage der Götter.
Außer in 12 Monate wurde das Jahr noch in 3 Jahreszeiten zu je 4 Monaten eingeteilt: Überschwemmung (des Nils), Aussaat und Ernte.
Die ägyptischen Astronomen erkannten bald die Fehler ihres Kalenders, aber sie beharrten in der Tradition und wollten ihn nicht ändern. Der Versuch des Ptolemäerkönigs Euergetes im Jahre 238 v. Chr., Schalttage einzuführen, scheiterte.

In den Stadtstaaten Griechenlands rechnete man teils mit dem Sonnenjahr, teils mit dem Mondjahr. Das Jahr setzte sich aus 12 synodischen Monaten zusammen, die sich jeweils als Zeitabschnitt zwischen zwei gleichen Mondphasen ergaben. Das griechische Mondjahr war um 11 Tage kürzer als das Sonnenjahr. Im Verlauf von 33 Jahren machte das ein volles Jahr aus. Um mit den Jahreszeiten in Übereinstimmung zu bleiben, fügte man Schaltjahre mit 13 Monaten ein. In einigen Orten Griechenlands verwendete man im 6. Jh. v. Chr. einen 8-Jahres-Zyklus mit 3 Schaltjahren.
Der populärste griechische Kalender stammte von dem Astronomen Meton (geb. um 440 v. Chr.) mit einem 19-Jahres-Zyklus. Meton hatte entdeckt, dass 19 Sonnenjahre 235

Mondmonate enthalten und dass somit nach diesem Zeitraum die verschiedenen Mondphasen wieder auf die gleichen Tage des Sonnenjahres fallen. Durch Korrekturen der Zeitzählung aufgrund des Metonschen Zyklus stimmte der altgriechische Lunisolarkalender ausreichend mit den Jahreszeiten überein. Der Meton-Zyklus liegt fast allen gültigen Lunisolarkalendern zugrunde.

Der alte römische Kalender kam vermutlich aus Griechenland. Es war ein reiner Mondkalender mit 10 Monaten. 6 hatten je 31 Tage und die restlichen 4 je 30, so dass ein Jahr 306 Tage zählte. Im 7. Jahrhundert v. Chr. wurden dem Kalender noch 2 Monate hinzugefügt.
In jedem Monat gab es drei feste Daten: den 1. Tag mit Namen »*calendae*«, den 5. oder 7. Tag »*nonae*« und den 13. oder 15., als »*idus*« bezeichnet. Die übrigen Tage zählten die Römer von diesen drei Daten aus. Für den 1. Januar sagten sie »Calendae Ianuarii«, für den 9. Mai »sieben Tage bis zum Mai-Idus«. Der Ausgangstag wurde immer mitgezählt.
Das Jahr begann zunächst mit dem 1. März. Die letzten Monate unseres heutigen Jahres, September bis Dezember, trugen damals ihre Bezeichnung als siebenter bis zehnter Monat zu Recht. Der elfte Monat wurde Januarius genannt, nach dem doppelgesichtigen Gott Janus, und der zwölfte Februarius (Reinigung) nach den überlieferten Reinigungsritualen.
Wegen der Verschiebung der Jahreszeiten wurden am Anfang des 6. Jahrhunderts v. Chr. Korrekturen eingeführt, um den Mondkalender dem Sonnenlauf anzupassen. Da dies nicht gut gelang, wurden die Priester beauftragt, je nach Notwendigkeit weitere Korrekturen durchzuführen.
Seit dem Jahre 153 v. Chr. traten die römischen Konsuln ihr Amt am 1. Januar an. Der Jahresbeginn wurde daher bald darauf auf den 1. Januar verlegt.
Die Priester kamen ihrem Auftrag zur ständigen Kalender-

anpassung nur sehr unvollkommen nach, so dass Voltaire im 18. Jahrhundert sagen konnte: »Die römischen Feldherren siegten immer, aber sie wussten niemals, an welchem Tag.«

Das Chaos im römischen Kalender verursachte schnell derartige Schwierigkeiten, dass eine grundlegende Reform unvermeidbar wurde. Julius Cäsar hatte in Ägypten den Sonnenkalender kennengelernt und ließ von dem ägyptischen Astronomen Sosigenes einen solchen für das Römische Reich erarbeiten. Dieser Kalender, der später Cäsar zu Ehren »Julianischer Kalender« genannt wurde, trat im Jahre 46 v. Chr. in Kraft.
Die Dauer des Jahres wurde auf 365,25 Tage festgesetzt. Dieser Wert ist um 11 Minuten und 14 Sekunden zu groß, Sosigenes nahm das aber wegen des einfachen Aufbaus in Kauf. Erst nach über 1500 Jahren führte diese Differenz zur »Gregorianischen Kalenderreform«.
Damit das Kalenderjahr immer an demselben Datum und auch zu derselben Tageszeit begann, wurde nach drei Jahren mit 365 Tagen eines mit 366 Tagen, ein Schaltjahr, eingefügt.
Die Monatsnamen blieben unverändert, bis 44 v. Chr. der Senat aus Dankbarkeit den Quintilis, den Geburtsmonat Cäsars, in Julius umbenannte. Später bekam noch der Sextilis zu Ehren von Kaiser Augustus dessen Namen. Da der Sextilis nur 30 Tage zählte, der Quintilis dagegen 31, und der Senat eine Benachteiligung des Augustus für unstatthaft hielt, wurde der Februar zugunsten des August um einen Tag gekürzt. Der von Sosigenes vorgesehene Wechsel zwischen 30 und 31 Tagen ging damit verloren.
Auf dem Konzil von Nicäa im Jahre 325 wurde der Julianische Kalender zur Grundlage der christlichen Zeitrechnung gemacht. Es legte den Frühlingsanfang, entsprechend astronomischen Erkenntnissen aus Alexandria, auf den 21. März. Ostern war fortan der Sonntag nach dem ersten

Frühlingsvollmond, also frühestens am 22. März und spätestens am 25. April.
Der Julianische Kalender war zwar im gesamten römischen Weltreich als Zeitrechnung anerkannt, das Jahr begann aber während vieler Jahrhunderte an unterschiedlichen Tagen. Beispielsweise war in Ägypten am 29. August Jahresanfang; die koptische Kirche feiert noch heute an diesem Datum Neujahr. Bis 1700 begann im alten Russland das Jahr ebenso wie im byzantinischen Kaiserreich am 1. September.

Andere christliche Länder des Mittelalters hatten den Neujahrstag am:

- 25. Dezember, Tag der Geburt Christi,
- 1. Januar, Tag der Beschneidung Christi,
- 25. März, Tag der Verkündigung Mariä,
- Ostertag, Tag der Auferstehung Christi.

Anfangs wurde der julianische Jahresanfang, der 1. Januar, als heidnisch angesehen und war sogar 576 vom Konzil zu Tours aufs heftigste verdammt worden. Erst im 13. Jahrhundert ließen allmählich immer mehr Gemeinwesen das Jahr wieder mit dem 1. Januar beginnen.
Der Unterschied von einem Tag in 128 Jahren zwischen der Dauer des julianischen Jahres und der des tropischen Jahres führte zu einer Differenz in der Bestimmung des Frühlingsanfangs nach dem Kalender einerseits und nach der Astronomie andererseits. Im 14. Jahrhundert waren es schon mehr als 7 Tage. Die kalenderkundigen Gelehrten machten oft auf diese Tatsache aufmerksam; da sich jedoch die verschiedenen Kirchen nicht einigen konnten, wurde eine Kalenderreform immer wieder verschoben.
Nach mehreren Anläufen ließ Papst Gregor XIII. ein Projekt zur Kalenderreform erstellen und im Jahre 1582 durchführen. Es wurde festgelegt, dass der auf den Donnerstag, den 4. Oktober 1582, folgende Tag, der Freitag, der 15. Ok-

tober desselben Jahres sei. Damit wurde die Zeitrechnung um 10 Tage nach vorn verschoben und die vorhandene Differenz beseitigt.
Um künftig derartige Unterschiede zwischen Natur und Kalender zu vermeiden, sollten in 400 Jahren nicht 100, wie es im Julianischen Kalender der Fall war, sondern nur 97 Schaltjahre eingeschoben werden. Daher sind im »Gregorianischen Kalender«, in Abweichung vom normalen Zyklus, alle vollen Jahrhunderte Gemeinjahre; dagegen blieben die durch 400 teilbaren Schaltjahre.
Der Gregorianische Kalender wurde in den katholischen Ländern des Südens und Westens 1582, im katholischen Deutschland und der katholischen Schweiz 1583/1584 und später, im Herzogtum Preußen 1610, in Kurland 1617 (1796 wieder julianisch), im protestantischen Deutschland, in der Schweiz (zum Teil später), in Dänemark 1700, in Großbritannien 1752, in Schweden 1753 eingeführt. Japan ist 1872, Bulgarien 1916, Rumänien 1917, die Türkei 1927 gefolgt. Russland bestimmte 1918 den 1. Februar »alten Stils« zum 14. Februar »neuen Stils«.
Damit ist der Gregorianische Kalender weltweit gültig.

Der islamische Kalender richtet sich nach dem Mond. Das Jahr besteht aus 12 Mondmonaten, die abwechselnd 30 und 29 Tage haben, hat also im ganzen 354 Tage. Schaltjahre von 355 Tagen sind jedes 2., 5., 7., 10., 13., 16., 18., 21., 24., 26., 29. Jahr eines Zyklus von 30 Jahren. In Schaltjahren hat der letzte Monat 30 Tage. Das arabische Neujahr ist in jedem Jahr 10 oder 11 Tage früher als im vorhergegangenen und durchwandert somit unseren Kalender rückwärts. 34 Jahre des islamischen Kalenders entsprechen 33 Jahren des Julianischen Kalenders, mit einer Differenz von 5 bis 6 Tagen.
Der islamische Kalender wird noch heute in der islamischen Welt in religiösen Bereichen benutzt.

Die arabischen Namen der Monate sind:

Moharrem
Safer
Rebi el awwel (der erste R.)
Rebi el akhir (der zweite R.)
Dschumada el ula (der erste D.)
Dschumada el akhira (der zweite D.)
Redschab
Schaban
Ramadan (der Fastenmonat)
Schawwal
Dsul-Kada
Dsul-Hiddscha.

Das jüdische Kalendersystem entwickelte sich im Laufe der Jahrhunderte zu dem kompliziertesten der Welt.

Tabelle 2.8.1–1: Die jüdischen Monate

Monat	Gemeinjahr abgek.	Gemeinjahr ord.	Gemeinjahr überz.	Schaltjahr abgek.	Schaltjahr ord.	Schaltjahr überz.
1. Tischri	30	30	30	30	30	30
2. Marcheschan	29	29	30	29	29	30
3. Kisslew	29	30	30	29	30	30
4. Tewet	29	29	29	29	29	29
5. Schwat	30	30	30	30	30	30
6. Adar	29	29	29	30	30	30
Adar II	–	–	–	29	29	29
7. Nissan	30	30	30	30	30	30
8. Ijar	29	29	29	29	29	29
9. Siwan	30	30	30	30	30	30
10. Tammus	29	29	29	29	29	29
11. Aw	30	30	30	30	30	30
12. Elul	29	29	29	29	29	29
Tage:	353	354	355	383	384	385

Die älteste, auf Moses zurückgeführte Zeitrechnung war noch sehr einfach: Die erste Erscheinung der Mondsichel in der Abenddämmerung bestimmte den Anfang des neuen Monats. 12 oder 13 solcher Monate machten ein Jahr. Jeden Monatsbeginn mussten mindestens zwei Personen bezeugen, dann wurde er durch Feuer- und Trompetensignale der Bevölkerung verkündet.
Die Monate hatten eine Länge von 29 oder 30 Tagen. Etwa im 4. Jahrhundert wurde dieser freie Mondkalender durch einen an den Sonnenlauf gebundenen Mondkalender, einen Lunisolarkalender, ersetzt. Um Mond- und Sonnenlauf ausreichend in Übereinstimmung zu halten, hätten ein Gemeinjahr mit 12 und ein Schaltjahr mit 13 Monaten ausgereicht. Es musste aber eine große Zahl von Besonderheiten des Glaubens berücksichtigt werden. So kamen Ausnahmefälle hinzu: Es durfte beispielsweise der Neujahrstag, der in den Herbst gelegt wurde, nicht auf einen Sonntag, Mittwoch oder Freitag fallen. Falls dies doch eintreten sollte, musste der Neujahrsbeginn um einen Tag verschoben werden, wobei natürlich das vorausgegangene Jahr um einen Tag länger wurde, als es hätte sein sollen.

Es existieren fünf solcher Ausnahmeregeln, so dass sich sechs verschieden lange Jahre ergeben (Tabelle 2.8.1–1):
- das abgekürzte Gemeinjahr mit 353 Tagen,
- das ordentliche Gemeinjahr mit 354 Tagen,
- das überzählige Gemeinjahr mit 355 Tagen,
- das abgekürzte Schaltjahr mit 383 Tagen,
- das ordentliche Schaltjahr mit 384 Tagen und
- das überzählige Schaltjahr mit 385 Tagen.

Die Woche beginnt am *Sabbat*, dem Feiertag, um 6 Uhr abends. Außer Sabbat, Sonnabend, gibt es keinen Namen für die Wochentage, sie werden mit den ersten Buchstaben des hebräischen Alphabets bezeichnet.
Dieser Kalender dient nur religiösen Zwecken. Im bürgerlichen Leben gilt der Gregorianische Kalender.

Der chinesische Kalender war ebenfalls ein Lunisolarkalender. Man teilte das Jahr in 12 Monate mit abwechselnd 29 und 30 Tagen. Zur Angleichung dieses Mondjahres mit 354 Tagen an das um 10 Tage und 21 Stunden längere Sonnenjahr fügte man im Laufe einer 19jährigen Periode siebenmal einen 13. Monat ein. Das waren Mondschaltjahre. Für die 19-Jahres-Periode erhält man 235 Monate.
Weil die Jahreslänge mit $12^7/_{19}$ Monaten angenommen wurde, schob man den 13. Monat ein, sobald die Differenz fast eins erreicht hatte. Das war im 3., 6., 8., 11., 14., 16. und 19. Jahr des Zyklus der Fall. Dieser zusätzliche Monat wurde nach der Wintersonnenwende eingefügt.
Die Monate hatten keine Namen, man zählte sie der Reihe nach. Sie wurden in Dekaden unterteilt, deren erster Tag (also der 1., 11., 21.) ein Erholungstag war.
Dieser Lunisolarkalender, der unter dem Namen »*Zhuang-Xiuli*« bekannt ist, war einer von sechs alten Kalendern und schon 200 v. Chr. weit verbreitet. Er entsprach in seiner Genauigkeit dem Julianischen Kalender, der in Europa erst eineinhalb Jahrhunderte später eingeführt wurde.
Den hier beschriebenen astronomischen Kalender verwendete man vorwiegend im bürgerlichen Leben. Daneben gab es im alten China noch ein sogenanntes »*zyklisches*« *Kalendersystem*, das auch in Japan, Korea, der Mongolei und in Tibet verbreitet war. In ihm sind die Jahre in Zyklen von 60 Jahren zusammengefasst. Jedes Jahr in einem Zyklus hat einen Namen, der auch mit besonderen Schriftzeichen ausgedrückt wird.
Die Jahre des Zyklus sind abwechselnd fünf »Elementen« zugeordnet: Holz (mu), Feuer (huo), Erde (tu), Metall (jin) und Wasser (shui). Um gerade und ungerade Zahlen zu unterscheiden, fügte man jeweils »männlich« (Yang) für gerade und »weiblich« (Yin) für ungerade hinzu. Diese zehn Formen aller fünf Elemente werden »Himmlische Geschlechter« genannt.
Außerdem sind die Jahre des Zyklus noch zwölf »Irdischen

Tabelle 2.8.1–2: Bildung der Jahresnamen des chinesischen Kalenders im 60jährigen Zyklus

		Himmlische Geschlechter										Tierkreis-
		jia	yi	bing	ding	wu	ji	geng	xin	ren	gui	zeichen
Irdische Geschlechter	zi	1		13		25		37		49		shu (Maus)
	chou		2		14		26		38		50	niu (Kuh)
	yin	51		3		15		27		39		hu (Tiger)
	mao		52		4		16		28		40	tu (Hase)
	chen	41		53		5		17		29		long (Drache)
	si		42		54		6		18		30	she (Schlange)
	wu	31		43		55		7		19		ma (Pferd)
	wei		32		44		56		8		20	yang (Schaf)
	shen	21		33		45		57		9		hou (Affe)
	you		22		34		46		58		10	ji (Huhn)
	xu	11		23		35		47		59		guan (Hund)
	hai		12		24		36		48		60	zhu (Schwein)
		Elemente										
		mu (Holz)		huo (Feuer)		tu (Erde)		jin (Metall)		shui (Wasser)		

Geschlechtern« zugeordnet. Vor 2000 Jahren wurden ihnen die zwölf Tierkreiszeichen gleichgestellt. So nannte man das Jahr »zi« auch »Jahr der Maus« (shu), »chou« auch »Jahr der Kuh« (niu) usw.

Tabelle 2.8.1–3: Namen der Jahre 23 bis 37 des gegenwärtigen Zyklus des chinesischen Kalenders

Jahr des Zyklus 78	Name des Jahres		Jahr n. Chr.
23	bing-xu	Feuer – Hund	2006
24	ding-hai	Feuer – Schwein	2007
25	wu-zi	Erde – Maus/Ratte	2008
26	ji-chou	Erde – Kuh/Ochse	2009
27	geng-yin	Metall – Tiger	2010
28	xin-mao	Metall – Hase	2011
29	ren-chen	Wasser – Drache	2012
30	gui-si	Wasser – Schlange	2013
31	jia-wu	Holz – Pferd	2014
32	yi-wei	Holz – Schaf/Ziege	2015
33	bing-shen	Feuer – Affe	2016
34	ding-you	Feuer – Huhn/Hahn	2017
35	wu-xu	Erde – Hund	2018
36	ji-hai	Erde – Schwein	2019
37	geng-zi	Metall – Maus/Ratte	2020

Die Benennung der Jahre nach den zehn Himmlischen und den zwölf Irdischen Geschlechtern ist aus der Tabelle 2.8.1–2 zu ersehen. Tabelle 2.8.1–3 zeigt als Beispiel die Namen der Jahre 23 bis 37 des gegenwärtigen Zyklus 78 mit dem chinesischen Namen des Jahres und den Jahren unserer Zeitrechnung.
Seit 1949 ist in China der Gregorianische Kalender offiziell eingeführt.

Der Kalender der Maya war ein heiliges Buch, in dem die guten und bösen Taten zu lesen waren. Er hieß »*tonala-*

matl«, Wahrsagekalender. Aus ihm deuteten Priester und Astrologen die Schicksale der Menschen und errechneten die für wichtige Vorhaben günstigen Tage.
Der Maya-Kalender beruht auf drei Systemen oder Rechenverfahren: dem »*haab*«, einem Sonnenjahr mit 365 Tagen, dem »*tzolkin*« (Zählung der Tage) mit 260 Tagen und der »*Venusperiode*« mit 584 Tagen, in die die beiden anderen Jahre eingebaut sind. Die Venusperiode ist die Zeit zwischen den größten Helligkeiten des Planeten, die nach heutigen Berechnungen 583,92 Tage lang ist.
Die Maya rechneten nach einem 20er-System. Für das Sonnenjahr Haab setzten sie 18 Jahresabschnitte zu je 20 Tagen fest, zu denen noch fünf »Tage ohne Namen« traten. Der Tzolkin wurde in 13 Abschnitte zu 20 Tagen geteilt. Die Kombination des Tzolkin mit dem Haab ergab das Datum des Tages. Erst nach 52 Jahren oder 18980 Tagen wiederholt sich die Konstellation von Haab und Tzolkin, und dasselbe Datum kehrt wieder.
Die Zahl 20 war die Recheneinheit. So ergaben 20 Jahre zu 360 Tagen ein »*katún*«. Setzt man die Multiplikation mit 20 fort, so entstehen Zyklen, die unseren Jahrhunderten und Jahrtausenden entsprechen. Diese Rechnung geht bis zu einem »*alautún*«, einem Zyklus, der 23040 Millionen Tage umfasst. (Die Maya rechneten schon tausend Jahre vor den Arabern mit der Null.)

2.8.2 **Ären und Epochen**

Die Ära oder Zeitrechnung, Jahresrechnung, ist eine Periode der Geschichte, für die ein bestimmtes Verfahren der Datumsfestlegung und insbesondere der Jahreszählung gilt. Naturgemäß beziehen wir Angaben anderer Kalender auf die bei uns eingeführte christliche Ära.
Epoche heißt in der Kalenderkunde, im Unterschied zum allgemeinen Sprachgebrauch, der Anfangstag einer Ära.

Tabelle 2.8.2–1: Die wichtigsten Ären und Epochen

Ära	Epoche nach unserer Zeitrechnung	
Christliche Ära	1. Jan.	1 n. Chr.
Griechische Olympiadenrechnung	8. Juli	776 v. Chr.
Ära von der Gründung der Stadt Rom	21. April	753 v. Chr.
Byzantinische Weltära oder Ära von Konstantinopel	1. Sept.	5509 v. Chr.
Ära der Seleukiden	1. Okt.	312 v. Chr.
Islamische Ära, Hedschra	15. Juli	622 n. Chr.
Jüdische Weltära	7. Okt.	3761 v. Chr.
Buddhistische Ära, Nirwana		543 v. Chr.
Japanische Ära, Nino		660 v. Chr.
China, zyklischer Kalender		2637 v. Chr.
Maya-Ära	9. Sept.	3115 v. Chr.
Ära der Französischen Republik	22. Sept.	1792 n. Chr.

Die *Epoche der christlichen Ära*, der Tag von Christi Geburt, ist die in der modernen Kulturwelt allgemein gültige. Sie ist von dem römischen Mönch Dionysius Exiguus erdacht und in seiner Ostertafel vom Jahre 532 zuerst angewandt worden. Seinem Beispiel folgten anfangs nur Gelehrte in chronographischen Werken. Im 8. Jahrhundert finden wir schon vereinzelt Datierungen nach Christi Geburt auf Urkunden. Im 9. Jahrhundert sind sie häufiger, und im hohen Mittelalter wird diese Datierung allgemein üblich.

Der römische Kalender rechnete die Jahre seit der Gründung Roms (»ab urbe condita«); die *Epoche der Ära der Stadt Rom* ist der 21. April 753 v. Chr. In der chronologischen Praxis wird jedoch der Jahresanfang auf den 1. Januar verlegt.

Die *byzantinische Weltära* oder *Ära von Konstantinopel* zählt die Jahre nach einem aus alttestamentlichen Texten ermittelten »Anfang« der Welt. Die Epoche dieser Ära ist der 1. September 5509 v. Chr. Diese Ära wird in Byzanz zuerst im 7. Jahrhundert n. Chr. gebraucht und hat sich schnell

in der Literatur und den Urkunden der Byzantiner durchgesetzt.
Die *Epoche der Seleukidenära*, oft auch *Ära Alexanders* genannt, ist der Herbst 312 v. Chr. und datiert somit auf diesen Zeitpunkt die Gründung des Seleukidenreiches, das Syrien, Mesopotamien und einen Teil von Kleinasien umfasste. Diese Ära hat sich auch nach dem Zerfall des Reiches erhalten und wird bei den syrischen Christen des Libanon heute noch verwendet. Ihr Jahresanfang ist der 1. Oktober.
Die *Epoche der islamischen Zeitrechnung* ist das Jahr der »Hedschra«, der »Auswanderung« des Propheten Mohammed von Mekka nach Medina. Die Zählung beginnt mit dem Neumond des 1. Moharrem, der astronomisch auf Donnerstag den 15. Juli 622 fiel. Da das Volk aber als Monatsbeginn das Erscheinen der ersten schmalen Mondsichel ansieht, gilt volkstümlich erst der nächste Tag, also Freitag der 16. Juli, als Epoche. (Die Auswanderung fand in Wirklichkeit am 24. September 622 statt.)
Die einfachste, wenn auch nur ungefähre Art der Umrechnung in christliche Zeitrechnung besteht darin, dass vom gegebenen Jahr der Hedschra der Quotient aus dem Dreifachen des Hedschra-Jahres und der Zahl 100 abgezogen und danach wieder 622 addiert werden:

$$\text{Hedschra-Jahr} - \frac{3 \times \text{Hedschra-Jahr}}{100} + 622.$$

Da unsere Kalenderjahre infolge der Inkongruenz von Mond- und Sonnenjahren mit denen der Hedschra nicht deckungsgleich sind, müssen zur Angabe eines Hedschra-Jahres meist zwei aufeinanderfolgende Jahreszahlen genannt werden.
Die *jüdische Weltära* ist allgemeiner seit dem 11. Jahrhundert in Gebrauch. Ihre Epoche ist der 7. Oktober 3761 v. Chr. Da der Tag der Israeliten mit dem Sonnenuntergang des Vortages beginnt, ist genauer der 6. Oktober anzusetzen.

Im Jahre 1900 n. Chr. haben wir beispielsweise das israelitische Jahr 5661, das dem Jahr 7409 der byzantinischen Weltära entspricht.
Die *griechische Olympiadenrechnung* beginnt im Jahre 776 v. Chr., und zwar im Sommer. Alle vier Jahre ist ein olympischer Wettkampf, und nur diese Jahre werden gezählt. Die Jahre dazwischen werden mit Zahlen bezeichnet. In der Zeit nach Christi Geburt hat jedes auf ein Schaltjahr folgende Jahr eine Olympiade. Übrigens ist die Olympiadenrechnung nicht im bürgerlichen Leben, sondern nur von Geschichtsschreibern gebraucht worden.
Als *Epoche des zyklischen Kalenders der Chinesen* wird das »Jahr der Maus« 2637 v. Chr. angesehen. Dieses soll das erste Jahr der Regierung des legendären Herrschers Huang-Di gewesen sein. Bis heute werden 77 vollständige Zyklen gezählt. 1984 begann der 78. Zyklus.
Die *Epoche des Maya-Kalenders* scheint nach neuesten Forschungen der 9. September 3115 v. Chr. gewesen zu sein.

2.8.3 **Tageseinteilung und Sonnenuhren**

Das natürlichste und sinnfälligste Element der Zeitmessung ist der Tag. Morgens geht im Osten die Sonne auf, und der Rhythmus unseres Lebens hängt ab von ihrem scheinbaren Weg über den Himmel bis zum Untergang im Westen.
Die Menschen der alten Kulturen hatten schon früh das Bedürfnis, Zeitpunkte festzulegen und den Tag zu teilen. Es war Sitte, den Beginn eines Gastmahls mit der Schattenlänge zu bezeichnen: Man maß seinen eigenen Schatten mit den Füßen, einen Fuß vor den anderen setzend. Voraussetzung war, dass man wusste, ob der Vor- oder der Nachmittag gemeint war. Auf diese Weise fand man zwar einen Zeitpunkt, aber noch keine Stunde. Dafür gab es Tabellen, in denen, nach Tagesstunden unterteilt, die Schattenlängen für die Monate und Tage angegeben waren. Diese Methode

war weit verbreitet und hat sich lange gehalten. Noch Mitte des 16. Jahrhunderts gibt der Nürnberger Andreas Schoner derartige Stundentafeln an.

Schon in der Antike benutzte man zur Messung der Schattenlängen einen Stab, eine Säule oder einen Obelisken, den *Gnomon*, dessen Name sich auf die Sonnenuhrkunde, die Gnomonik, übertrug.

Der grundsätzliche Unterschied zwischen den antiken Uhren und denen des 18. bis 20. Jahrhunderts liegt in der Art der Stunden: Die antiken Uhren zeigen ungleich lange Stunden, *Temporalstunden*, die der Neuzeit gleich lange Stunden, *Äquinoktialstunden*.

Um 3000 v.Chr. teilten die Ägypter und auch die Sumerer die beiden Tageshälften in je 12 Abschnitte. Auch die Griechen und Römer teilten die Zeit von Sonnenaufgang bis Sonnenuntergang in 12 Stunden, die mit Sonnen- und Wasseruhren gemessen wurden. Dauer und zeitliche Lage dieser Stunden wechseln mit der Dauer des Lichttages, wobei die »sechste Stunde« immer den Mittagspunkt bezeichnet. Aus Bild 2.8.3–1 lässt sich die römische Einteilung des Tages in »Temporalstunden« und deren relative Länge ablesen.

Die Nacht hatte vier Abschnitte, Vigilae = Nachtwachen. Der erste begann mit Sonnenuntergang. Die zwölf Stunden des hellen Tages waren ebenfalls in vier Abschnitte zusammengefasst:

- mane (Frühe): von Sonnenaufgang bis zum Ende der 3. Stunde;
- ad meridiem (Vormittag): bis zum Ende der 6. Stunde;
- de meridie (Nachmittag): bis zum Ende der 9. Stunde;
- suprema (Abend): bis zum Schluss der 12. Stunde (Sonnenuntergang).

Diese ältere Vierteilung des Tages und die Teilung der Nacht in vier Wachen blieb neben der Stundenteilung noch üblich, weil sie für das tägliche Leben meistens ausreichte. In Rom riefen Amtsdiener der Konsuln die vier Tagesabschnitte öffentlich aus.

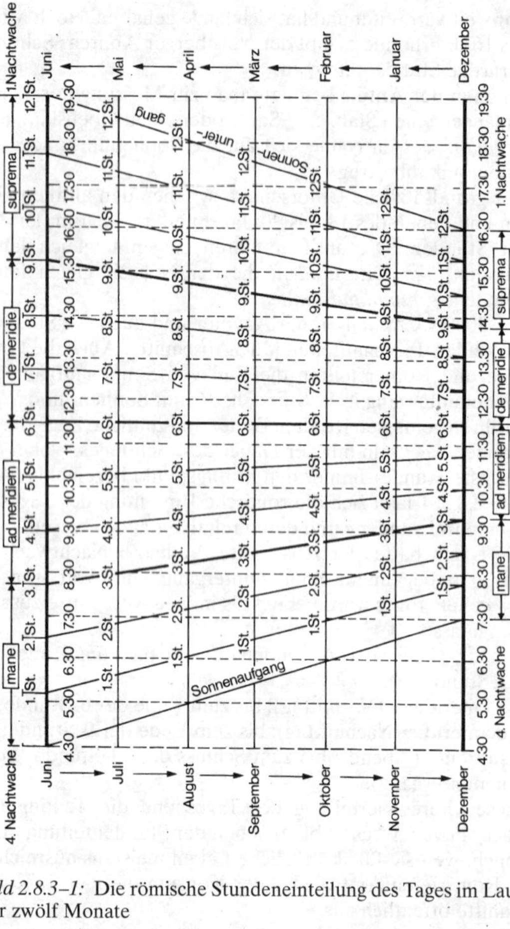

Bild 2.8.3–1: Die römische Stundeneinteilung des Tages im Laufe der zwölf Monate

Die Zeitmessung nach Temporalstunden blieb bis weit ins Mittelalter hinein gebräuchlich. Erst durch die Erfindung der Räderuhr mit ihrem weit hörbaren Schlagwerk begann sich die Teilung des Tages in 24 gleich lange Stunden allgemein durchzusetzen.

2.8.4 **Wasseruhren und Sanduhren**

Zu den Zeitmessgeräten, die den Tag feiner als eine Sonnenuhr unterteilen können, gehören die Wasser- und die Sanduhren.
Die ersten Wasseruhren stammten vermutlich aus Ägypten und Mesopotamien, wie schriftliche Quellen von etwa 2000 v. Chr. bezeugen. Die Zeitbestimmung durch den Auslauf von Wasser aus einem Gefäß war schwierig, da im Altertum der Zusammenhang zwischen Auslaufmenge, Auslaufgeschwindigkeit und Druckhöhe nicht bekannt war. Man war auf Versuche angewiesen.
Die älteste gut erhaltene Wasseruhr, bei der der Wasserspiegel linear mit der Zeit absinkt, ist in Karnak (Oberägypten) gefunden worden. Die Uhr aus Alabaster hat die Gestalt eines Kegelstumpfes und stammt aus der Zeit um 1400 v. Chr. Es ist eine Auslaufuhr, d. h., das Wasser läuft aus dem Uhrgefäß in einen Auffangbehälter. An Markierungen im Innern des Uhrgefäßes war die Zeit ablesbar. Die konische Form dieser Uhr war so geschickt gewählt, dass die Uhr nicht mehr als 20 Minuten falsch anzeigte – umso beachtlicher, wenn man berücksichtigt, dass die ersten Räderuhren des 13. Jh. am Tag bis zu einer Stunde falsch gingen.
Die bekannteste Art von Wasseruhren des griechischen Altertums ist die *Klepsydra*, wörtlich »Wasserdiebin«. Ihre spätere Ausführung bestand aus zwei gegenläufig arbeitenden Systemen. Wenn die eine Hälfte ausgelaufen war, wurde die Uhr umgedreht, und der Vorgang wiederholte sich. Klepsydren hatten maximal eine Auslaufzeit von einer

Stunde und dienten meist dazu, die Redezeit bei öffentlichen Versammlungen zu überwachen.
Spätere Wasseruhren, so bei den Griechen, kombinierten Aus- und Einlaufverfahren: Man ließ das Wasser aus einem Gefäß in einen tiefer liegenden Behälter tropfen, auf dessen Wasseroberfläche ein Schwimmer an einem Maßstab die Zeit angab. Wenn der Wasserzufluss der Jahreszeit entsprechend eingestellt wurde, konnte sowohl in den kurzen wie in den langen Nächten die Zeit von Sonnenuntergang bis Sonnenaufgang immer mit 12 Stunden angezeigt werden.
Der Vorteil der Wasseruhren lag vor allem in der Unabhängigkeit von der Beobachtung der Sonne. Die Uhren konnten die Zeit nachts und bei bewölktem Himmel messen. Berühmt waren im frühen Mittelalter die arabischen Wasseruhren, die mitunter astronomische Daten anzeigten.
Naturgemäß waren wegen der Frostgefahr Wasseruhren für nördliche Gegenden weniger geeignet.

Die ersten Sanduhren tauchten in Europa erst im 14. Jahrhundert n. Chr. auf; ihre Herkunft ist ungeklärt. Entscheidend für das gute Funktionieren war der Sand. Man verwendete Marmorstaub, gemahlene Eierschalen, Zinn- oder Bleipulver oder Natursand aus bestimmten Fundstellen. Im 17. Jahrhundert war Nürnberg im Sanduhrenbau führend. Eine Höhle in der Nähe der Stadt lieferte besonders gut geeigneten Sand.
Mit die wichtigste Anwendung fand die Sanduhr als Halbstundenglas auf Schiffen. Das Auslaufen eines Sanduhrglases wurde durch den Schlag der Schiffsglocke verkündet. Eine Wache dauerte auf See »8 Glasen«, das sind 4 Stunden.
Häufig wurden vier Uhrgläser zusammen in ein Gestell gebaut. Eines zeigte die vollen Stunden, das zweite die Dreiviertelstunden, das dritte die halben Stunden und das vierte die Viertelstunden an.

Wegen ihres recht billigen Preises konnten Sanduhren sich noch lange gegenüber den sich stark ausbreitenden Räderuhren halten. Noch heute werden sie als Eieruhren oder auch in einer finnischen Sauna verwendet.

2.8.5 **Ortszeit und Zeitgleichung**

Zur eigentlichen, der absoluten Zeitbestimmung sind Wasseruhren, Sanduhren und die heute üblichen Gebrauchsuhren nicht geeignet. Sie können nur Zeitabschnitte fortlaufend zählen und müssen bei der Inbetriebnahme auf einen vorgegebenen Zeitpunkt gestellt werden. Heutzutage dienen dafür durch Rundfunk und Fernsehen übertragene Zeitzeichen, während früher die Sonne oder ein Stern das Signal gab.

Sonnenuhren zeigen in der Regel die *»wahre Ortszeit«* an, die sich aus der Zeitspanne zwischen zwei aufeinanderfolgenden Durchgängen der Sonne durch den Himmelsmeridian des Beobachtungsortes ergibt. Dies ist der »wahre Sonnentag«. Die Tage der wahren Ortszeit sind verschieden lang, da die Erde die Sonne mit einer schräg stehenden Achse und einer nicht völlig konstanten Geschwindigkeit umkreist. Die scheinbare Bewegung der Sonne durch den Sternhintergrund erfolgt deshalb mit einer bis zu 3 Prozent vom Mittel abweichenden Geschwindigkeit. Um dieses Problem zu beseitigen, stellt man sich eine fiktive Sonne vor, die bei der scheinbaren Umkreisung der Erde eine konstante Geschwindigkeit einhält und dabei dieselbe Zeit wie die wahre Sonne benötigt. Sie wird als »mittlere Sonne« bezeichnet.

Die Zeitspanne zwischen zwei aufeinanderfolgenden Kulminationen dieser angenommenen Sonne bezeichnet man als »mittleren Sonnentag«. Die Tage, Stunden, Minuten und Sekunden der *»mittleren Ortszeit«* sind das ganze Jahr hindurch gleich lang und entsprechen unserem derzeitigen

Tabelle 2.8.5–1: Korrekturwerte e der Zeitgleichung (Minuten für 12 Uhr MEZ, Durchschnittswerte bis ca. 2030)

	Jan.	Febr.	März	Apr.	Mai	Juni
1.	– 3,6	– 13,6	– 12,4	– 3,9	+ 3,0	+ 2,3
2.	– 4,0	– 13,7	– 12,2	– 3,6	+ 3,1	+ 2,1
3.	– 4,5	– 13,9	– 12,0	– 3,3	+ 3,2	+ 1,9
4.	– 5,0	– 14,0	– 11,7	– 3,0	+ 3,3	+ 1,8
5.	– 5,4	– 14,0	– 11,5	– 2,7	+ 3,4	+ 1,6
6.	– 5,8	– 14,1	– 11,3	– 2,4	+ 3,4	+ 1,4
7.	– 6,3	– 14,2	– 11,0	– 2,1	+ 3,5	+ 1,2
8.	– 6,7	– 14,2	– 10,8	– 1,8	+ 3,6	+ 1,0
9.	– 7,1	– 14,3	– 10,6	– 1,6	+ 3,6	+ 0,8
10.	– 7,5	– 14,3	– 10,3	– 1,3	+ 3,7	+ 0,6
11.	– 7,9	– 14,3	– 10,0	– 1,0	+ 3,7	+ 0,4
12.	– 8,3	– 14,3	– 9,8	– 0,8	+ 3,7	+ 0,2
13.	– 8,7	– 14,3	– 9,5	– 0,5	+ 3,7	0
14.	– 9,1	– 14,2	– 9,2	– 0,3	+ 3,7	– 0,2
15.	– 9,4	– 14,2	– 8,9	0	+ 3,7	– 0,4
16.	– 9,8	– 14,1	– 8,7	+ 0,2	+ 3,7	– 0,6
17.	– 10,1	– 14,1	– 8,4	+ 0,5	+ 3,7	– 0,8
18.	– 10,4	– 14,0	– 8,1	+ 0,7	+ 3,6	– 1,0
19.	– 10,7	– 13,9	– 7,8	+ 0,9	+ 3,6	– 1,3
20.	– 11,0	– 13,8	– 7,5	+ 1,1	+ 3,5	– 1,5
21.	– 11,3	– 13,7	– 7,2	+ 1,3	+ 3,5	– 1,7
22.	– 11,6	– 13,6	– 6,9	+ 1,5	+ 3,4	– 1,9
23.	– 11,9	– 13,4	– 6,6	+ 1,7	+ 3,3	– 2,1
24.	– 12,1	– 13,3	– 6,3	+ 1,9	+ 3,2	– 2,3
25.	– 12,3	– 13,1	– 6,0	+ 2,1	+ 3,1	– 2,5
26.	– 12,6	– 13,0	– 5,7	+ 2,2	+ 3,0	– 2,8
27.	– 12,8	– 12,8	– 5,4	+ 2,4	+ 2,9	– 3,0
28.	– 13,0	– 12,6	– 5,1	+ 2,6	+ 2,8	– 3,2
29.	– 13,2	– 12,4	– 4,8	+ 2,7	+ 2,7	– 3,4
30.	– 13,3		– 4,5	+ 2,8	+ 2,5	– 3,6
31.	– 13,5		– 4,2		+ 2,4	

Mittlere Ortszeit + e = wahre Ortszeit

Juli	Aug.	Sept.	Okt.	Nov.	Dez.	
– 3,8	– 6,2	+ 0,1	+ 10,4	+ 16,4	+ 10,9	1.
– 4,0	– 6,2	+ 0,4	+ 10,7	+ 16,4	+ 10,5	2.
– 4,1	– 6,1	+ 0,7	+ 11,0	+ 16,4	+ 10,1	3.
– 4,3	– 6,0	+ 1,0	+ 11,3	+ 16,4	+ 9,7	4.
– 4,5	– 5,9	+ 1,4	+ 11,6	+ 16,4	+ 9,3	5.
– 4,7	– 5,8	+ 1,7	+ 11,9	+ 16,3	+ 8,9	6.
– 4,8	– 5,7	+ 2,0	+ 12,2	+ 16,3	+ 8,5	7.
– 5,0	– 5,6	+ 2,4	+ 12,5	+ 16,2	+ 8,0	8.
– 5,1	– 5,4	+ 2,7	+ 12,7	+ 16,1	+ 7,6	9.
– 5,3	– 5,3	+ 3,1	+ 13,0	+ 16,0	+ 7,1	10.
– 5,4	– 5,1	+ 3,4	+ 13,3	+ 15,9	+ 6,7	11.
– 5,5	– 5,0	+ 3,8	+ 13,5	+ 15,8	+ 6,2	12.
– 5,7	– 4,8	+ 4,1	+ 13,8	+ 15,7	+ 5,7	13.
– 5,8	– 4,6	+ 4,5	+ 14,0	+ 15,5	+ 5,3	14.
– 5,9	– 4,4	+ 4,8	+ 14,2	+ 15,4	+ 4,8	15.
– 6,0	– 4,2	+ 5,2	+ 14,4	+ 15,2	+ 4,3	16.
– 6,1	– 4,0	+ 5,5	+ 14,6	+ 15,0	+ 3,8	17.
– 6,1	– 3,8	+ 5,9	+ 14,8	+ 14,8	+ 3,3	18.
– 6,2	– 3,5	+ 6,3	+ 15,0	+ 14,6	+ 2,8	19.
– 6,3	– 3,3	+ 6,6	+ 15,2	+ 14,3	+ 2,3	20.
– 6,3	– 3,1	+ 7,0	+ 15,4	+ 14,1	+ 1,8	21.
– 6,4	– 2,8	+ 7,3	+ 15,5	+ 13,8	+ 1,3	22.
– 6,4	– 2,6	+ 7,7	+ 15,7	+ 13,5	+ 0,8	23.
– 6,4	– 2,3	+ 8,0	+ 15,8	+ 13,3	+ 0,3	24.
– 6,4	– 2,0	+ 8,4	+ 15,9	+ 13,0	– 0,2	25.
– 6,4	– 1,7	+ 8,7	+ 16,0	+ 12,6	– 0,7	26.
– 6,4	– 1,5	+ 9,0	+ 16,1	+ 12,3	– 1,1	27.
– 6,4	– 1,2	+ 9,4	+ 16,2	+ 12,0	– 1,6	28.
– 6,4	– 0,9	+ 9,7	+ 16,3	+ 11,6	– 2,1	29.
– 6,4	– 0,6	+ 10,0	+ 16,3	+ 11,3	– 2,6	30.
– 6,3	– 0,3		+ 16,4		– 3,1	31.

Zeitmaß. Demgegenüber sind die Zeiteinheiten der wahren Ortszeit variabel.
Die Differenz zwischen der wahren und der mittleren Ortszeit wird durch die *Zeitgleichung* ausgedrückt. Es ergibt sich folgender Zusammenhang:

mittlere Ortszeit + Zeitgleichung = wahre Ortszeit.

Der Wert der Zeitgleichung wird gewöhnlich in astronomischen Kalendern und Jahrbüchern angegeben. Tabelle 2.8.5–1 gibt den Durchschnittswert der Zeitgleichung bis etwa zum Jahr 2030 in Minuten an für 12 Uhr Mitteleuropäischer Zeit.
Bild 2.8.5–1 zeigt die graphische Darstellung der Zeitgleichung. Aus der Kurve lässt sich erkennen, dass viermal im

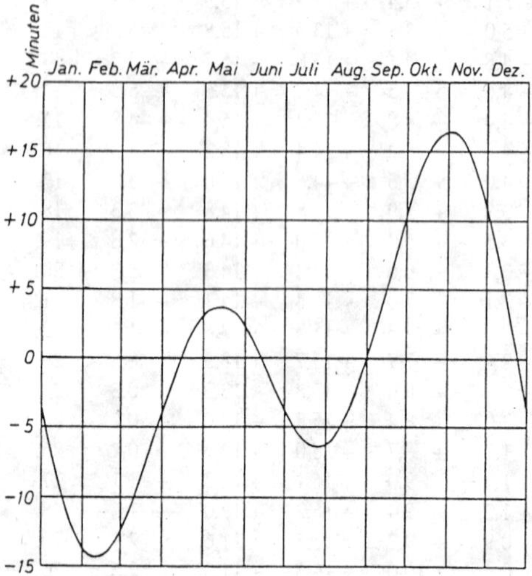

Bild 2.8.5–1: Kurve der Zeitgleichung.

Jahr die wahre Ortszeit mit der mittleren übereinstimmt: ungefähr am 14. April, am 14. Juni, am 1. September und am 24. Dezember. Die höchsten Werte erreicht die Zeitgleichung um den 12. Februar und um den 3. November.

2.8.6 **Räderuhren**

Die Vorläufer der mechanischen Räderuhren waren kunstvolle Wasseruhren mit durch Hebel, Seilzüge und Schnurrollen angetriebenen Schlagwerken, Stundenzeigern und astronomischen Angaben. Besonders im arabischen Kulturkreis und in China hatte die Wasseruhr mit Räderwerk vom 9. bis zum 13. Jahrhundert eine Blütezeit, bis der Gewichtsantrieb den Wasserantrieb ablöste.
Die ersten mechanischen Räderuhren wurden im 13. Jahrhundert gebaut. Es waren Turmuhren. Sie waren noch so ungenau, dass der Unterschied zwischen wahrer und mittlerer Ortszeit keine Rolle spielte. Sie hatten nur einen Stundenzeiger, aber ein Schlagwerk, das den Tag und die Nacht für jedermann bemerkbar einteilte. Damit bekam der Mensch des Mittelalters fortan eine Zeitangabe und konnte seinen Tageslauf danach einrichten.
Jede mechanische Räderuhr besteht aus den sieben in Bild 2.8.6–1 schematisch dargestellten Baugruppen. Sie bilden das Gehwerk. Daneben können noch ein Schlagwerk und eine Weckeinrichtung vorhanden sein.
Die Wirkungsweise derartiger Uhren ist kurz folgende: Ein schwingungsfähiges Gebilde bietet die Grundlage der Zeitmessung. Dieses Schwingsystem erhält von dem *Antrieb* zum Ausgleich der Reibungsverluste so viel Energie, dass die Schwingungen aufrechterhalten bleiben. Das Räderwerk überträgt die Antriebsenergie unter Drehzahländerung auf das Schwingsystem. Das Räderwerk dreht sich schrittweise, weil es ständig durch die Hemmung angehalten und wieder freigegeben wird. Die Übersetzungen der

Zahnräder werden so gewählt, dass ein Rad in der Minute eine Umdrehung macht. Dieses Minutenrad treibt das Zeigerwerk.

Die alten Uhren hatten einen Antrieb durch *Gewichte*, der bis zur Mitte des 15. Jahrhunderts allein verwendet wurde. Erst die Erfindung der *Uhrfeder* im 15. Jahrhundert erlaubte den Bau tragbarer, standortunabhängiger Uhren. Bei dem Federantrieb wird die Energie in einer spiralförmig auf einem Federkern aufgewickelten Feder gespeichert, die sich bei der Abgabe ihres Drehmomentes zentrisch entspannen soll. Die älteste erhaltene Federuhr entstand um 1430; es wird heute vermutet, dass der Federzug erst später eingebaut wurde.

Die nach Bild 2.8.6–1 folgende Baugruppe, das *Lauf-* oder *Räderwerk*, ist eine Anordnung von Zahnrädern und Trieben (kleine Zahnräder mit weniger als 15 Zähnen, die mit dem Zahnrad in Eingriff stehen). Das Räderwerk übersetzt die langsame Umdrehung der Antriebswelle in die hohe Drehzahl für den Betrieb des Zeigerwerks und der Hemmung.

Die *Hemmung* hält die Ablaufgeschwindigkeit des Räderwerks konstant. Sie wird von einem Schwingsystem mit zeitgleichen Schwingungen derart gesteuert, dass eine schrittweise, zeitabhängige Drehbewegung entsteht.

Dieses *Schwingsystem*, auch *Gangregler* genannt, bildet mit

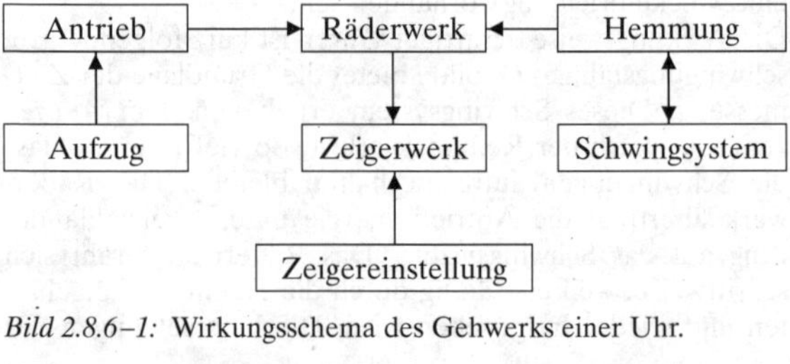

Bild 2.8.6–1: Wirkungsschema des Gehwerks einer Uhr.

Bild 2.8.6–2:
Spindelhemmung mit Waag.

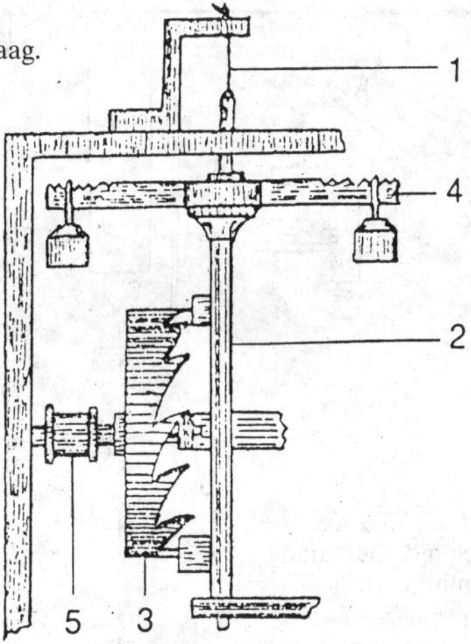

1 Aufhängefaden.
2 Spindel mit Lappen.
3 Hemmungsrad.
4 Waag mit Reguliergewichten.
5 Trieb.

Die Waag wird in Drehschwingungen versetzt. Dann greifen die Lappen der Spindel abwechselnd in das Hemmungsrad, das über das Ritzel mit dem Räderwerk verbunden ist. Bei jedem Eingriff der Lappen erhält die Spindel durch die kronenartigen Zähne des Hemmungsrades die zum Schwingen notwendigen Impulse. Der Aufhängefaden wird dabei verdrillt, und dessen Richtmoment führt die Spindel zurück. Durch Versetzen der Reguliergewichte kann die Schwingungsdauer der Spindel und damit der Gang der Uhr verändert werden.

der Hemmung eine Einheit und ist das zeitbestimmende Glied der Uhr.
Die *Waag*, ein Drehpendel, war das erste Schwingungssystem, das zusammen mit der Spindelhemmung in den ersten Räderuhren verwendet wurde. (Bild 2.8.6–2 zeigt eine Spindelhemmung mit Waag.)
Von größter Bedeutung für die Entwicklung genau gehender Uhren war die Entdeckung der zeitlichen Gleichmäßigkeit der *Pendel*schwingungen bei ungleicher Auslenkung

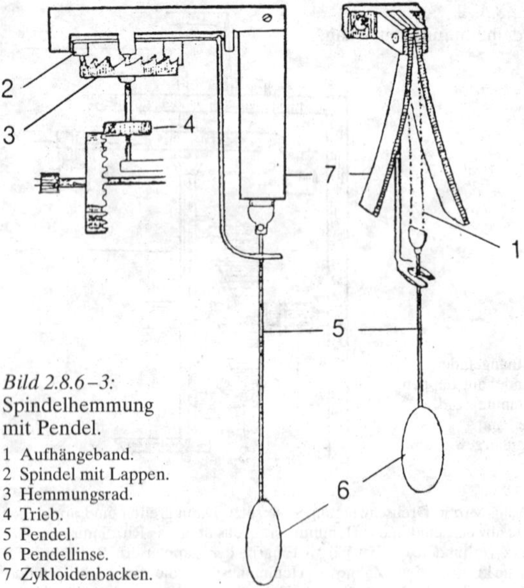

Bild 2.8.6–3:
Spindelhemmung mit Pendel.
1 Aufhängeband.
2 Spindel mit Lappen.
3 Hemmungsrad.
4 Trieb.
5 Pendel.
6 Pendellinse.
7 Zykloidenbacken.

Die Wirkungsweise entspricht der Waaghemmung, nur ist die Waag durch das senkrecht schwingende Pendel ersetzt. Die von Huygens angegebenen Zykloidenbacken lassen das Pendel auch bei großen Ausschlägen isochron (gleichförmig) schwingen.

(Isochronismus) durch Galileo Galilei im Jahre 1583. Unabhängig von Galilei veröffentlichte Christian Huygens in Den Haag 1657 eine von ihm erfundene Pendeluhr, deren Pendelaufhängung und Hemmung er 1658 durch »Zykloidenbacken« verbesserte (Bild 2.8.6–3). In der folgenden Zeit wurden ältere Uhren des öfteren nachträglich mit einem Pendel versehen, um die Ganggenauigkeit zu erhöhen.

Im Jahre 1665 wurde, ebenfalls von Huygens, die *Unruh* erfunden (Bild 2.8.6–4). Sie ist ein kleines Drehpendel, dessen Rückstellmoment durch eine feine Spiralfeder erzeugt wird, deren Länge zur Regulierung verändert werden kann. Die Unruh ist zwar ein ungenaueres Schwingsystem als das Pendel, arbeitet jedoch in jeder Lage der Uhr zuverlässig. Deswegen findet man sie in allen tragbaren mechanischen Uhren und vielen mechanischen Tisch- und Wanduhren.

Bald nach 1500 begann man, die Minute in Sekunden zu teilen. Bis ins späte Mittelalter benutzte man folgende Zeitunterteilung:

1 Stunde	= 60 minutae primae
1 minuta prima	= 60 minutae secundae
1 minuta secunda	= 60 minutae tertiae

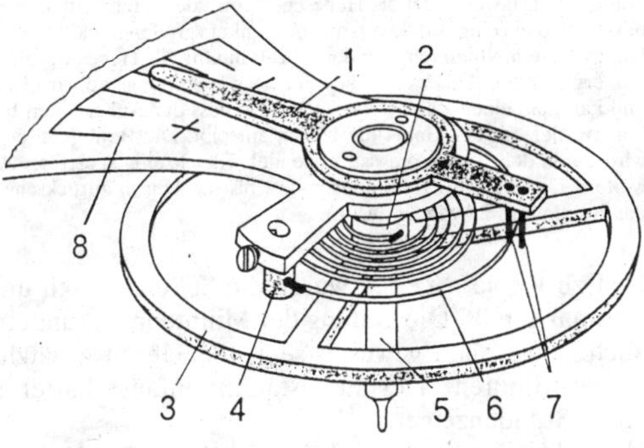

Bild 2.8.6–4: Unruh mit Spirale.

1 Rücker. 2 Spiralrolle. 3 Unruhring. 4 Spiralklötzchen. 5 Unruhwelle mit unterem Zapfen. 6 Spirale. 7 Rückerstifte. 8 Unruhkloben, ist mit der Werkplatte verbunden und trägt das obere Zapfenlager.

Das Hemmungsrad wirkt bei der Zylinderhemmung direkt auf die Unruh. Bei der Ankerhemmung trägt die Unruhwelle die Hebescheibe mit dem Hebestift, der in die Gabel des Ankers eingreift (s. Bild 2.8.6–5).

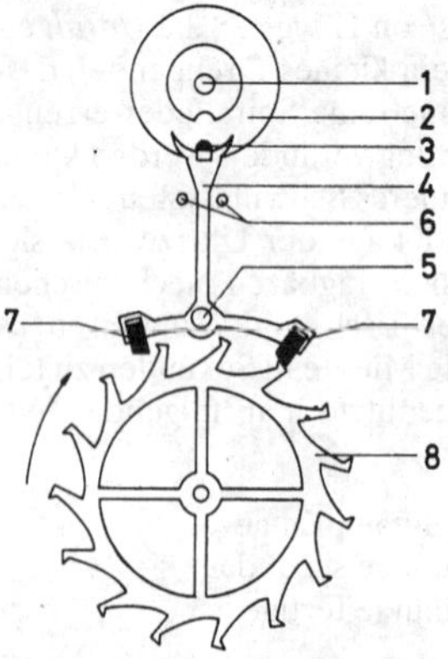

Bild 2.8.6–5:
Ankerhemmung.
1 Unruhwelle.
2 Hebescheibe.
3 Hebestift.
4 Anker.
5 Ankerwelle.
6 Begrenzungsstifte.
7 Ankerarme.
8 Hemmungsrad.

Auf der Unruhwelle sitzt die Hebescheibe mit dem Hebestift, der in die Gabel des Ankers eingreift. Die Arme des Ankers greifen in das Hemmungsrad. Kurz vor dem Nulldurchgang der Unruh nimmt der Hebestift mit Hilfe der Ankergabel den Anker ein Stück mit. Das Hemmungsrad wird freigegeben und kann um einen Zahn weiterrücken, so dass der Anker einen Impuls bekommt, der mit der Gabel die Unruh antreibt. Die Bewegung des Ankers wird durch den Begrenzungsstift beendet. Gleichzeitig sperrt der Anker die weitere Drehung des Hemmungsrades, bis die Unruh zurückschwingt und das Hemmungsrad wieder auslöst.

Erst zu Keplers Zeiten wurde die Sekunde nach und nach dezimal geteilt. Die Teilung der Minute in Sekunden dürfte auch der Anlass gewesen sein, die Uhren zusätzlich mit einem Minutenzeiger auszustatten; anfangs hatten sie nur einen Stundenzeiger.

Nach der Einführung der Antriebsfeder konnte man tragbare Uhren bauen. In Nürnberg, dem damaligen Mittelpunkt der Kleinuhrenfertigung in Deutschland, soll Peter Henlein die erste Taschenuhr hergestellt haben. Dieses »Nürnberger Ei« hatte ein Schlagwerk, und die Laufzeit wird mit etwa 40 Stunden angegeben.

Zur Zeit der großen Entdeckungsreisen lagen die Schiffs-

routen immer häufiger außerhalb der Sichtweite von Küsten. Der *Schiffsstandort* musste daher bei Hochseefahrten mit den Hilfsmitteln der Astronomie bestimmt werden.
Die geographische Breite ließ sich durch Messung der Höhe der Sonne oder von Gestirnen mit einem Oktanten, später mit einem Sextanten, verhältnismäßig einfach und genau ermitteln. – Die geographische Länge konnte zwar aus der Stellung von Sonne und Mond bestimmt werden, das Verfahren stellte jedoch hohe Anforderungen an die Auswertung und konnte sich daher nicht so recht durchsetzen. Einfacher war die Methode, den Meridian des Beobachtungsortes durch den Zeitunterschied gegenüber einem Bezugsmeridian zu ermitteln. Der Unterschied von 15° in der Länge entspricht 1 Stunde Zeitdifferenz, 1° Unterschied also 4 Minuten. Da auf dem Äquator 1° einer Strecke von 111 km entspricht (auf dem 60. Breitengrad der Hälfte), ruft ein Uhrenfehler von 1 Minute einen Standortfehler am Äquator von etwa 28 km hervor, genug, um unter Umständen zu stranden. Aus diesem Grunde muss die zur Meridianbestimmung dienende Uhr während einer langen Zeit sehr genau gehen. Am Anfang des 18. Jahrhunderts gab es solche Uhren nicht.
Im Jahre 1714 setzte die englische Regierung einen Preis von 20000 £ für eine Vorrichtung aus, die es gestattete, den Längengrad des Schiffsstandortes auf einer von der Kommission anzugebenden Reise zwischen England und Amerika auf 30 Seemeilen genau zu bestimmen. Das erforderte eine Zeitbestimmung, deren Unsicherheit maximal 2 Minuten für die gesamte Fahrzeit betragen durfte. Dieser Aufgabe waren die bisherigen Uhren nicht entfernt gewachsen; ihr Gang wurde durch Temperaturschwankungen noch mehr als durch die Reibung beeinflusst. Der englische Uhrmacher John Harrison erfand zur Lösung der Preisaufgabe eine *Temperaturkompensation*, und zwar nicht nur für die – auf schwankenden Schiffen unbrauchbaren – Pendeluhren, sondern auch für Uhren mit Unruh. Während der Erprobung auf einer viermonatigen Reise nach Jamaika im Jahre

1761 wich seine Uhr nur um 39,2 Sekunden von der richtigen Angabe ab, wie nachträglich aus astronomischen Beobachtungen errechnet wurde. Harrison erhielt schließlich den Preis. Und in der Folge gehören derartige Schiffschronometer zur Ausrüstung seegehender Schiffe.
Die Güte von Kleinuhren wurde im 19. Jahrhundert stark vom *Chronometer* beeinflusst. Ein Chronometer ist eine Präzisionsuhr mit dem Zertifikat eines Prüfungsinstituts. Die Genauigkeit von Taschenuhren wurde so sehr verbessert, dass der Sekundenzeiger üblich wurde. Zu Ende des 19. Jahrhunderts hat sich aus der Taschenuhr die Armbanduhr entwickelt, welche die Taschenuhr fast völlig verdrängt hat.

2.8.7 Aktuelle Entwicklung der Zeitmessung

Der Energieinhalt von Feder oder Gewicht bestimmt die Gangdauer einer mechanischen Uhr. Mit zunehmender Entspannung der Feder oder zunehmendem Sinken des Gewichtes nimmt die Antriebsenergie ab, und die Gangleistung lässt nach: Die Uhr muss aufgezogen werden. Mechanische Uhren sind nicht wartungsfrei, sie müssen täglich oder wöchentlich »bedient« werden.
Um von diesen Beschränkungen freizukommen, wurden Uhren mit *elektrischen Energiequellen* entwickelt. Zuerst wurde lediglich der Aufzug elektrisch betätigt; diese Uhren waren also bereits wartungsfrei. Als nächstes baute man elektrisch betriebene Gangregler ein und bekam so eine größere Genauigkeit.
Eine große Bedeutung haben Zentraluhranlagen für Bürogebäude, Bahnanlagen, Städte usw., die ohne elektrische Einrichtungen nicht möglich sind. Eine genau gehende Hauptuhr steuert durch elektrische Impulse eine Anzahl Nebenuhren. Für die Synchronuhren ist das öffentliche Versorgungsnetz gleichsam die Hauptuhr. Die Zeiger der Synchronuhren werden von einem Wechselstrom-Syn-

chronmotor angetrieben. Ihre Genauigkeit hängt daher von der Frequenzkonstanz der Speisespannung ab. Für höhere Anforderungen ist die Unveränderlichkeit der Netzfrequenz meist nicht ausreichend.

Eine sehr konstante Frequenz zur Steuerung von Uhren bekommt man dagegen durch Ausnutzung des »piezoelektrischen Effekts«, den einige Kristalle wie Seignettesalz, Bariumtitanat, Turmalin und vor allem Quarz zeigen. Seit langem benutzt man Quarzkristalle zur Steuerung von Hochfrequenzsendern der Nachrichtentechnik. Es lag nahe, eine Uhr mit einem Schwingquarz als Zeitgeber zu versehen. Dessen im Hochfrequenzbereich liegende Frequenz wird durch elektronische Frequenzteiler so weit untersetzt, bis entweder eine Umsetzung in eine mechanische Drehbewegung möglich ist oder eine digitale Zeitanzeige gesteuert werden kann.

Elektronische Uhren mit einem schwingenden Quarz als Zeitnormal, allgemein Quarzuhren genannt, sind in ihrem Gangverhalten völlig lageunabhängig. Nur die Schwingfrequenz bestimmt die Genauigkeit, die von der Betriebsspannung, der Umgebungstemperatur und der Alterung des Quarzes abhängt. Trotz dieser störenden Einflüsse erreichen moderne Quarzuhren außerordentlich hohe Ganggenauigkeiten. Gebrauchsuhren weichen nur um etwa 0,2 Sekunden am Tag von der Normalzeit ab.

Die ersten quarzgesteuerten Uhren wurden in den Jahren 1932–1934 von Adolf Scheibe und Udo Adelsberger in der Physikalisch-Technischen Reichsanstalt zu Berlin gebaut. Sie waren als Zeitnormale entwickelt worden und entsprachen den Anforderungen so gut, dass mit ihnen die Ungleichförmigkeit der Erdrotation nachgewiesen werden konnte. Diese ersten Normalquarzuhren waren umfangreiche, in temperaturkonstanten Kellerräumen erschütterungssicher aufgestellte Anlagen. Ihre Abweichung vom Sollwert war nicht größer als $3 \cdot 10^{-4}$ Sekunden am Tag, das entspricht einem Fehler von einer Sekunde in 30 Jahren.

Nach der Erfindung des Transistors, der Entwicklung integrierter Schaltkreise und der Miniaturisierung der Bauelemente in der Zeit nach dem 2. Weltkrieg konnte man auch kleine Quarzuhren bauen. 1957 stellte die Schweiz eine Kleinquarzuhr mit Akkumulator vor, deren Abmessungen $134 \times 94 \times 60$ mm^3 betrugen. Inzwischen haben Quarz-Armbanduhren, -Wecker und -Wohnraumuhren die mechanische Uhr weitgehend verdrängt. Die Anzeige erfolgt durch Ziffern (digital) oder mit Skala und Zeiger (analog). Oft haben Armbanduhren noch viele Zusatzfunktionen, wie Datumanzeige, Zeitstoppeinrichtung, Anzeige anderer Zonenzeiten usw. Dabei ist die Ganggenauigkeit, wie schon erwähnt, mit der bester mechanischer Uhren vergleichbar. Noch höhere Genauigkeiten werden mit Armband-Funkuhren erreicht (s. Kap. 2.8.10).

2.8.8 Die gesetzliche Zeit

Am Ende des 19. Jahrhunderts hatte noch jeder Ort seine eigene Zeit. Der Unterschied der *Ortszeiten* störte kaum jemanden, solange nur wenige Menschen längere Reisen machten. Als mit der schnellen Ausbreitung der Eisenbahnlinien der Verkehr anstieg, war es zwar dem Reisenden noch zuzumuten, am Ankunftsort seine Uhr nach der dortigen Zeit zu stellen, für die Eisenbahnverwaltungen jedoch war dieser Zustand, vor allem im Interesse der Verkehrssicherheit, unzumutbar. Sie führten daher besondere »*Eisenbahn-*« oder »*Normalzeiten*« ein. Dies waren von den Eisenbahngesellschaften ausgewählte Ortszeiten, die nach den jeweiligen Verkehrszentren benannt wurden. Es gab zum Beispiel die »Berliner Zeit«, die »Karlsruher Zeit« usw. Um den Bodensee waren zeitweise fünf verschiedene Eisenbahnzeiten in Gebrauch, was für das Publikum recht lästig war, da es ja noch die eigene Ortszeit beachten musste.

Die ersten Pläne für eine weltumfassende Regelung dieses Problems entstanden 1878 in Kanada. Sie sahen vor, die Erde in 24 *Zeitzonen* einzuteilen, von denen sich jede über 360 : 24 = 15 Längengrade erstrecken sollte, da dies gerade einer Zeitdifferenz von einer Stunde entspricht. Die Ortszeit des Meridians der Zonenmitte sollte für die gesamte Zone verbindlich sein.
Auf mehreren internationalen Konferenzen fand das System der Zeitzonen allgemeine Zustimmung und wurde vom Ende des 19. Jahrhunderts an auf der ganzen Erde eingeführt. Im Deutschen Reich schaffte das *Gesetz, betreffend die Einführung einer einheitlichen Zeitbestimmung* (RGBl. 1893 S. 93) die Ortszeiten ab und führte eine einheitliche Zeit für das Reichsgebiet ein: »Die gesetzliche Zeit in Deutschland ist die mittlere Sonnenzeit des fünfzehnten Längengrades östlich von Greenwich.«
Die Basis der *Zonenzeiten* ist die zum Längengrad 0 (Greenwich) gehörende mittlere Sonnenzeit mit der Bezeichnung *Weltzeit* (Abkürzung UT, von »Universal Time«). Die einzelnen Zonenzeiten entstehen durch Addition von (meist) ganzen Stunden.
Die Grenzen der Zeitzonen verlaufen häufig nicht genau entlang der Längengrade, sondern passen sich den Grenzen der einzelnen Staaten an. Sehr große Länder wie die USA und die Sowjetunion mussten mehrere Zeitzonen einführen. Tabelle 2.8.8–1 bringt eine Aufstellung der Zeitzonen der Erde einschließlich der wenigen Ausnahmen von dem Zeitunterschied von einer vollen Stunde.
Zur Anpassung an die Neudefinition der Sekunde (vgl. Tab. 3.1–1) und die Fortschritte der Zeitmessung wurde in der Bundesrepublik Deutschland das Reichsgesetz von 1893 durch das *Gesetz über die Zeitbestimmung (Zeitgesetz – ZeitG.)* vom 25. Juli 1978 (BGBl. I S. 1110, 1282) abgelöst, geändert durch das *Gesetz zur Änderung des Zeitgesetzes* vom 13. September 1994 (BGBl. I S. 2322).

Tabelle 2.8.8–1: Zeitzonen der Erde (Länderauswahl)

Zonenzeitdifferenz	Zeitzone
-11^h	Alëuten, Samoa, Westküste Alaskas
-10^h	Westl. Alaska, Hawaii
-9^h	Östl. Alaska
-8^h Pacific Time	Westl. Kanada und Weststaaten der USA (Kalifornien)
-7^h Mountain Time	Teile Kanadas, Gebirgsstaaten der USA, Mexiko (westl. Teil)
-6^h Central Time	Teile Kanadas, Zentralstaaten der USA, Mexiko (östl. Teil)
-5^h Eastern Time	Teile Kanadas, östl. USA, Peru, Kuba
-4^h Atlantic Time	Teile Kanadas, Zentralbrasilien, Paraguay, Chile
-3^h30^{min}	Labrador, Neufundland
-3^h	Grönland, östl. Brasilien, Argentinien, Uruguay
-2^h	Azoren
-1^h	Madeira
0^h Westeuropäische Zeit (Weltzeit)	Großbritannien, Irland, Island, Spanien, Portugal, Algerien, Marokko
$+1^h$ Mitteleuropäische Zeit	Skandinavien, Niederlande, Belgien, Deutschland, Polen, Tschechien, Slowakei, Ungarn, Österreich, Schweiz, Frankreich, westl. Balkan, Italien, Tunesien, Kamerun
$+2^h$ Osteuropäische Zeit	Finnland, westl. Russland (Moskau), Bulgarien, Rumänien, Griechenland, Türkei, Israel, Jordanien, Ägypten, Sudan, Südafrikan. Union
$+3^h$	Russland (Nischnij Nowgorod), Irak, Saudi-Arabien, Madagaskar, Kenia
$+3^h30^{min}$	Iran
$+4^h$	Russland (Jekaterinburg)
$+4^h30^{min}$	Afghanistan

Tabelle 2.8.8–1: Fortsetzung

Zonenzeit-differenz	Zeitzone
$+ 5^h$	Russland (Omsk)
$+ 5^h 30^{min}$	Indien, Sri Lanka
$+ 6^h$	Russland (Nowosibirsk), China (Tibet), Thailand
$+ 7^h$	Russland (Irkutsk), Mittelchina, Vietnam, Laos
$+ 8^h$	Russland (Jakutsk), Korea, Philippinen, westl. Australien
$+ 9^h$	Russland (Komsomolsk a. Amur), Japan, Korea
$+ 9^h 30^{min}$	Mittl. Australien
$+10^h$	Russland (Syrjanka), östl. Australien
$+11^h$	Russland (Ambartschik)
$+11^h 30^{min}$	Neuseeland

Das Zeichen + (östlich von Greenwich) bzw. das Zeichen – (westlich von Greenwich) gibt die jeweilige Stundendifferenz der Zonenzeit gegenüber der Weltzeit an. Beispielsweise gilt in Deutschland die Mitteleuropäische Zeit (MEZ), die gegenüber Greenwich um eine Stunde vorgeht.
In Russland sind die Uhren gegenüber den Zeiten in der Tabelle zusätzlich um eine Stunde vorgestellt. Auch in Spanien sind die Uhren eine Stunde vorgestellt, so dass sie dort Mitteleuropäische Zeit angeben. Besonders zu beachten ist bei der Berechnung der Zonenzeiten die zu bestimmten Jahreszeiten eingeführte Sommerzeit.

Das Gesetz wurde neugefasst als Einheiten- und Zeitgesetz vom 3. Juli 2008 und bestimmt u. a.:

1. Im amtlichen und geschäftlichen Verkehr sind Datum und Uhrzeit nach der gesetzlichen Zeit zu verwenden.
2. Die gesetzliche Zeit ist die Mitteleuropäische Zeit. Diese ist bestimmt durch die koordinierte Weltzeit unter Hinzufügung einer Stunde.

3. Für den Zeitraum ihrer Einführung ist die Mitteleuropäische Sommerzeit die gesetzliche Zeit. Die Mitteleuropäische Sommerzeit ist bestimmt durch die koordinierte Weltzeit unter Hinzufügung zweier Stunden.
4. Die Physikalisch-Technische Bundesanstalt hat die gesetzliche Zeit darzustellen und zu verbreiten.

Die Zeiteinheit *Sekunde* des Internationalen Einheitensystems (SI) auf der Basis einer atomaren Schwingung des Cäsiums 133 wurde im Jahre 1967 neu definiert. Dies führte folgerichtig zur Festlegung einer weltweit anerkannten *Atomzeitskala*, die sich auf die Sekunde in Meereshöhe und den Nullmeridian bezieht. Diese Atomzeitskala löste die aus astronomischen Beobachtungen gewonnene »Weltzeit«, früher auch Greenwich Mean Time (GMT) genannt, ab.
Die jetzt gültige Zeitskala heißt *Universal Time Coordinated* (UTC / Koordinierte Weltzeit). Schaltsekunden, die durchschnittlich einmal jährlich in die UTC-Zeitskala eingefügt werden, bewirken, dass UTC nie mehr als eine Sekunde von der mittleren Sonnenzeit des Nullmeridians abweicht.
Die gesetzliche Zeit der Bundesrepublik ist also entweder die Mitteleuropäische Zeit MEZ oder die Mitteleuropäische Sommerzeit MESZ. Ob und wann die MESZ eingeführt wird, bestimmt eine Verordnung der Bundesregierung im voraus, die aufgrund der Ermächtigung des § 5 des Einheiten- und Zeitgesetzes, zuletzt geändert am 3. Juli 2008, erlassen wird. Die MESZ kann zwischen dem 1. März und dem 31. Oktober eingeführt werden und soll jeweils an einem Sonntag beginnen und enden. Zwischen UTC und MEZ bzw. MESZ gilt:

$$\text{MEZ} = \text{UTC} + 1\,\text{h}$$
$$\text{MESZ} = \text{UTC} + 2\,\text{h}$$

Das Zeitgesetz von 1978, geändert am 13. September 1994, wurde durch das Einheiten- und Zeitgesetz vom 3. Juli 2008 ersetzt. Durch entsprechende Verordnungen zur Einführung der Sommerzeit werden der Anfang und das Ende der Sommerzeit für die nächsten Jahre geregelt. Die Sommerzeit beginnt jeweils am letzten Sonntag im März um 2 Uhr und endet entsprechend am letzten Sonntag im Oktober um 3 Uhr Mitteleuropäischer Sommerzeit. Zum Zeitpunkt des Beginns der Sommerzeit wird die Stundenzählung um eine Stunde von 2 Uhr auf 3 Uhr vorgestellt. Zum Zeitpunkt des Endes der Sommerzeit wird die Stundenzählung um eine Stunde von 3 Uhr auf 2 Uhr zurückgestellt. Von der beim Übergang von MESZ nach MEZ doppelt erscheinenden Stunde von 2 Uhr bis 3 Uhr werden die erste als 2A und die zweite als 2B bezeichnet.

2.8.9 **Darstellung der gesetzlichen Zeit**

Aufgrund internationaler Vereinbarungen ist die Sekunde als Zeiteinheit folgendermaßen definiert:
Die Sekunde ist das 9 192 631 770fache der Periodendauer der dem Übergang zwischen den beiden Hyperfeinstrukturniveaus des Grundzustandes von Atomen des Nuklids ^{133}Cs entsprechenden Strahlung.
Damit wurde eine sehr gute Annäherung an die bisher gültige, auf astronomischen Beobachtungen beruhende Zeiteinheit erreicht. Diese Sekunde entspricht annähernd dem 86 400. Teil des mittleren Sonnentages.
Zur Erfüllung der mit dem Zeitgesetz gestellten Aufgabe, die gesetzliche Zeit darzustellen, betreibt die PTB seit 1969 einige Atomuhren CS 1, CS 2 und CS 3, die als Primärstandards dienen. Sie gehören zu den genauesten Uhren der Welt, die sich nach einer Million Jahren um höchstens 1 Sekunde unterscheiden würden.

Mit der Inbetriebnahme einer Cäsium-Fontänenuhr im Jahre 1999 wird eine Gangunsicherheit von 1 Sekunde in 30 Millionen Jahren bzw. 3 Millionstel einer Sekunde in einem Menschenleben erreicht.

W i e f u n k t i o n i e r t e i n e A t o m u h r? In einer Atomuhr wird die Zeiteinheit ihrer Definition entsprechend realisiert. Cäsiumatome werden in einem Ofen verdampft. Sie befinden sich danach in den beiden energetisch tiefsten Zuständen, die Cäsiumatome einnehmen können. Nach dem Verdampfen werden die Atome magnetisch sortiert, so dass nur eine Sorte in den Hohlraumresonator gelangt. Dort werden die Atome durch Bestrahlung mit einem magnetischen Mikrowellenfeld animiert, den Zustand zu wechseln. Nach Verlassen des Hohlraumresonators sortiert die Apparatur wiederum und fängt die Atome, die ihren Zustand gewechselt haben, in einer speziellen Kammer auf. Bei einer bestimmten Frequenz des Mikrowellenfeldes ist diese aufgefangene Menge am größten; die Frequenz wird gehalten und gezählt. Nach 9 192 631 770 Periodendauern ist schließlich eine Sekunde verstrichen.

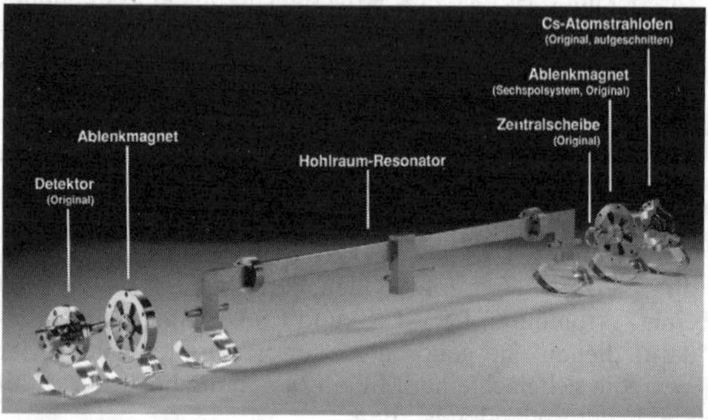

Bild 2.8.9–1: Schema einer Atomuhr.

Die Realisierung der Koordinierten Weltzeit UTC erfolgt in Zusammenarbeit von etwa 50 weltweit verteilten Zeitinstituten und dem Internationalen Büro für Maß und Gewicht (BIPM) in Sèvres. Grundlage dieser Zusammenarbeit ist der regelmäßige Vergleich der in den einzelnen Instituten realisierten Atomzeitskalen. Seit zwei Jahrzehnten werden hierfür spezielle GPS-Zeitempfänger verwendet. Ursprünglich am National Bureau of Standards in den USA (heute National Institute of Standards and Technology, NIST) entwickelt, wurden sie später industriell gefertigt und weiterentwickelt.

2.8.10 **Verbreitung der gesetzlichen Zeit**

In früheren Jahrhunderten wurden Zeitsignale optisch und akustisch übertragen. In Seehäfen fiel genau um 12 Uhr mittags ein Signalball, oder es wurde ein Kanonenschuss abgefeuert. So konnten die Schiffschronometer gestellt werden. Schon um 1840 waren die ersten Versuche geglückt, durch eine Hauptuhr Nebenuhren elektrisch zu steuern. Die Hamburger Sternwarte betrieb von 1876 an ferngesteuerte Normaluhren am Hafen und an der Börse. Auch Telegrafen- und Telefonleitungen dienten, vor allem beim Eisenbahnbetrieb, der Verbreitung der Normalzeit.
Mit der Erfindung der drahtlosen Telegrafie und der Ausbreitung des Rundfunks konnten Zeitsignale mit bisher unerreichter Genauigkeit übertragen werden.
In der Bundesrepublik Deutschland gehört auch die Verbreitung der Zeit zu den gesetzlichen Aufgaben der PTB. Die meisten Uhren im öffentlichen Raum und in der Industrie, aber auch die privaten Funkuhren erhalten die gesetzliche Zeit über den Langwellensender DCF77. In einem Bereich von 2000 Kilometern rund um den Standort des Senders in Mainflingen bei Frankfurt a. M. können die kodierten Signale 24 Stunden am Tag empfangen werden.

3 Das Internationale Einheitensystem SI

3.1 Einführung

Das Internationale Einheitensystem entstand, wie schon kurz erwähnt, aus dem sogenannten »Metrischen System«, einer Gruppe von Einheiten, die ursprünglich alle vom Meter abgeleitet worden waren. Dies waren die für den Handel wichtigen Einheiten für Länge, Fläche, Volumen und Masse. Die Einheit Gramm war ursprünglich als die Masse von 1 cm^3 Wasser im Zustand höchster Dichte definiert und hatte damit eine mittelbare Beziehung zum Meter. Heute wird unter einem Einheitensystem nicht mehr die Zurückführung auf *eine* Einheit, sondern die Zurückführung aller Einheiten dieses Systems auf einige bestimmte »Basiseinheiten« verstanden. Dabei wird angenommen, dass die einzelnen Basiseinheiten voneinander unabhängig sind. Zukünftig sollen nicht mehr die bisherigen sieben Basiseinheiten das Messwesen definieren, sondern die Einheiten sollen zurückgeführt werden auf einen Satz von unveränderlichen Naturkonstanten. Damit würden infolge besserer Messtechniken keine Korrekturen der Basiseinheiten mehr erforderlich sein.
Das Internationale Einheitensystem – inzwischen ebenso wie in der Bundesrepublik in vielen Staaten gesetzlich eingeführt – bedeutet eine vollständige Neuordnung der Einheiten im Messwesen. Es ist die moderne, auf sieben Basiseinheiten erweiterte Form des metrischen Systems. Das dafür in allen Sprachen gleiche Kurzzeichen »SI« ist von »Système International d'Unités« abgeleitet.

Das SI umfasst:

- sieben Basiseinheiten,
- abgeleitete SI-Einheiten und
- ergänzende Einheiten,

die sämtlich als SI-Einheiten bezeichnet werden.

Außerhalb des SI sind noch gesetzlich zugelassen:
- einige SI-fremde Einheiten (entweder allgemein für Spezialgebiete oder nur befristet gültig) sowie
- Einheiten für Größenverhältnisse.

Die Basiseinheiten, früher Grundeinheiten genannt, sind voneinander unabhängige, durch verbale Festlegungen definierte Einheiten, welche die Basis des Einheitensystems bilden. Die Wahl von sieben Basiseinheiten hat in erster Linie historische und pragmatische Gründe. Allerdings ist die Wahl der sieben Basiseinheiten nicht willkürlich. Die Auswahl muss so getroffen werden, dass die übrigen Einheiten aus den Basiseinheiten abgeleitet werden können. In der Tabelle 3.1–1 sind die SI-Basiseinheiten zusammengestellt.

Tabelle 3.1–1: Basiseinheiten des SI

Basisgröße	Basiseinheit Name	Basiseinheit Zeichen	Definition (s. a. Richtlinie des Rates der EU 80/181/EWG)
Länge	Meter	m	Das Meter ist die Länge der Strecke, die Licht im Vakuum während der Dauer von $^1/_{299\,792\,458}$ Sekunden durchläuft.
Masse	Kilogramm	kg	Die Basiseinheit 1 Kilogramm ist die Masse des Internationalen Kilogrammprototyps.
Zeit	Sekunde	s	Die Basiseinheit 1 Sekunde ist das 9 192 631 770fache der Periodendauer der dem Übergang zwischen den beiden Hyperfeinstrukturniveaus des Grundzustands von Atomen des Nuklids ^{133}Cs entsprechenden Strahlung.
Elektrische Stromstärke	Ampere	A	Die Basiseinheit 1 Ampere ist die Stärke eines zeitlich unveränderlichen elektrischen Stromes, der, durch zwei im Vakuum parallel im Abstand 1 Meter voneinander an-

Tabelle 3.1–1: Fortsetzung

Basis-größe	Basiseinheit Name	Zeichen	Definition (s. a. Richtlinie des Rates der EU 80/181/EWG)
			geordnete, geradlinige, unendlich lange Leiter von vernachlässigbar kleinem, kreisförmigem Querschnitt fließend, zwischen diesen Leitern je 1 Meter Leiterlänge die Kraft $2 \cdot 10^{-7}$ Newton hervorrufen würde.
Temperatur	Kelvin	K	Die Basiseinheit 1 Kelvin ist der 273,16te Teil der thermodynamischen Temperatur des Tripelpunktes des Wassers.
Stoffmenge	Mol	mol	Die Basiseinheit 1 Mol ist die Stoffmenge eines Systems bestimmter Zusammensetzung, das aus ebenso vielen Teilen besteht, wie Atome in 0,012 Kilogramm des Nuklids ^{12}C enthalten sind.
Lichtstärke	Candela	cd	Die Basiseinheit 1 Candela ist die Lichtstärke einer Strahlungsquelle, welche monochromatische Strahlung der Frequenz $540 \cdot 10^{12}$ Hertz in eine bestimmte Richtung aussendet, in der die Strahlstärke $^{1}/_{683}$ Watt durch Steradiant beträgt.

Abgeleitete SI-Einheiten sind solche, die aus den Basiseinheiten »kohärent« abgeleitet sind, d. h., sie werden als Potenzprodukt mit dem Faktor 1 gebildet. In der Tabelle 3.1–2 sind die wichtigsten abgeleiteten Einheiten, geordnet nach den physikalischen Anwendungsbereichen, aufgeführt.

Ergänzende SI-Einheiten sind die Einheiten Radiant, mit dem Einheitenzeichen rad, und Steradiant, mit dem Einheitenzeichen sr. Der *Radiant* ist der ebene Winkel zwi-

schen zwei Radien eines Kreises, die aus dem Kreisumfang einen Bogen von der Länge des Radius ausschneiden. Die Beziehung zu den Basiseinheiten lautet: $m \cdot m^{-1}$. Der *Steradiant* ist der räumliche Winkel, dessen Scheitelpunkt im Mittelpunkt einer Kugel liegt und der aus der Kugeloberfläche eine Fläche gleich der eines Quadrates von der Seitenlänge des Kugelradius ausschneidet. Die Beziehung zu den Basiseinheiten lautet: $m^2 \cdot m^{-2}$.
Sie werden als abgeleitete Einheiten aufgefasst und sind dann Verhältnisgrößen mit der Einheit Eins. Sie werden jedoch wie Basiseinheiten angewendet, wenn es der physikalische Sachverhalt verlangt.

Dezimale Vielfache und Teile von SI-Einheiten. Wenn man nur die kohärenten SI-Einheiten verwendet, können bei Größenangaben sehr große und sehr kleine Zahlenwerte vorkommen. Um die Zahlenwerte in einer praktikablen Größenordnung zu halten – häufig wird der Bereich von 0,1 bis 1000 angegeben –, hat man *Vorsätze* zur Bezeichnung von dezimalen Vielfachen und Teilen von Einheiten festgelegt, wie zum Beispiel Zentimeter oder Kilowatt. Diese SI-Vorsätze sind in der Tabelle 3.1–3 zusammengestellt.

Bei der Anwendung der SI-Vorsätze sind einige Regeln einzuhalten:

- Der Vorsatz steht ohne Zwischenraum vor dem Namen der Einheit, das Vorsatzzeichen ist in geradestehender Schrift und ohne Zwischenraum vor das Einheitenzeichen zu setzen.
  Beispiele: Kilometer (Einheitenzeichen: km)
  Nanosekunde (Einheitenzeichen: ns)
- Bei einer Einheit mit eigenem Namen darf nicht mehr als *ein* Vorsatz oder Vorsatzzeichen benutzt werden.
  Beispiel: für den milliardsten Teil der Sekunde (10^{-9} s) *nicht* Millimikrosekunde (Einheitenzeichen: mμs), sondern Nanosekunde (Einheitenzeichen: ns).

[weiter auf Seite 97]

Tabelle 3.1–2: Häufig verwendete Einheiten, nach physikalischen Bereichen geordnet

Größe	Name	SI-Einheiten Einheitenzeichen	SI-Einheiten durch andere SI-Einheiten ausgedrückt	durch SI-Basiseinheiten ausgedrückt
Raum und Zeit				
Länge	Meter	m		Basiseinheit
Wellenzahl	Eins je Meter	1/m		m^{-1}
Fläche	Quadratmeter	m^2		m^2
Volumen	Kubikmeter	m^3		m^3
Ebener Winkel	Radiant	rad		$m \cdot m^{-1}$
Raumwinkel	Steradiant	sr		$m^2 \cdot m^{-2}$
Zeit	Sekunde	s		Basiseinheit
Frequenz	Hertz	Hz		s^{-1}
Geschwindigkeit	Meter je Sekunde	m/s		$m \cdot s^{-1}$
Winkelgeschwindigkeit, Winkel-, Kreisfrequenz	Radiant je Sekunde, Eins je Sekunde	rad/s, 1/s		$m \cdot m^{-1} \cdot s^{-1}$
Beschleunigung	Meter je Quadratsekunde	m/s^2		$m \cdot s^{-2}$

Winkelbeschleunigung	Radiant je Quadratsekunde	rad/s^2	$m \cdot m^{-1} \cdot s^{-2}$
Volumenstrom, Volumendurchfluss, Volumendurchsatz	Kubikmeter je Sekunde	m^3/s	$m^3 \cdot s^{-1}$
Mechanik			
Masse	Kilogramm	kg	Basiseinheit
Längenbezogene Masse	Kilogramm je Meter	kg/m	$m^{-1} \cdot kg$
Flächenbezogene Masse	Kilogramm je Quadratmeter	kg/m^2	$m^{-2} \cdot kg$
Dichte	Kilogramm je Kubikmeter	kg/m^3	$m^{-3} \cdot kg$
Spezifisches Volumen	Kubikmeter je Kilogramm	m^3/kg	$m^3 \cdot kg^{-1}$
Impuls	Kilogrammmeter je Sekunde	$kg \cdot m/s$	$m \cdot kg \cdot s^{-1}$
Drehimpuls	Kilogramm mal Quadratmeter je Sekunde	$kg \cdot m^2/s$	$m^2 \cdot kg \cdot s^{-1}$

Tabelle 3.1–2: Fortsetzung

Größe	Name	SI-Einheiten Einheitenzeichen	durch andere SI-Einheiten ausgedrückt	durch SI-Basiseinheiten ausgedrückt
Massenträgheitsmoment	Kilogramm mal Quadratmeter	$kg \cdot m^2$		$m^2 \cdot kg$
Kraft	Newton	N		$m \cdot kg \cdot s^{-2}$
Kraftmoment	Newtonmeter	$N \cdot m$		$m^2 \cdot kg \cdot s^{-2}$
Kraftstoß	Newtonsekunde	$N \cdot s$		$m \cdot kg \cdot s^{-1}$
Druck	Pascal	Pa	N/m^2	$m^{-1} \cdot kg \cdot s^{-2}$
Oberflächenspannung	Newton je Meter	N/m		$kg \cdot s^{-2}$
Dynamische Viskosität	Pascalsekunde	$Pa \cdot s$		$m^{-1} \cdot kg \cdot s^{-1}$
Kinematische Viskosität	Quadratmeter je Sekunde	m^2/s		$m^2 \cdot s^{-1}$
Arbeit, Energie	Joule	J	$N \cdot m$	$m^2 \cdot kg \cdot s^{-2}$
Leistung, Energiestrom	Watt	W	J/s	$m^2 \cdot kg \cdot s^{-3}$

Energiedichte	Joule je Kubikmeter	J/m^3	$m^{-1} \cdot kg \cdot s^{-2}$
Massenstrom, Massendurchfluss, Massendurchsatz	Kilogramm je Sekunde	kg/s	$kg \cdot s^{-1}$
Massenstromdichte	Kilogramm je Sekunde und Quadratmeter	$kg/(s \cdot m^2)$	$m^{-2} \cdot kg \cdot s^{-1}$
Elektrizität und Magnetismus			
Elektrische Stromstärke	Ampere	A	Basiseinheit
Elektrische Stromdichte	Ampere je Quadratmeter	A/m^2	$m^{-2} \cdot A$
Strombelag	Ampere je Meter	A/m	$m^{-1} \cdot A$
Elektrizitätsmenge, elektrische Ladung	Coulomb	C	$s \cdot A$
Raumladungsdichte	Coulomb je Kubikmeter	C/m^3	$m^{-3} \cdot s \cdot A$
Flächenladungsdichte	Coulomb je Quadratmeter	C/m^2	$m^{-2} \cdot s \cdot A$

Tabelle 3.1–2: Fortsetzung

Größe	Name	SI-Einheiten		
		Einheitenzeichen	durch andere SI-Einheiten ausgedrückt	durch SI-Basiseinheiten ausgedrückt
Elektrische Flussdichte, Verschiebung, Verschiebungsdichte	Coulomb je Quadratmeter	C/m^2		$m^{-2} \cdot s \cdot A$
Elektrischer Verschiebungsfluss	Coulomb	C		$s \cdot A$
Elektrische Leistung	Watt	W	J/s	$m^2 \cdot kg \cdot s^{-3}$
Elektrische Spannung, elektrische Potentialdifferenz	Volt	V	W/A	$m^2 \cdot kg \cdot s^{-3} \cdot A^{-1}$
Elektrische Feldstärke	Volt je Meter	V/m	$W/(A \cdot m)$	$m \cdot kg \cdot s^{-3} \cdot A^{-1}$
Elektrische Kapazität	Farad	F	C/V	$m^{-2} \cdot kg^{-1} \cdot s^4 \cdot A^2$

Dielektrizitätskonstante, Permitivität, elektrische Feldkonstante, Influenzkonstante	Farad je Meter	F/m	C/(m · V)	$m^{-3} \cdot kg^{-1} \cdot s^4 \cdot A^2$
Elektrisches Dipolmoment	Coulombmeter	C · m		$m \cdot s \cdot A$
Elektrische Polarisation	Coulomb je Quadratmeter	C/m^2		$m^{-2} \cdot s \cdot A$
Elektrischer Widerstand	Ohm	Ω	V/A	$m^2 \cdot kg \cdot s^{-3} \cdot A^{-2}$
Spezifischer elektrischer Widerstand	Ohmmeter	Ω · m	m · V/A	$m^3 \cdot kg \cdot s^{-3} \cdot A^{-2}$
Elektrischer Leitwert	Siemens	S	A/V	$m^{-2} \cdot kg^{-1} \cdot s^3 \cdot A^2$
Elektrische Leitfähigkeit	Siemens je Meter	S/m	A/(V · m)	$m^{-3} \cdot kg^{-1} \cdot s^3 \cdot A^2$
Magnetischer Fluss	Weber	Wb	V · s	$m^2 \cdot kg \cdot s^{-2} \cdot A^{-1}$

Tabelle 3.1–2: Fortsetzung

Größe	Name	SI-Einheiten		durch SI-Basiseinheiten ausgedrückt
		Einheitenzeichen	durch andere SI-Einheiten ausgedrückt	
Magnetische Flussdichte, magnetische Induktion	Tesla	T	Wb/m^2	$kg \cdot s^{-2} \cdot A^{-1}$
Magnetische Feldstärke	Ampere je Meter	A/m		$m^{-1} \cdot A$
Magnetische Spannung	Ampere	A		(Basiseinheit)
Induktivität	Henry	H	Wb/A	$m^2 \cdot kg \cdot s^{-2} \cdot A^{-2}$
Permeabilität, Magnetische Feldkonstante, Induktionskonstante	Henry je Meter	H/m		$m \cdot kg \cdot s^{-2} \cdot A^{-2}$
Magnetische Polstärke nach Coulomb	Weber	Wb	$V \cdot s$	$m^2 \cdot kg \cdot s^{-2} \cdot A^{-1}$

Magnetisches Moment nach Coulomb	Webermeter	$Wb \cdot m$	$V \cdot s \cdot m$	$m^3 \cdot kg \cdot s^{-2} \cdot A^{-1}$
Magnetische Polarisation	Tesla	T	Wb/m^2	$kg \cdot s^{-2} \cdot A^{-1}$
Magnetisches Moment nach Ampere	Ampere mal Quadratmeter	$A \cdot m^2$		$m^2 \cdot A$
Magnetisierung	Ampere je Meter	A/m		$m^{-1} \cdot A$
Magnetischer Widerstand	Ampere je Weber	A/Wb	$A/(V \cdot s)$	$m^{-2} \cdot kg^{-1} \cdot s^2 \cdot A^2$
Magnetischer Leitwert	Henry	H	Wb/A	$m^2 \cdot kg \cdot s^{-2} \cdot A^{-2}$
Wärme				
Temperatur (thermodynamische)	Kelvin	K		Basiseinheit
Wärmemenge, innere Energie, Enthalpie, freie Energie, Phasenumwandlungs-	Joule	J	$N \cdot m$	$m^2 \cdot kg \cdot s^{-2}$

Tabelle 3.1–2: Fortsetzung

Größe	Name	SI-Einheiten Einheitenzeichen	durch andere SI-Einheiten ausgedrückt	durch SI-Basiseinheiten ausgedrückt
wärme, chemische Reaktionswärme	(Joule	J	$N \cdot m$	$m^2 \cdot kg \cdot s^{-2}$)
Spezifische Wärmemenge, spezifische Energie (einer Phasenumwandlung, einer chemischen Reaktion), spezifische Enthalpie	Joule je Kilogramm	J/kg	$(N \cdot m)/kg$	$m^2 \cdot s^{-2}$
Wärmekapazität	Joule je Kelvin	J/K	$(N \cdot m)/K$	$m^2 \cdot kg \cdot s^{-2} \cdot K^{-1}$
Spezifische Wärmekapazität	Joule je Kilogramm und Kelvin	$J/(kg \cdot K)$	$(N \cdot m)/(kg \cdot K)$	$m^2 \cdot s^{-2} \cdot K^{-1}$
Entropie	Joule je Kelvin	J/K	$(N \cdot m)/K$	$m^2 \cdot kg \cdot s^{-2} \cdot K^{-1}$

Spezifische Entropie	Joule je Kilogramm und Kelvin	$J/(kg \cdot K)$	$(N \cdot m)/(kg \cdot K)$	$m^2 \cdot s^{-2} \cdot K^{-1}$
Wärmestrom	Watt	W	J/s	$m^2 \cdot kg \cdot s^{-3}$
Wärmestromdichte	Watt je Quadratmeter	W/m^2	$J/(s \cdot m^2)$	$kg \cdot s^{-3}$
Wärmeübergangskoeffizient, Wärmedurchgangskoeffizient	Watt je Quadratmeter und Kelvin	$W/(m^2 \cdot K)$		$kg \cdot s^{-3} \cdot K^{-1}$
Wärmeleitfähigkeit	Watt je Meter und Kelvin	$W/(m \cdot K)$		$m \cdot kg \cdot s^{-3} \cdot K^{-1}$
Temperaturleitfähigkeit	Quadratmeter je Sekunde	m^2/s		$m^2 \cdot s^{-1}$
Optische Strahlung				
Lichtstärke	Candela	cd		Basiseinheit
Leuchtdichte	Candela je Quadratmeter	cd/m^2		$m^{-2} \cdot cd$
Lichtstrom	Lumen	lm		$cd \cdot sr$ [1)]
Beleuchtungsstärke	Lux	lx	lm/m^2	$m^{-2} \cdot cd \cdot sr$
Lichtmenge	Lumensekunde	$lm \cdot s$		$s \cdot cd \cdot sr$

1) Hier und in den folgenden Ausdrücken wird der Steradiant (sr) wie eine Basiseinheit behandelt.

Tabelle 3.1–2: Fortsetzung

Größe	Name	SI-Einheiten		
		Einheiten-zeichen	durch andere SI-Einheiten ausgedrückt	durch SI-Basiseinheiten ausgedrückt
Belichtung	Luxsekunde	$lx \cdot s$		$m^{-2} \cdot s \cdot cd \cdot sr$
Strahlungsenergie	Joule	J	$N \cdot m$	$m^2 \cdot kg \cdot s^{-2}$
Strahlungsleistung, Strahlungsfluss	Watt	W	J/s	$m^2 \cdot kg \cdot s^{-3}$
Strahlstärke	Watt je Steradiant	W/sr		$m^2 \cdot kg \cdot s^{-3} \cdot sr^{-1}$
Strahldichte	Watt je Quadratmeter und Steradiant	$W/(m^2 \cdot sr)$		$kg \cdot s^{-3} \cdot sr^{-1}$
Bestrahlungsstärke, Strahlungsflussdichte, spezifische Ausstrahlung	Watt je Quadratmeter	W/m^2		$kg \cdot s^{-3}$
Bestrahlung	Joule je Quadratmeter	J/m^2		$kg \cdot s^{-2}$

Akustik				
Schallschnelle	Meter je Sekunde	m/s		$m \cdot s^{-1}$
Schalldruck	Pascal	Pa	N/m^2	$m^{-1} \cdot kg \cdot s^{-2}$
Schallfluss	Kubikmeter je Sekunde	m^3/s		$m^3 \cdot s^{-1}$
Flussimpedanz, akustische Impedanz	Pascalsekunde je Kubikmeter	$Pa \cdot s/m^3$		$m^{-4} \cdot kg \cdot s^{-1}$
Feldimpedanz, spezifische Impedanz	Pascalsekunde je Meter	$Pa \cdot s/m$		$m^{-2} \cdot kg \cdot s^{-1}$
Mechanische Impedanz	Newtonsekunde je Meter	$N \cdot s/m$		$kg \cdot s^{-1}$
Schallenergie	Joule	J	$N \cdot m$	$m^2 \cdot kg \cdot s^{-2}$
Schallleistung, Schallenergiefluss	Watt	W	J/s	$m^2 \cdot kg \cdot s^{-3}$
Schallintensität	Watt je Quadratmeter	W/m^2		$kg \cdot s^{-3}$
Schallenergiedichte	Joule je Kubikmeter	J/m^3		$m^{-1} \cdot kg \cdot s^{-2}$

Tabelle 3.1–2: Fortsetzung

Größe	Name	SI-Einheiten: Einheitenzeichen	SI-Einheiten: durch andere SI-Einheiten ausgedrückt	durch SI-Basiseinheiten ausgedrückt
Physikalische Chemie				
Stoffmenge	Mol	mol		Basiseinheit
Stoffmengenkonzentration, Molarität, Konzentrationsionenstärke	Mol je Kubikmeter	mol/m^3		$m^{-3} \cdot mol$
Stoffmengenbezogene Masse, molare Masse	Kilogramm je Mol	kg/mol		$kg \cdot mol^{-1}$
Molares Volumen	Kubikmeter je Mol	m^3/mol		$m^3 \cdot mol^{-1}$
Molalität, Molalitätsionenstärke	Mol je Kilogramm	mol/kg		$kg^{-1} \cdot mol$
Molare innere Energie, molare Enthalpie	Joule je Mol	J/mol	$N \cdot m/mol$	$m^2 \cdot kg \cdot s^{-2} \cdot mol^{-1}$

Molare Wärmekapazität, molare Entropie	Joule je Kelvin und Mol	$J/(K \cdot mol)$	$N \cdot m/(K \cdot mol)$	$m^2 \cdot kg \cdot s^{-2} \cdot K^{-1} \cdot mol^{-1}$
Katalytische Aktivität, Enzymaktivität	Katal	Kat		$mol \cdot s^{-1}$
Ionisierende Strahlung				
Teilchenfluenz	Eins je Quadratmeter	$1/m^2$		m^{-2}
Teilchenflussdichte, Teilchenfluenzleistung	Eins je Quadratmeter und Sekunde	$1/(m^2 \cdot s)$		$m^{-2} \cdot s^{-1}$
Energiefluenz	Joule je Quadratmeter	J/m^2	N/m	$kg \cdot s^{-2}$
Energieflussdichte, Energiefluenzleistung	Watt je Quadratmeter	W/m^2		$kg \cdot s^{-3}$
Ionendosis, Exposition	Coulomb je Kilogramm	C/kg		$kg^{-1} \cdot s \cdot A$
Ionendosisrate, Ionendosisleistung, Expositionsleistung	Ampere je Kilogramm	A/kg		$kg^{-1} \cdot A$
Kerma	Joule je Kilogramm	J/kg		$m^2 \cdot s^{-2}$

Tabelle 3.1–2: Fortsetzung

Größe	Name	SI-Einheiten		
		Einheiten-zeichen	durch andere SI-Einheiten ausgedrückt	durch SI-Basiseinheiten ausgedrückt
Kermaleistung	Watt je Kilogramm	W/kg		$m^2 \cdot s^{-3}$
Energiedosis	Gray	Gy	J/kg	$m^2 \cdot s^{-2}$
Energiedosisrate, Energiedosis-leistung	Gray je Sekunde	Gy/s	W/kg	$m^2 \cdot s^{-3}$
Aktivität einer radioaktiven Substanz	Becquerel	Bq	1/s	s^{-1}
Neutronenquell-stärke	Eins je Sekunde	1/s		s^{-1}
Äquivalentdosis	Sievert	Sv	J/kg	$m^2 \cdot s^{-2}$
Äquivalentdosis-rate, Äquivalent-dosisleistung	Watt je Kilogramm		W/kg	$m^2 \cdot s^{-3}$

[Fortsetzung von Seite 81]

- Die SI-Basiseinheit der Masse, das Kilogramm (Einheitenzeichen: kg) hat aus historischen Gründen bereits den Vorsatz Kilo. Die Namen der dezimalen Vielfachen oder Teile werden in diesem Fall durch Hinzufügung der Vorsätze vor das Wort »Gramm« oder durch Hinzufügen der Vorsatzzeichen vor das Einheitenzeichen »g« gebildet.
  Beispiele: 10^3 kg = 10^6 g = 1 Mg (Megagramm)
  10^{-6} kg = 10^{-3} g = 1 mg (Milligramm)

Größenverhältnisse (oft noch Verhältnisgrößen genannt). Dividiert man zwei Größen durch einander und haben sie dieselbe Dimension, so nennt man den Bruch ein »Größenverhältnis«. Hierbei können Zählergröße und Nennergröße Potenzprodukte von Größen sein.

Beispiel:
Dehnung = (Endlänge – Anfangslänge) / Anfangslänge
$\varepsilon = \Delta \ell / \ell$

Alle Größenverhältnisse haben das Dimensionsprodukt 1. Sind bei einem Größenverhältnis Zählereinheit und Nennereinheit nicht gleich, so muss das Einheitenverhältnis angegeben werden:

Ist bei einer Dehnung $\Delta \ell = 4\,\text{mm}$, $\ell = 2\,\text{m}$,
so ist $\varepsilon = 4\,\text{mm}/2\,\text{m} = 2\,\text{mm}/\text{m}$.

Sind die Einheiten von Zähler und Nenner nicht nur von derselben Dimension, sondern auch gleich, so kann dieses Einheitenverhältnis durch 1 ersetzt werden:

Dehnung $\varepsilon = 2\,\text{mm}/\text{m} = 2 \cdot 10^{-3}\,\text{m}/\text{m} = 2 \cdot 10^{-3}$

Wenn sich die Größenverhältnisse über einen großen Bereich erstrecken, benutzt man logarithmierte Größenverhältnisse. Verwendet man den natürlichen Logarithmus, so wird das Verhältnis mit *Neper* (Np) und beim 10er-Logarithmus mit *Bel* (B) oder *Dezibel* (dB) gekennzeichnet. Ist der Nenner des Verhältnisses eine festgelegte Bezugsgröße, so werden logarithmierte Größenverhältnisse »Pegel« genannt.

Bei den Pegeln wird deutlich, dass die einheitenähnlichen Hinweise wie Neper und Dezibel eine genaue Angabe der Größe nicht ersetzen können, weil sie keine Auskunft über den Bezugswert geben.

Tabelle 3.1–3: Vorsätze und Vorsatzzeichen zur Bezeichnung von dezimalen Vielfachen und Teilen von Einheiten

Vorsatz	Vorsatzzeichen	Faktor, mit dem die Einheit multipliziert wird		
Yotta	Y	10^{24} =	1 000 000 000 000 000 000 000 000	Quadrillion[1]
Zetta	Z	10^{21} =	1 000 000 000 000 000 000 000	Trilliarde[2]
Exa	E	10^{18} =	1 000 000 000 000 000 000	Trillion
Peta	P	10^{15} =	1 000 000 000 000 000	Billiarde
Tera	T	10^{12} =	1 000 000 000 000	Billion[3]
Giga	G	10^{9} =	1 000 000 000	Milliarde[4]
Mega	M	10^{6} =	1 000 000	Million
Kilo	k	10^{3} =	1 000	
Hekto	h	10^{2} =	100	
Deka	da	10^{1} =	10	
Dezi	d	10^{-1} =	0,1	
Zenti	c	10^{-2} =	0,01	
Milli	m	10^{-3} =	0,001	
Mikro	µ	10^{-6} =	0,000 001	Millionstel
Nano	n	10^{-9} =	0,000 000 001	Milliardstel
Piko	p	10^{-12} =	0,000 000 000 001	Billionstel
Femto	f	10^{-15} =	0,000 000 000 000 001	Billiardstel
Atto	a	10^{-18} =	0,000 000 000 000 000 001	Trillionstel
Zepto	z	10^{-21} =	0,000 000 000 000 000 000 001	Trilliardstel
Yokto	y	10^{-24} =	0,000 000 000 000 000 000 000 001	Quadrilliardstel

1) Großbritannien, USA: septillion.
2) Großbritannien, USA: sextillion.
3) Großbritannien: billion; USA, Frankreich: trillion.
4) Großbritannien: milliard; USA: billion; Frankreich: billion oder milliard.

Tabelle 3.1–4: Namensgeber von SI-Einheiten

Einheiten-	Einheitenzeichen	Physikalische Größe	Benannt nach	Lebensdaten	Nationalität
Ampere	A	Elektrische Stromstärke	André Marie Ampère	1775–1836	Frankreich
Becquerel	Bq	Aktivität einer radioaktiven Substanz	Henri Becquerel	1852–1908	Frankreich
Coulomb	C	Elektrische Ladung	Charles Augustin de Coulomb	1736–1806	Frankreich
Farad	F	Elektrische Kapazität	Michael Faraday	1791–1867	Großbritannien
Grad Celsius	°C	Celsius-Temperatur	Anders Celsius	1701–1744	Schweden
Gray	Gy	Energiedosis	Louis Harald Gray	1905–1965	Großbritannien
Henry	H	Induktivität	Joseph Henry	1797–1878	Vereinigte Staaten von Amerika
Hertz	Hz	Frequenz eines periodischen Vorgangs	Heinrich Rudolf Hertz	1857–1894	Deutschland
Joule	J	Energie, Arbeit, Wärme	James Prescott Joule	1818–1889	Großbritannien
Kelvin	K	Thermodynamische Temperatur	Lord Kelvin (William Thomson)	1824–1907	Großbritannien

Tabelle 3.1–4: Namensgeber von SI-Einheiten (Fortsetzung)

Einheiten-	Einheitenzeichen	Physikalische Größe	Benannt nach	Lebensdaten	Nationalität
Newton	N	Kraft	Sir Isaac Newton	1643–1727	Großbritannien
Ohm	Ω	Elektrischer Widerstand	Georg Simon Ohm	1789–1854	Deutschland
Pascal	Pa	Druck, mechanische Spannung	Blaise Pascal	1623–1662	Frankreich
Siemens	S	Elektrischer Leitwert	Werner von Siemens	1816–1892	Deutschland
Sievert	Sv	Äquivalentdosis	Rolf Sievert	1896–1966	Schweden
Tesla	T	Magnetische Flussdichte	Nikola Tesla	1856–1943	Kroatien (damals bei Österreich-Ungarn)
Volt	V	Elektrisches Potential, elektrische Spannung	Alessandro Volta	1745–1827	Italien
Watt	W	Leistung, Wärmestrom	James Watt	1736–1819	Großbritannien
Weber	Wb	Magnetischer Fluss	Wilhelm Eduard Weber	1804–1891	Deutschland

3.2 Erläuterungen zu einigen Einheiten der Tabelle 3.1–2

3.2.1 **Mechanik und Wärme**

Die Kraft ist eine Größe, die nur durch ihre Wirkungen wahrgenommen werden kann. Jede Einwirkung auf einen Körper, die dessen Geschwindigkeit oder allgemein dessen Bewegungszeit ändert, heißt Kraft. Ein Körper verharrt im Zustand der Ruhe oder gleichförmigen Bewegung, wenn keine äußeren Kräfte auf ihn wirken. Die Einheit der Kraft im SI-System ist das *Newton* (N), benannt nach dem englischen Naturforscher Isaac Newton (1643–1727). Das Newton ist eine abgeleitete Einheit und ist definiert als die Kraft, die der Masse 1 kg die Beschleunigung von 1 m/s² erteilt:

$$1\ \mathrm{N} = 1\ \mathrm{kg} \cdot \mathrm{m/s^2}$$

Das Gewicht eines an einem Ort der Erde ruhenden Körpers ist die Kraft, die er im luftleeren Raum auf seine Unterlage ausübt. Das Gewicht ergibt sich als das Produkt aus der Masse des Körpers mit der örtlichen Fallbeschleunigung und ist daher im allgemeinen von Ort zu Ort verschieden.

Das Normgewicht eines Körpers ist gleich dem Produkt aus seiner Masse und der Normfallbeschleunigung $g_n = 9{,}80665\ \mathrm{m/s^2}$. Die Normfallbeschleunigung herrscht unter 45° örtlicher Breite und Meereshöhe.

Im Alltag wird mit »Gewicht« meist die Masse eines Körpers bezeichnet. Im Gegensatz zum Gewicht ist die Masse eine einem jeden Körper eigene unveränderliche Eigenschaft. Die Masse eines bestimmten Körpers ist auf der Erde dieselbe wie auf jedem anderen Planeten.

Zur Bestimmung von Massen dienen Waagen und Gewichtstücke (auch Wägestücke genannt). Gewichtstücke sind

Masseverkörperungen, während die Waage in der Regel nur Vergleichsinstrument ist. Federwaagen zeigen zwar direkt die Kraftwirkung der Masse an, ihre Skala ist aber unter Berücksichtigung der örtlichen Fallbeschleunigung in Masseneinheiten (t, kg, g) geteilt und beziffert. Das Wort »Gewicht« wird also vorwiegend in drei verschiedenen Bedeutungen gebraucht:

- als Ergebnis einer Wägung,
- als Kurzform für Gewichtskraft,
- als Kurzform für Gewichtstück.

Die mechanische Arbeit ergibt sich aus dem Produkt von dem Betrag der Kraft und dem Weg, längs dessen die Kraft wirkt. Die SI-Einheit der Arbeit ist das *Joule* (J; ausgesprochen: dschul), benannt nach dem englischen Amateurphysiker James Prescott Joule (1818–1889). Andere SI-Einheiten der Arbeit sind: *Newtonmeter* (Nm), *Wattsekunde* (Ws). In Basiseinheiten ausgedrückt ergibt sich:

$$1\,\mathrm{J} = 1\,\mathrm{m}^2 \cdot \mathrm{kg/s}^2$$

Eng verbunden mit dem Begriff der Arbeit ist der der Leistung. Die Leistung ist die in der Zeiteinheit verrichtete Arbeit:

$$\text{Leistung} = \text{Arbeit/Zeit}$$

Die SI-Einheit der Leistung ist das *Watt* (W), benannt nach dem englischen Ingenieur James Watt (1736–1819). In anderen SI-Einheiten und in Basiseinheiten ausgedrückt ergibt sich:

$$1\,\mathrm{W} = 1\,\mathrm{J/s} = 1\,\mathrm{m}^2 \cdot \mathrm{kg/s}^3$$

Energie ist die Fähigkeit physikalischer Systeme, Arbeit zu leisten. Energie kann sich nur ändern, wenn an einem System Arbeit verrichtet wird oder wenn das System selber Arbeit leistet. Energie ist »gespeicherte Arbeit«. Je nach dem physikalischen System wird mechanische (Lageenergie, Bewegungsenergie), elektrische, Wärme-, Licht-, Schall- und Strahlungsenergie unterschieden.

Die SI-Einheit der Energie und der Wärmemenge ist, ebenso wie die der Arbeit, das *Joule*.
Mechanische Energie tritt einmal als potentielle oder Energie der Lage auf: Wird ein Körper bestimmter Masse um eine gewisse Höhe über ein Bezugsniveau gehoben, speichert er die Hubarbeit als potentielle Energie. Beim Sinken wird die potentielle Energie als mechanische Arbeit frei. Potentielle Energie wurde in kinetische Energie (Bewegungsenergie) umgesetzt. Beispiel ist der Gewichtsantrieb einer Räderuhr.
Auch Wärme ist eine Energieform, die gleichfalls in *Joule* oder den anderen oben aufgeführten Einheiten gemessen wird. Eine Wärmemenge kann als Energie einem Körper zugeführt werden. Damit wächst seine innere Energie, und seine Temperatur steigt. Umgekehrt sinkt seine Temperatur bei der Abgabe von Wärme.
Die Temperatur ist also eine qualitative Kenngröße für den Wärmeinhalt eines Körpers. Wie schon erwähnt (Tabelle 3.1–1), ist die Temperatur eine Basisgröße des SI mit der Einheit *Kelvin*. Im täglichen Leben sind oder waren noch andere Temperatureinheiten gebräuchlich.
Grad Celsius, Einheitenzeichen °C, ist ein besonderer Name der Einheit Kelvin für die Angabe von Temperaturen in der »Celsius-Skala«, d. h. mit dem Nullpunkt bei dem Gefrierpunkt des Wassers. Benannt ist die Einheit nach dem schwedischen Physiker und Astronomen Anders Celsius (1701–1744). Vorsätze nach Tabelle 3.1–3 sind nicht zulässig. Da Celsius seine Skala, im Gegensatz zu Réaumur und Fahrenheit, zwischen Gefrierpunkt und Siedepunkt des Wassers in 100 Teile eingeteilt hatte, wurde sie in das metrische System einbezogen.
Grad Fahrenheit, Einheitenzeichen °F, ist eine noch in Großbritannien und den USA übliche Temperaturskala. 1 Grad Fahrenheit ist der 180ste Teil der Temperaturdifferenz zwischen dem Gefrierpunkt und dem Siedepunkt des Wassers, wobei die Temperatur des Gefrierpunktes zu

Tabelle 3.2.1–1: Umrechnung von Temperaturangaben

Die Formelzeichen T_K, t_C, t_R, t_F und T_R bedeuten hier Zahlenwerte einer Temperatur in Kelvin, Grad Celsius, Grad Réaumur, Grad Fahrenheit und Grad Rankine.

gegeben \ gesucht	Kelvin	°Celsius	°Réaumur	°Fahrenheit	°Rankine
T_K Kelvin	T_K	$T_K - 273{,}15$	$0{,}8\,(T_K - 273{,}15)$	$1{,}80\,(T_K - 273{,}15) + 32$	$1{,}80\,T_K$
t_C °Celsius	$t_C + 273{,}15$	t_C	$0{,}8\,t_C$	$1{,}80\,t_C + 32$	$1{,}80\,t_C + 491{,}67$
t_R °Réaumur	$1{,}25\,t_R + 273{,}15$	$1{,}25\,t_R$	t_R	$2{,}25\,t_R + 32$	$2{,}25\,t_R + 491{,}67$
t_F °Fahrenheit	$5/9\,(t_F + 469{,}67)$	$5/9\,(t_F - 32)$	$4/9\,(t_F - 32)$	t_F	$t_F + 459{,}67$
T_R °Rankine	$5/9\,T_R$	$5/9\,(T_R - 491{,}67)$	$4/9\,T_R - 491{,}67$	$T_R - 459{,}67$	T_R

Tabelle 3.2.1–2: Absoluter Nullpunkt, Eispunkt und Siedepunkt der Temperaturskalen

	Kelvin	°Celsius	°Réaumur	°Fahrenheit	°Rankine
abs. Nullpunkt	0	– 273,15	– 218,52	– 459,67	0
Eispunkt	273,15	0	0	32	491,67
Siedepunkt	373,15	100	80	212	671,67

32 °F und die des Siedepunktes zu 212 °F festgelegt wurde. Benannt ist die Einheit nach dem deutsch-englischen Physiker Gabriel Daniel Fahrenheit (1686–1736).
Grad Réaumur, Einheitenzeichen °R oder °Re, ist eine veraltete Temperatureinheit, die vor der Celsius-Skala in Deutschland amtlich eingeführt war. 1 Grad Réaumur ist der 80ste Teil der Temperaturdifferenz zwischen dem Gefrierpunkt und dem Siedepunkt des Wassers, wobei die Temperatur des Gefrierpunktes zu 0 °R festgelegt wurde. Benannt wurde die Skala nach dem französischen Physiker und Zoologen René-Antoine Ferchault de Réaumur (1683–1757).
Grad Rankine oder *Rankine degree,* Einheitenzeichen °R (bei Temperaturdifferenzen: deg R), ist die Einheit der Temperatur in den USA und war es in Großbritannien vor Einführung des SI. Die Rankine-Skala ist die auf den absoluten Nullpunkt bezogene Fahrenheit-Skala. Sie wurde nach dem schottischen Ingenieur William John Macquorn Rankine (1820–1872) benannt.

3.2.2 **Elektrische Arbeit und elektrische Leistung**

Elektrische Arbeit und elektrische Leistung setzen einen geschlossenen Stromkreis voraus. Jeder Stromkreis wird durch die drei elektrischen Größen beschrieben:

- Spannung mit der Einheit *Volt* (V),
- Stromstärke mit der Einheit *Ampere* (A) und
- Widerstand mit der Einheit *Ohm* (Ω).

Diese drei Größen sind durch das Ohmsche Gesetz verknüpft (Georg Simon Ohm, 1787–1854):

$$\text{Stromstärke} = \text{Spannung}/\text{Widerstand}$$

Die elektrische Leistung ist das Produkt aus Stromstärke und Spannung und wird wie die mechanische Leistung in der Einheit *Watt* angegeben:

$$1\,\text{W} = 1\,\text{VA} = 1\,\text{A}^2\Omega = 1\,\text{V}^2/\Omega$$

Die beiden letzten Gleichungen entsprechen dem Ohmschen Gesetz. Übliche Teile und Vielfache der Einheit Watt sind: µW, mW, kW und MW.

3.2.3 **Licht und optische Strahlung**

Die elektromagnetische Strahlung wird im Wellenlängenbereich von 380 nm bis 780 nm (1 nm = 10^{-9} m) vom menschlichen Auge als Licht wahrgenommen. Am langwelligen Ende dieses Bereiches folgt das *Ultrarot* (früher Infrarot), das bis zu 1 mm Wellenlänge (Frequenz = 300 GHz), dem Gebiet der Mikrowellen, reicht. Ultrarotquellen sind vor allem die Wärmestrahler. Auch eine Glühlampe emittiert ca. 90 % ihrer Strahlungsleistung im Ultraroten.
Am kurzwelligen Ende des Lichtes, bei einer Wellenlänge von 400 nm, beginnt das *Ultraviolett*, das bis zu den weichen Röntgenstrahlen reicht. Ultraviolettquellen sind in erster Linie Gasentladungslampen und heiße Temperaturstrahler wie Lichtbogen. Die »Höhensonne« ist eine Quecksilber-Hochdrucklampe.

Tabelle 3.2.3–1: Gegenüberstellung von Strahlungsgrößen (Index e, von »energetisch«)

Strahlungsgrößen		
Größe	Formelzeichen	Einheitenzeichen
Strahlungsleistung, Strahlungsfluss	Φ_e	W
Strahlstärke	I_e	W/sr
Strahldichte	L_e	W/(sr · m²)
Bestrahlungsstärke	E_e	W/m²
Bestrahlung	H_e	Ws/m²

Im erweiterten Sinne wird bei diesen angrenzenden Spektralbereichen ebenfalls von Licht gesprochen, obwohl sie keine Hellempfindungen, sondern biologische Wirkungen wie Bräunung der Haut oder ein Wärmegefühl hervorrufen.
Man unterscheidet strahlungsphysikalische Größen und Einheiten, welche die Strahlungsquelle beschreiben, von lichttechnischen Größen und Einheiten, bei denen die physikalische Strahlung der spektralen Augenempfindlichkeit entsprechend bewertet wird.

3.2.3.1 Strahlungsphysikalische Größen und Einheiten

Strahlungsphysikalische Größen beschreiben Ausbreitung und Wirkung der Strahlung, ohne die Bewertung durch einen Empfänger zu berücksichtigen. Die von einer Quelle ausgehende Strahlungsleistung, auch mit Strahlungsfluss bezeichnet (SI-Einheit *Watt*), hat eine Strahlstärke zur Folge, die von der Größe des Raumwinkels abhängt, in die der Strahlungsfluss abgestrahlt wird. Die SI-Einheit der Strahlstärke ist Watt durch Steradiant (W/sr).

und lichttechnischen Größen
(Index v, von »visuell«)

Lichttechnische Größen			
Größe	Formelzeichen	Einheitenzeichen	Einheitenname
Lichtstrom	Φ_v	lm = cd · sr	Lumen
Lichtstärke	I_v	cd	Candela
Leuchtdichte	L_v	cd/m²	
Beleuchtungsstärke	E_v	lx = lm/m²	Lux
Belichtung	H_v	lx · s = lm · s/m²	

Die Strahlstärke ist umso kleiner, je größer der Raumwinkel ist, da sich die Leistung auf einen größeren Bereich verteilt.
Betrachtet man die Strahlungsquelle aus einer bestimmten Richtung, so erscheint sie umso intensiver, je kleiner die strahlende Fläche im Vergleich zur Strahlstärke ist. Die Strahldichte ist gleich der Strahlstärke durch bestrahlte Fläche; SI-Einheit: $W/(sr \cdot m^2)$. Steht die Fläche nicht senkrecht zur Strahlungsrichtung, so ist die Projektion dieser Fläche auf die Senkrechte maßgebend.
Trifft ein Strahlungsfluss auf eine Fläche, so erzeugt er dort eine Bestrahlungsstärke. Deren Größe ist gleich Strahlungsfluss durch Fläche; SI-Einheit: W/m^2.

3.2.3.2 Lichttechnische Größen und Einheiten

Die lichttechnischen Größen berücksichtigen die Strahlenbewertung durch das Auge. Die Hellempfindlichkeit des Auges ist wellenlängenabhängig und bei Tag und bei Nacht verschieden. Bild 3.2.3–1 zeigt die Kurven der relativen spektralen Hellempfindlichkeit für Tagessehen $V(\lambda)$ und für Nachtsehen $V'(\lambda)$.
Zur Herleitung der lichttechnischen Größen aus den entsprechenden Strahlungsgrößen genügt es, diese nach den Kurven zu bewerten.
Während sich die Strahlungsgrößen mit den Einheiten der Mechanik ausdrücken lassen, wurde aus Gründen der Zweckmäßigkeit die Lichtstärke als Basisgröße mit der Einheit *Candela* (cd) eingeführt. Damit ließ sich für die praxisorientierten lichttechnischen Größen ein übersichtliches Einheitensystem aufbauen. Tabelle 3.2.3–1 enthält eine Gegenüberstellung wichtiger Größen und Einheiten von Licht und Strahlung. Tabelle 3.2.3–2 bringt eine Zusammenstellung von Daten wichtiger Lichtquellen.

Tabelle 3.2.3–2: Daten einiger Lichtquellen

Leistungsaufnahme W	Spannung V	Lichtstrom lm	Lichtausbeute lm/W	Leuchtdichte cd/cm²
Allgebrauchs-Glühlampen (seit April 2009 schreibt die EU in der Verordnung 244/2009 vor, wie effizient Leuchtmittel sein müssen. Normale Glühlampen werden wegen des schlechten Wirkungsgrades nach und nach verboten)				
40	230	430	10,8	
60	230	730	12,2	
100	230	1380	13,8	
200	230	3150	15,7	
500	230	8400	16,8	
Niedervolt-Halogenlampen				
10	12	140	14	
20	12	350	17,5	
50	12	950	19	
50	24	900	18	
100	12	2500	25	
100	24	2000	20	
Leuchtstofflampen der Lichtfarbe Universal-Weiß, Leistung mit Drosselspule				
19	230	720	37	0,70
23	230	1800	46	0,75
46	230	3450	77	1,14
71	230	5400	78	1,45
Halogen-Metalldampflampen				
35	230	2400	62	1500
70	230	5200	70	1500
150	230	12000	70	1500
250	230	20000	73	1150
400	230	28000	73	700
1000	230	80000	76	810

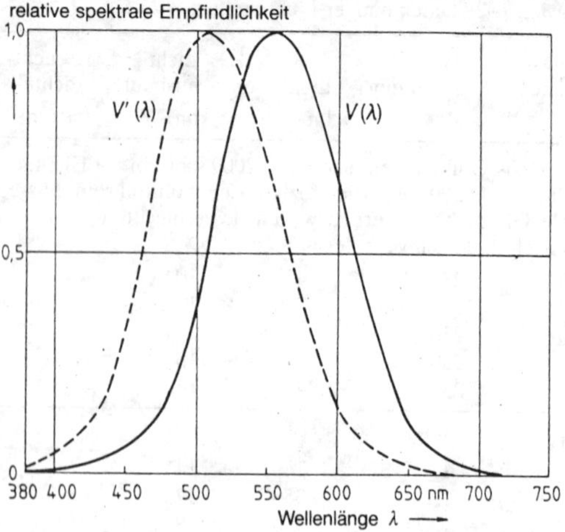

Bild 3.2.3–1:
Kurven der relativen spektralen Hellempfindlichkeit des Auges für Tagessehen V(λ) und Nachtsehen V′(λ).

3.2.4 **Akustik und Umweltschutz**

Im Zusammenhang mit dem Umweltschutz haben Schallmessungen an Bedeutung gewonnen. Eine Besonderheit der akustischen Messtechnik besteht darin, dass die objektiv messbaren Größen wegen der Eigenschaften des menschlichen Gehörs und der subjektiven Empfindungen beispielsweise für die Beurteilung von Lärm nur bedingt brauchbar sind.
Nachfolgend werden einige SI-Einheiten der Schallmesstechnik erläutert, die für Lärmschutzmessungen wichtig sind.

Die Schallstärke oder Schallintensität (Formelzeichen I), hat die SI-Einheit W/m². Sie ist die Energie einer auftreffenden Schallwelle pro Fläche und Zeit.
Die Schallleistung ist der Quotient aus der gesamten von einer Schallquelle ausgestrahlten Energie und der Zeit, während der die Ausstrahlung erfolgt. Eine Schallquelle hat die Schallleistung 1 Watt, wenn von ihr in 1 Sekunde eine Energie von 1 Joule abgestrahlt wird. In der Tabelle 3.2.4–1 sind die Leistungen einiger Schallquellen angegeben.
Der Schalldruck (Formelzeichen p) ist der bei einer Schallwelle durch die schwingenden Teilchen im Ausbreitungsmedium verursachte Wechseldruck. SI-Einheit ist das *Pascal* (Pa). Der Schalldruck lässt sich gut messen und ist daher meist die Grundlage für die Beurteilungen von Schallwirkungen.
Unser Ohr reagiert auf akustische Schwingungen im Frequenzbereich von 16 (20) Hz bis 20000 Hz. Es umfasst also einen Bereich von 10 Oktaven, wobei als Oktave ein Tonintervall mit dem Frequenzverhältnis 2 verstanden wird. Die Lautstärkeempfindung hängt mit der Schallstärke

Tabelle 3.2.4–1:
Schallleistung einiger Schallquellen (ungefähre Werte)

Unterhaltungssprache (Mittelwert)	7	µW
Menschliche Stimme (Höchstwert)	2	mW
Geige (fortissimo)	1	mW
Klavier (fortissimo)	0,2	W
Trompete (fortissimo)	0,3	W
Autohupe	5	W
Orgel	5–10	W
Pauke	10	W
75-Mann-Orchester	70	W
Großlautsprecher (Höchstwert)	100	W
Alarmsirene	1000	W

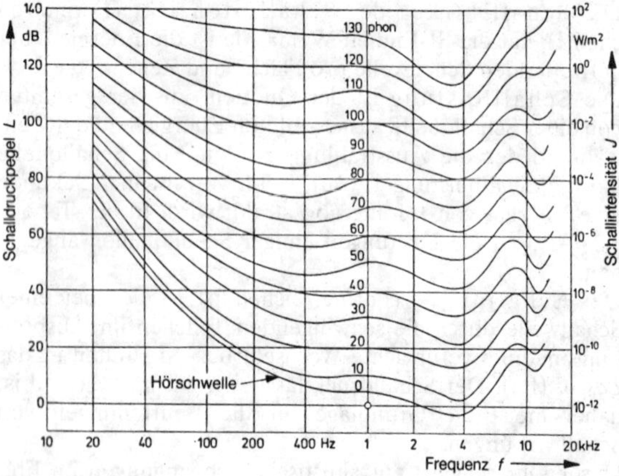

Bild 3.2.4–1:
Kurven gleicher Lautstärke, aufgenommen mit Sinustönen.

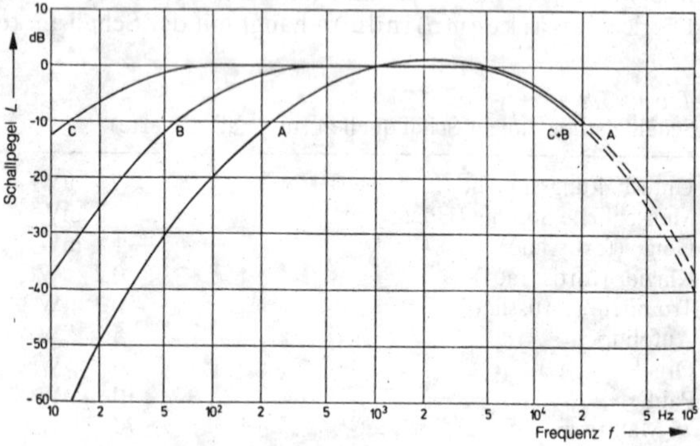

Bild 3.2.4–2: International festgelegte Bewertungskurven für Schallpegelmesser mit den Bewertungsfiltern A, B und C.

zusammen. Die subjektiv empfundene Stärke des Schalles wird als Lautstärkepegel (Formelzeichen L) gemessen. Nach dem Gesetz von Weber und Fechner wächst die Schallempfindung mit dem Logarithmus der Schallstärke:

$$L \sim \lg I$$

Der Lautstärkepegel eines Schallsignals ist gleich dem in dB angegebenen Schalldruckpegel des als gleich laut beurteilten Normschalles (1000 Hz). Um den Lautstärkepegel vom Schalldruckpegel des Schallsignals zu unterscheiden, ersetzt man dB bei Angabe des Lautstärkepegels durch »*phon*«. Es gilt: $L = 10 \lg(I/I_0)$, mit $I_0 = 10^{-16}\,W/cm^2$, der Hörschwelle. (Die Bezeichnung »Pegel« bedeutet, dass das Größenverhältnis auf einen festen Wert bezogen ist.)
Der Vorteil der Verwendung eines logarithmierten Größenverhältnisses (dB, phon) besteht darin, dass die sehr unterschiedlichen Schalldrücke im Hörbereich (im Verhältnis $1:10^7$ zwischen Hörschwelle und Schmerzschwelle) durch relativ kleine Zahlenwerte (0–140) beschrieben werden

Tabelle 3.2.4–2:
Schallpegel einiger Geräusche (ungefähre Werte in dB(A))

Hörschwelle	0	Ruhe
Atmen	10	↓
Uhrticken, Blätterrauschen	20	↓
Flüstern	30	↓
Leise Unterhaltung	40	↓
Unterhaltung	50	↓
Schreibmaschine, Telefon	60	lästiger Lärm
Laute Sprache	70	↓
Lautes Schreien	80	↓
Hupe, Pressluftbohrer, Motorrad	90	↓
Motorrad ohne Schalldämpfer	100	schädlicher Lärm
Kesselschmiede, Flaschenabfüllung	110	↓
Flugzeug in 3 m Abstand	120	↓
Schmerzgrenze	130	↓

können und dass näherungsweise 1 phon einem eben erkennbaren Schritt für Zu- und Abnahme der Stärke der Schallempfindung entspricht. Bild 3.2.4–1 zeigt die Kurven gleicher Lautstärke von der Hörschwelle bis zur Schmerzgrenze. Die Schmerzgrenze ist die obere Grenze der Hörfähigkeit; sie liegt bei etwa 130 phon.
Das Schallpegelmessgerät berücksichtigt durch drei Bewertungskurven A, B und C (Bild 3.2.4–2) die Empfindlichkeit des menschlichen Ohres. In der Praxis wird vorwiegend nach der Kurve A bewertet. Typische Werte der Schallpegel von Geräuschen in dB(A) sind in der Tabelle 3.2.4–2 aufgeführt. Bei Messung und Angabe der subjektiv empfundenen Lautheit in sone wird die frequenzmäßige und zeitliche Struktur des Schalls bewertet (DIN 45631 und ISO 532). Doppelte Lautheit ergibt den doppelten Wert in sone.

3.3 Gesetzliche Vorschriften über Einheiten im Messwesen

Mit dem *Gesetz über Einheiten im Messwesen* von 1969 wurde das Internationale Einheitensystem (SI) in der Bundesrepublik Deutschland gesetzliche Grundlage des Messwesens. Da in dieser ersten Fassung des Gesetzes und der Ausführungsverordnung zu viele Einzelheiten geregelt waren, machte die Anpassung an den technischen Fortschritt Schwierigkeiten.
Die *Neufassung des Gesetzes über Einheiten im Messwesen* vom 22. Februar 1985 (BGBl. I S. 408) wurde durch das Gesetz über die Einheiten im Messwesen und die Zeitbestimmung (EinhZeitG) abgelöst. In der Richtlinie des Rates der EU 80/181/EWG, auf die verwiesen wird, sind die Definitionen und Beziehungen der Einheiten rechtlich verbindlich festgelegt.
Es wurden auch eine Reihe von Einheiten, die zwar zum SI

systemfremd, jedoch weit verbreitet sind, zu *gesetzlichen Einheiten* erklärt. Mit diesen Einheiten dürfen mit SI-Einheiten nur in begrenzten Fällen zusammengesetzte Einheiten gebildet werden. Tabelle 3.3–1 zeigt diese gesetzlichen Einheiten und ihre Beziehungen zu den SI-Einheiten.

Weitere gesetzliche Einheiten sind auch die atomare Masseneinheit und das Elektronvolt, deren Verwendung für spezielle Gebiete von Bedeutung ist. Ihre zahlenmäßige Beziehung zu den SI-Einheiten kann nur experimentell ermittelt und somit nicht durch einen genauen Wert angegeben werden (Tabelle 3.3–2). Die ferner in dieser Tabelle aufgeführten gesetzlichen Einheiten sind nur in speziellen, eingeschränkten Anwendungsbereichen zugelassen. Die

Tabelle 3.3–1:
Allgemein anwendbare Einheiten außerhalb des SI

Größe	Einheitenname	Einheitenzeichen	Definition
Ebener Winkel	Vollwinkel	1)	1 Vollwinkel = 2π rad
	Gon	gon	1 gon = $(\pi/200)$ rad
	Grad	° 2)	$1° = (\pi/180)$ rad
	Minute	′ 2)	$1' = (1/60)°$
	Sekunde	″ 2)	$1'' = (1/60)'$
Volumen	Liter	ℓ, L 3)	$1\,\ell = 1\,dm^3 = 1\,L$
Zeit	Minute	min 2)	1 min = 60 s
	Stunde	h 2)	1 h = 60 min
	Tag	d 2)	1 d = 24 h
Masse	Tonne	t	$1\,t = 10^3\,kg = 1\,Mg$
	Gramm	g	$1\,g = 10^{-3}\,kg$
Druck	Bar	bar	$1\,bar = 10^5\,Pa$
Temperatur	Grad Celsius	°C	$T = t_C + 273{,}15$ (T in K, t_C in °C)

1) Für diese Einheit ist international noch kein Zeichen genormt.
2) Nicht mit Vorsätzen verwenden.
3) Die beiden Einheitenzeichen für Liter sind gleichberechtigt.

Verbindung dieser Einheiten mit SI-Einheiten zur Bildung von zusammengesetzten Einheiten ist zu vermeiden.

Tabelle 3.3–2: Einheiten außerhalb des SI mit beschränktem Anwendungsbereich

Größe und Anwendungsbereich	Einheitenname	Einheitenzeichen	Definition
Brechwert von optischen Systemen	Dioptrie	dpt [1]	1 Dioptrie ist gleich dem Brechwert eines optischen Systems mit der Brennweite 1 m in einem Medium der Brechzahl 1. $1\,\mathrm{dpt} = 1/\mathrm{m}$
Fläche von Grundstücken und Flurstücken	Ar	a	$1\,\mathrm{a} = 10^2\,\mathrm{m}^2$
	Hektar	ha [2]	$1\,\mathrm{ha} = 10^4\,\mathrm{m}^2$
Wirkungsquerschnitt in der Atomphysik	Barn	b	$1\,\mathrm{b} = 10^{-28}\,\mathrm{m}^2$
Masse in der Atomphysik	atomare Masseneinheit	u	1 atomare Masseneinheit ist der 12te Teil der Masse eines Atoms des Nuklids ^{12}C: $1\,\mathrm{u} = 1{,}66053886 \cdot 10^{-27}\,\mathrm{kg}$ Die Standardabweichung beträgt: $s = 2{,}8 \cdot 10^{-34}\,\mathrm{kg}$ (2002 CODATA recommended values of the fundamental physical constants)
Länge in der Astronomie	Astronomische Einheit	AE	$1\,\mathrm{AE} = 1{,}49598 \cdot 10^{11}\,\mathrm{m}$
	Lichtjahr	ly Lj	$1\,\mathrm{ly} = 0{,}94605 \cdot 10^{16}\,\mathrm{m}$ Entspricht dem Weg des Lichtes in einem Jahr.

1) Dieses Zeichen ist nicht international genormt.
2) Nicht mit Vorsätzen verwenden.

Tabelle 3.3–2: Fortsetzung

Größe und Anwendungsbereich	Einheitenname	Einheitenzeichen	Definition
Länge in der Astronomie	Parsec	pc	$1\,\text{pc} = 3{,}0857 \cdot 10^{16}\,\text{m}$, die Entfernung, von der aus 1 AE unter einer Parallaxe von 1 Winkelsekunde erscheint. Zur Angabe der Entfernung von Fixsternen.
Masse von Edelsteinen	metrisches Karat	[3]	1 metrisches Karat = 0,2 g
Längenbezogene Masse von textilen Fasern und Garnen	Tex	tex	1 tex = 1 g/km
Blutdruck und Druck anderer Körperflüssigkeiten in der Medizin	Millimeter-Quecksilbersäule	mmHg [2]	1 mmHg = 133,322 Pa
Energie in der Atomphysik	Elektronvolt	eV	1 Elektronvolt ist die Energie, die ein Elektron beim Durchlaufen einer Potentialdifferenz von 1 Volt im leeren Raum gewinnt: $1\,\text{eV} = 1{,}60217653 \cdot 10^{-19}\,\text{J}$ Die Standardabweichung beträgt: $s = 1{,}4 \cdot 10^{-26}\,\text{J}$ (2002 CODATA recommended values of the fundamental physical constants)
Blindleistung in der elektrischen Energietechnik	Var	var	1 var = 1 W (s. DIN 40110)

2) Nicht mit Vorsätzen verwenden.
3) Es gibt kein international genormtes Einheitenzeichen. Bisher wurde Kt verwendet.

3.4 Nicht mehr anzuwendende Einheiten

In Tabelle 3.4–1 sind Einheiten und deren Umrechnungen außerhalb des SI aufgeführt, die noch bis zum Inkrafttreten des Einheitengesetzes gebräuchlich waren. Von der großen Anzahl dieser Einheiten kann nur eine Auswahl gebracht werden. Die vor der Einführung des metrischen Maßsystems bis etwa zum Ende des 19. Jahrhunderts verwendeten Einheiten sind in den Tabellen des Kapitels 6 zusammengestellt.

Tabelle 3.4–1: Umrechnungen für nicht mehr anzuwendende Einheiten (Auswahl)

Größe	Einheiten-name	Einheiten-zeichen	Umrechnung in SI-Einheiten
Länge	Ångström	Å	$1\,Å = 10^{-10}\,m$
	X-Einheit	XE	$1\,XE = 1{,}00206 \cdot 10^{-13}\,m$
	Mikron, My	μ	$1\,\mu = 1\,\mu m = 1 \cdot 10^{-6}\,m$
	Fermi	f	$1\,f = 10^{-15}\,m$
Fläche	Ar	a	$1\,a = 10^2\,m^2$
	Barn	b	$1\,b = 10^{-28}\,m^2$
Ebener Winkel	Neugrad	g	$1^g = \frac{\pi}{2 \cdot 10^2}\,rad = 1{,}570796 \cdot 10^{-2}\,rad$
	Neuminute	c	$1^c = \frac{\pi}{2 \cdot 10^4}\,rad = 1{,}570796 \cdot 10^{-4}\,rad$
	Neusekunde	cc	$1^{cc} = \frac{\pi}{2 \cdot 10^6}\,rad = 1{,}570796 \cdot 10^{-6}\,rad$
	Nautischer Strich		$1\,\text{naut Strich} = \frac{\pi}{16}\,rad$[1)]
Beschleunigung	Gal	Gal	$1\,Gal = 10^{-2}\,m/s^2$

1) Siehe Bild 3.4–1.

Tabelle 3.4–1: Fortsetzung

Größe	Einheitenname	Einheitenzeichen	Umrechnung in SI-Einheiten
Masse	Pfund	Pfd	1 Pfd = 0,5 kg
	Zentner	Ztr	1 Ztr = 50 kg
Längenbezogene Masse textiler Fasern und Garne	Denier	den	1 den = $^1/_9$ tex = $^1/_9$ g/km
Kraft	Kilopond	kp	1 kp = 9,806 65 N
	Pond	p	$1\,p = 9{,}80665 \cdot 10^{-3}$ N
	Dyn	dyn	$1\,dyn = 10^{-5}$ N
Druck	Kilopond je Quadratmeter	kp/m^2	$1\,kp/m^2 = 9{,}80665$ Pa
	Kilopond je Quadratzentimeter	kp/cm^2	$1\,kp/cm^2 = 98{,}0665$ kPa
	Meter Wassersäule	mWS	1 mWS = 9,806 65 kPa
	Physikalische Atmosphäre	atm	1 atm = 101,325 kPa [2)] = 1,013 25 bar
	Technische Atmosphäre	at [3)] ata atu atü	1 at = 98,0665 kPa = 0,980 665 bar
	Torr	Torr	1 Torr = 0,133 3224 kPa
Dynamische Viskosität	Poise	P	$1\,P = 1 \cdot 10^{-1}\,Pa \cdot s$
Kinematische Viskosität	Stokes	St	$1\,St = 10^{-4}\,m^2/s$
	Grad Engler	°E	tabell. Umrechnung in m^2/s
Arbeit, Energie	Erg	erg	$1\,erg = 10^{-7}$ J
Leistung	Pferdestärke	PS	1 PS = 735,498 75 W

2) 101,325 kPa ist der Normwert des Luftdrucks.

3) Die Anhängezeichen a, u, ü wurden benutzt, um einen Absolut-, Unter- bzw. Überdruck zu kennzeichnen.

Tabelle 3.4–1: Fortsetzung

Größe	Einheiten-name	Einheiten-zeichen	Umrechnung in SI-Einheiten
Elektrische Stromstärke	Biot	Bi	$1\,\mathrm{Bi} = 10\,\mathrm{A}$
Magnetischer Fluss	Maxwell	M	$1\,\mathrm{M} = 10^{-8}\,\mathrm{Wb}$
Magnetische Flussdichte	Gauß	G	$1\,\mathrm{G} = 10^{-4}\,\mathrm{T}$
Magnetische Feldstärke	Oersted	Oe	$1\,\mathrm{Oe} = \frac{10^3}{4\pi}\,\mathrm{A/m}$ $= 79{,}5775\,\mathrm{A/m}$
(geophysikalisch)	Gauß	Γ	$1\,\Gamma = \frac{10^3}{4\pi}\,\mathrm{A/m}$ $= 79{,}58\,\mathrm{A/m}$
Magnetische Spannung	Gilbert	Gb	$1\,\mathrm{Gb} = \frac{10}{4\pi}\,\mathrm{A}$ $= 0{,}7958\,\mathrm{A}$
Temperatur	Grad Kelvin	°K	$1\,°\mathrm{K} = 1\,\mathrm{K}$
	Grad Fahrenheit	°F	$T = 0{,}556\,t_F + 255{,}37$ (T in K, t_F in °F)
	Grad Rankine	°Rank	$T = 0{,}5556\,T_R$ (T in K, T_R in °Rank)
	Grad Réaumur	°R	$1\,°\mathrm{R} = 1{,}25\,\mathrm{K} = 1{,}25\,°\mathrm{C}$
Temperatur-differenz	Grad	grd	$1\,\mathrm{grd} = 1\,\mathrm{K}$
Wärmemenge	Kalorie	cal	$1\,\mathrm{cal} = 4{,}1868\,\mathrm{J}$
Spezifische Wärmemenge	Kalorie je Gramm	cal/g	$1\,\mathrm{cal/g} = 4{,}1868 \cdot 10^3\,\mathrm{J/kg}$
Wärmestrom	Kalorie je Sekunde	cal/s	$1\,\mathrm{cal/s} = 4{,}1868\,\mathrm{W}$
	Kilokalorie je Stunde	kcal/h	$1\,\mathrm{kcal/h} = 1{,}163\,\mathrm{W}$
Wärmestrom-dichte	Kalorie je Quadrat-zentimeter und Sekunde	cal/(cm² · s)	$1\,\frac{\mathrm{cal}}{\mathrm{cm^2 \cdot s}}$ $= 4{,}1868 \cdot 10^4\,\mathrm{W/m^2}$

Tabelle 3.4–1: Fortsetzung

Größe	Einheitenname	Einheitenzeichen	Umrechnung in SI-Einheiten
(Wärmestromdichte)	Kilokalorie je Quadratmeter und Stunde	kcal/(m²·h)	$1\,\frac{\text{kcal}}{\text{m}^2\cdot\text{h}} = 1{,}163\ \text{W/m}^2$
Wärmeübergangskoeffizient, Wärmedurchgangskoeffizient	Kalorie je Quadratzentimeter, Sekunde und Kelvin	cal/(cm²·s·K)	$1\,\frac{\text{cal}}{\text{cm}^2\cdot\text{s}\cdot\text{K}} = 4{,}1868\cdot10^4\ \text{W/(m}^2\cdot\text{K)}$
	Kilokalorie je Quadratmeter, Stunde und Kelvin	kcal/(m²·h·K)	$1\,\frac{\text{kcal}}{\text{m}^2\cdot\text{h}\cdot\text{K}} = 1{,}163\cdot\text{W/(m}^2\cdot\text{K)}$
Wärmeleitfähigkeit	Kalorie je Zentimeter, Sekunde und Kelvin	cal/(cm·s·K)	$1\,\frac{\text{cal}}{\text{cm}\cdot\text{s}\cdot\text{K}} = 4{,}1868\cdot10^2\ \text{W/(m}\cdot\text{K)}$
	Kilokalorie je Meter, Stunde und Kelvin	kcal/(m·h·K)	$1\,\frac{\text{kcal}}{\text{m}\cdot\text{h}\cdot\text{K}} = 1{,}163\ \text{W/(m}\cdot\text{K)}$
Lichtstärke	Hefner-Kerze	HK	1 HK = 0,903 cd
	Internationale Kerze	IK	1 IK = 1,019 cd
Leuchtdichte	Stilb	sb	$1\ \text{sb} = 10^4\ \text{cd/m}^2$
	Apostilb	asb	$1\ \text{asb} = (1/\pi)\ \text{cd/m}^2 = 0{,}318\,310\ \text{cd/m}^2$
Beleuchtungsstärke, Lichtausstrahlung	Phot	ph	$1\ \text{ph} = 10^4\ \text{lx}$
Dunkelbeleuchtungsstärke	Nox	nx	$1\ \text{nx} = 10^{-3}\ \text{lx}$
Bestrahlung[4)]	Langley	ly	$1\ \text{ly} = 1\ \text{cal/cm}^2 = 4{,}1868\cdot10^4\ \text{J/m}^2$

4) In der Meteorologie verwendet.

Tabelle 3.4–1: Fortsetzung

Größe	Einheitenname	Einheitenzeichen	Umrechnung in SI-Einheiten
Schalldruck	Mikrobar	μbar	1 μbar = 10^{-1} Pa
Ionendosis, Exposition	Röntgen	R	1 R = 2,58 · 10^{-4} C/kg
Ionendosisrate, Ionendosisleistung, Expositionsleistung	Röntgen je Sekunde	R/s	1 R/s = 2,58 · 10^{-4} A/kg
Energiedosis	Rad	rd	1 rd = 10^{-2} Gy
Energiedosisleistung	Rad je Sekunde	rd/s	1 rd/s = 10^{-2} Gy/s
Äquivalentdosis	Rem	rem	1 rem = 10^{-2} J/kg
Aktivität einer radioaktiven Substanz	Curie	Ci	1 Ci = 3,7 · 10^{10} Bq

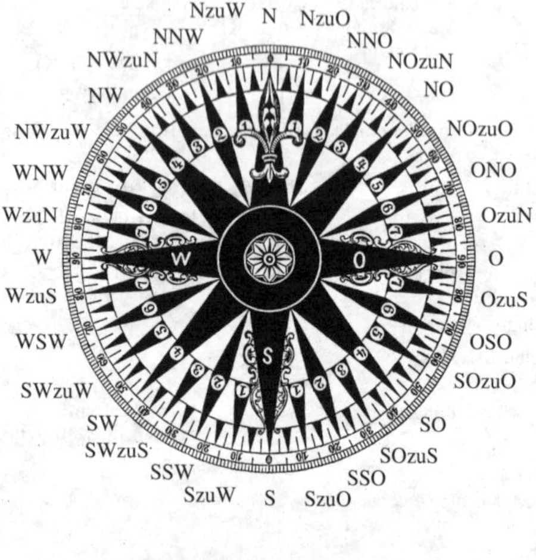

3.5 Umrechnung angelsächsischer Einheiten

Das angelsächsische Einheitensystem umfasst zahlreiche, meist historisch bedingte Einheitenbezeichnungen. Auch haben Einheiten mit derselben Benennung in den USA und Großbritannien oft unterschiedliche Werte. Zur Unterscheidung werden sie deshalb häufig mit dem Zusatz US (für USA) und UK (für United Kingdom, Großbritannien) versehen. Wie schon erwähnt, hat Großbritannien mit dem 1. Oktober 1995 begonnen, anstelle des angelsächsischen Maßsystems das Internationale Einheitensystem verbindlich einzuführen. Für eine Übergangszeit, die mit dem 31. Dezember 1999 abgeschlossen war, galten für spezielle Anwendungsbereiche noch die alten Einheiten (Tabelle 3.5–4).

Die Masseneinheiten des vorzugsweise verwendeten *Yard-Pound-Second-System* (Foot-Pound-Second-System, Fuß-Pfund-Sekunde-System) bilden ein eigenes Einheitensystem, das *Avoirdupois-System* (Tabelle 3.5–1).

Für Edelmetalle und Edelsteine wird ein eigenes, nur Masseneinheiten umfassendes System, das *Troy-System*, angewandt (Tabelle 3.5–2). Das *Apothecaries-System* gilt für Drogen und in der Pharmazie (Tabelle 3.5–3). Es ist zu beachten, dass die Einheitennamen mit der Bezeichnung »apothecaries« oder »troy« ergänzt werden müssen. Den Einheitenzeichen wird für Troy-Gewicht die Abkürzung »t« oder »tr« und für Apotheken-Gewicht oder -Volumen die Abkürzung »ap« (USA) bzw. »apoth« (UK) hinzugefügt.

Nebenstehend:

Bild 3.4–1: Wind- oder Kompassrose mit Einteilung in Winkelgrade, nautische Striche und mit den Bezeichnungen der Himmelsrichtungen.
1 nautischer Strich = 1″ = $^1/_{32}$ Vollkreis = 11,25° = $^\pi/_{16}$ rad.

Tabelle 3.5–1: Umrechnung angelsächsischer Einheiten

Einheitenname	Einheitenzeichen, Abkürzung	Beziehung	Umrechnung in SI-Einheiten
Länge			
mil, thou	‴	$1''' = 10^{-3}$ in	$25{,}4 \cdot 10^{-6}$ m
gauge[1]	gg	1 gg $= 10^{-3}$ in	$25{,}\underline{4} \cdot 10^{-6}$ m
line		$1 \text{ line} = \frac{1}{40} \text{ in}$	$0{,}63\underline{5} \cdot 10^{-3}$ m
inch	in (″)	$1 \text{ in} = \frac{1}{12} \text{ ft}$	$25{,}\underline{4} \cdot 10^{-3}$ m
hand		$1 \text{ hand} = 4 \text{ in} = \frac{1}{3} \text{ ft}$	$0{,}101\underline{6}$ m
link	li	$1 \text{ li} = 10^{-2}$ chain	$0{,}201\,16\underline{8}$ m
span		$1 \text{ span} = 9 \text{ in} = \frac{1}{4} \text{ yd}$	$0{,}228\underline{6}$ m
foot	ft (′)	$1 \text{ ft} = 12 \text{ in} = \frac{1}{3} \text{ yd}$	$0{,}304\underline{8}$ m
US foot[2]	ft (US)	$1 \text{ ft (US)} = \frac{1200}{3937} \text{ m}$	$0{,}304\,8006$ m
yard	yd	$1 \text{ yd} = 36 \text{ in} = 3 \text{ ft}$	$0{,}914\underline{4}$ m
fathom[3]	fm	$1 \text{ fm} = 2 \text{ yd} = 6 \text{ ft}$	$1{,}828\underline{8}$ m
rod[4]	rd	$1 \text{ rd} = \frac{11}{2} \text{ yd} = 16{,}5 \text{ ft}$	$5{,}029\underline{2}$ m
perch, pole[4]		1 perch = 1 pole = 1 rd	$5{,}029\underline{2}$ m
chain[4]	ch	1 chain = 22 yd = 66 ft	$20{,}116\underline{8}$ m
furlong[4]	fur	1 fur = 220 yd = 660 ft	$201{,}16\underline{8}$ m
mile	mile	1 mile = 1760 yd = 5280 ft	$1609{,}34\underline{4}$ m

1) US-Maßeinheit für die Dicke von Drähten, Blechen, Folien, Fasern usw.
2) Anwendung bei US Coast and Geodetic Survey.
3) Anwendung in der Seeschifffahrt.
4) Anwendung in der Geodäsie.

Tabelle 3.5–1: Fortsetzung

Einheiten-name	Einheiten-zeichen, Abkürzung	Beziehung	Umrechnung in SI-Einheiten
mile (US)		1 mile (US) = 5280 ft (US)	1609,347 m
nautical mile[3)]	n mile INM		1853,2 m (UK) 1852 m (int.)
Fläche			
circular mil[5)]	circ mil	$1\ \text{circ mil} = \frac{\pi}{4}\ \text{mil}^2$	$5{,}067 \cdot 10^{-10}\ \text{m}^2$
circular inch[5)]	circ in	$1\ \text{circ in} = \frac{\pi}{4}\ \text{in}^2$	$5{,}067 \cdot 10^{-4}\ \text{m}^2$
square inch	in^2, sq in		$6{,}4516 \cdot 10^{-4}\ \text{m}^2$
square link	sq li	$1\ \text{sq li} = \frac{484}{10000}\ \text{yd}^2$	$4{,}047 \cdot 10^{-2}\ \text{m}^2$
square foot[6)]	ft^2, sq ft, qfs	$1\ \text{ft}^2 = \frac{1}{9}\ \text{yd}^2$	$9{,}2903 \cdot 10^{-2}\ \text{m}^2$
square yard	yd^2, sq yd		$0{,}83613\ \text{m}^2$
square rod	rd^2, sq rd	$1\ \text{rd}^2 = \frac{121}{4}\ \text{yd}^2$	$25{,}293\ \text{m}^2$
square chain	ch^2, sq ch	$1\ \text{ch}^2 = 484\ \text{yd}^2$	$404{,}686\ \text{m}^2$
rood	rood	$1\ \text{rood} = 1210\ \text{yd}^2$	$1011{,}71\ \text{m}^2$
acre	ac	1 ac = 4 rood	$4046{,}86\ \text{m}^2$
square mile, section	mile^2, sq mile	$1\ \text{mile}^2 = 640\ \text{acre}$	$2{,}589988 \cdot 10^6\ \text{m}^2$

3) Anwendung in der Seeschifffahrt.
5) Kreisfläche mit der hinter »circular« angegebenen Längeneinheit als Durchmesser.
6) Bis 31.12.1974 auch in Deutschland für die Flächenangabe gegerbter Häute gültig.

Tabelle 3.5–1: Fortsetzung

Einheiten-name	Einheiten-zeichen, Abkürzung	Beziehung	Umrechnung in SI-Einheiten
square mile (US)	mile^2 (US)		$2{,}589998 \cdot 10^6\,m^2$
township (US)		1 township = 36 mile^2	$93{,}2396 \cdot 10^6\,m^2$
Volumen			
cubic inch	in^3, cu in	$1\,in^3 = \frac{1}{1728}\,ft^3$	$16{,}38706\underline{4} \cdot 10^{-6}\,m^3$
cubic foot	ft^3, cu ft	$1\,ft^3 = \frac{1}{27}\,yd^3$	$28{,}3168 \cdot 10^{-3}\,m^3$
cubic yard	yd^3, cu yd		$0{,}764555\,m^3$
cord (US)[7]	cd	$1\,cd = \frac{128}{27}\,yd^3$	$3{,}624578\,m^3$
a) Volumeneinheiten des Vereinigten Königreichs (UK-Einheiten)			
minim (UK)	min (UK)	1 min (UK) $= \frac{1}{60}$ fl dr	$59{,}1939 \cdot 10^{-9}\,m^3$
fluid drachm (UK)	fl dr (UK)	1 fl dr (UK) $= \frac{1}{8}$ fl oz (UK)	$3{,}55163 \cdot 10^{-6}\,m^3$
fluid ounce (UK)	fl oz (UK)	1 fl oz (UK) $= \frac{1}{5}$ gill (UK)	$28{,}4131 \cdot 10^{-6}\,m^3$
gill (UK)	gill (UK)	1 gill (UK) $= \frac{1}{4}$ pt (UK)	$0{,}142065 \cdot 10^{-3}\,m^3$
pint (UK)	pt (UK)	1 pt (UK) $= \frac{1}{2}$ qt (UK)	$0{,}568262 \cdot 10^{-3}\,m^3$

7) US-Volumeneinheit, insbesondere für Brennholz.

Tabelle 3.5–1: Fortsetzung

Einheiten-name	Einheiten-zeichen, Abkürzung	Beziehung	Umrechnung in SI-Einheiten
quart (UK)	qt (UK)	1 qt (UK) $= \frac{1}{4}$ gal (UK)	$1{,}13652 \cdot 10^{-3}\,m^3$
pottle (UK)		1 pottle (UK) $= \frac{1}{2}$ gal	$2{,}27304 \cdot 10^{-3}\,m^3$
gallon (UK)	gal (UK)	1 gal (UK) $= 277{,}42\,in^3$	$4{,}54609 \cdot 10^{-3}\,m^3$
peck (UK)	pk (UK)	1 pk (UK) = 2 gal (UK)	$9{,}09218 \cdot 10^{-3}\,m^3$
bushel (UK)	bu (UK)	1 bu (UK) = 4 pk (UK)	$36{,}3687 \cdot 10^{-3}\,m^3$
chaldron (UK)[8)]		1 chaldron (UK) = 288 gal	$\approx 1{,}31\,m^3$
b) Flüssigkeitsmaße der Vereinigten Staaten (US-Einheiten)			
minim (US)	min (US)	1 min (US) $= \frac{1}{60}$ fl dr (US)	$61{,}6115 \cdot 10^{-9}\,m^3$
fluid dram (US)	fl dr (US)	1 fl dr (US) $= \frac{1}{8}$ fl oz (US)	$3{,}696691 \cdot 10^{-6}\,m^3$
fluid ounce (US)	fl oz (US)	1 fl oz (US) $= \frac{1}{4}$ gill (US)	$29{,}5735 \cdot 10^{-6}\,m^3$
gill (US)	gill (US)	1 gill (US) $= \frac{1}{4}$ liq pt (US)	$0{,}118294 \cdot 10^{-3}\,m^3$
liquid pint (US)	liq pt (US)	1 liq pt (US) $= \frac{1}{2}$ qt (US)	$0{,}473176 \cdot 10^{-3}\,m^3$

8) Nicht einheitlich festgelegtes Flüssigvolumenmaß.

Tabelle 3.5–1: Fortsetzung

Einheiten-name	Einheiten-zeichen, Abkürzung	Beziehung	Umrechnung in SI-Einheiten
liquid quart (US)	liq qt (US)	1 liq qt (US) $= \frac{1}{4}$ gal (US)	$0{,}946353 \cdot 10^{-3}\,m^3$
gallon (US)	gal (US)	1 gal (US) = 231 in^3	$3{,}78541 \cdot 10^{-3}\,m^3$
barrel (US) für Petroleum etc.	barrel (US) (petroleum)	1 barrel (US) = 9702 in^3 (petroleum)	$0{,}158987\,m^3$
c) Trockenmaße der Vereinigten Staaten (US-Einheiten)			
dry pint (US)	dry pt (US)	1 dry pt (US) $= \frac{1}{2}$ dry qt (US)	$0{,}55061 \cdot 10^{-3}\,m^3$
dry quart (US)	dry qt (US)	1 dry qt (US) $= \frac{1}{8}$ dry pk (US)	$1{,}10122 \cdot 10^{-3}\,m^3$
dry gallon (US)	dry gal (US)	1 dry gal (US) $= \frac{1}{2}$ dry pk (US)	$4{,}40488 \cdot 10^{-3}\,m^3$
peck (US)	dry pk (US)	1 dry pk (US) $= \frac{1}{4}$ bu (US)	$8{,}80977 \cdot 10^{-3}\,m^3$
bushel (US)	bu (US)	1 bu (US) = 2150,42 in^3	$35{,}2391 \cdot 10^{-3}\,m^3$
dry barrel (US)[9)]	bbl (US)	1 bbl (US) = 7056 in^3	$0{,}115627\,m^3$
Geschwindigkeit			
foot per hour	ft/h		$84{,}\overline{6} \cdot 10^{-6}\,m/s$

9) Für Preiselbeeren gilt die Umrechnung: 1 dry barrel (US, cranberries) = 5826 in^3 = $95{,}471 \cdot 10^{-3}\,m^3$.

Tabelle 3.5–1: Fortsetzung

Einheitenname	Einheitenzeichen, Abkürzung	Beziehung	Umrechnung in SI-Einheiten
foot per minute	ft/min		$5{,}08 \cdot 10^{-3}$ m/s
foot per second	ft/s		$0{,}304\underline{8}$ m/s
inch per second	in/s, ips		$25{,}\underline{4} \cdot 10^{-3}$ m/s
knot (UK)	kn (UK)	1 kn (UK) = 1 n mile (UK)/h	$0{,}514\,772$ m/s
mile per hour	mile/h		$0{,}447\,0\underline{4}$ m/s
mile per second	mile/s		$1{,}609\,34\underline{4} \cdot 10^{3}$ m/s
Masse (Avoirdupois-System)			
a) UK- und US-Avoirdupois-Einheiten			
grain	gr	$\frac{1}{7000}$ lb	$64{,}798\,9\underline{1} \cdot 10^{-3}$ g
dram	dr	$\frac{1}{16}$ oz	$1{,}771\,845$ g
ounce	oz	$\frac{1}{16}$ lb	$28{,}3495$ g
pound[10)]	lb		$0{,}453\,592\,3\underline{7}$ kg
b) Weitere UK-Avoirdupois-Einheiten			
stone	stone	14 lb	6,35029 kg
quarter	quarter	28 lb	12,7006 kg
cental		100 lb	45,359237 kg
hundredweight, centweight	cwt (UK)	112 lb	50,8023 kg
ton	ton (UK)	2240 lb	1016,05 kg

10) Das *pound* war früher in den einzelnen angelsächsischen Ländern unterschiedlich festgelegt. 1959 wurde es durch die oben angegebene Beziehung zum Kilogramm neu definiert.

Tabelle 3.5–1: Fortsetzung

Einheiten-name	Einheiten-zeichen, Abkürzung	Beziehung	Umrechnung in SI-Einheiten
c) Weitere US-Avoirdupois-Einheiten			
(short) hundred-weight	cwt (US), sh cwt	100 lb	45,3592 kg
long hundred-weight, gross hundred-weight	long cwt, gross cwt	112 lb	50,8023 kg
(short) ton	tn (US), sh tn	2000 lb	907,185 kg
long ton, gross ton	long tn, gross tn	2240 lb	1016,05 kg
Kraft			
poundal	pdl	$1\,\mathrm{lb}\cdot\mathrm{ft}\cdot\mathrm{s}^{-2}$	0,138255 N
pound-force	lbf	$9{,}8066\underline{5}\,\mathrm{lb}\cdot\mathrm{m}\cdot\mathrm{s}^{-2}$	4,44822 N
kip		1000 lbf	4,44822 kN
ounce-force	ozf		0,278014 N
Druck, mechanische Spannung			
poundal per square foot	$\mathrm{pdl/ft^2}$		1,48816 Pa
pound-force per square foot	$\mathrm{lbf/ft^2}$		47,8803 Pa
conven-tional inch of water	$\mathrm{inH_2O}$		249,089 Pa
foot of water	$\mathrm{ftH_2O}$		2989,07 Pa
conven-tional inch of mercury	inHg		3386,39 Pa

Tabelle 3.5–1: Fortsetzung

Einheitenname	Einheitenzeichen, Abkürzung	Beziehung	Umrechnung in SI-Einheiten
pound-force per square inch	lbf/in^2, psi		6894,76 Pa
ton-force per square inch	$tonf/in^2$	$2240\,lbf/in^2$	$15{,}4443 \cdot 10^6$ Pa
Dichte			
pound per cubic foot	lb/ft^3		$16{,}0185\,kg/m^3$
Energie			
foot poundal	ft · pdl		0,0421401 J
foot pound-force	ft · lbf		1,35582 J
British thermal unit	Btu		1055,06 J
therm	therm		$105{,}506 \cdot 10^6$ J
Leistung			
foot poundal per second	ft · pdl/s		0,0421401 W
British thermal unit per hour	Btu/h		0,293071 W
foot pound-force per second	ft · lbf/s		1,35582 W
horsepower (UK)	hp	550 ft · lbf/s	745,7 W

Tabelle 3.5–1: Fortsetzung

Einheiten-name	Einheiten-zeichen, Abkürzung	Beziehung	Umrechnung in SI-Einheiten
foot pound-force per minute	ft · lbf/min		$22{,}597 \cdot 10^{-3}$ W
foot pound-force per hour	ft · lbf/h		$0{,}376616 \cdot 10^{-3}$ W
Dynamische Viskosität			
poundal second per square foot	$pdl \cdot s/ft^2$		1,48816 Pa · s
pound per foot second	lb/ft · s		1,48816 Pa · s
pound-force second per square foot	$lbf \cdot s/ft^2$		47,8803 Pa · s
slug per foot second	slug/ft · s		47,8803 Pa · s
pound per foot hour	lb/ft h		$0{,}413379 \cdot 10^{-3}$ Pa · s
Kinematische Viskosität			
square foot per second	ft^2/s		$9{,}2903 \cdot 10^{-2}\,m^2 \cdot s^{-1}$
Massenstrom			
pound per hour	lb/h		$0{,}1259979 \cdot 10^{-3}$ kg/s
ounce per minute	oz/min		$0{,}472492 \cdot 10^{-3}$ kg/s
pound per minute	lb/min		$7{,}559873 \cdot 10^{-3}$ kg/s
ounce per second	oz/s		$28{,}349523 \cdot 10^{-3}$ kg/s
pound per second	lb/s		$0{,}45352937$ kg/s

Tabelle 3.5–2: Troy-System

Einheitenname	Einheitenzeichen	Verhältniszahlen			Umrechnung in SI-Einheiten
troy pound	lb tr	1			373,242 g
troy ounce	oz tr	12	1		31,103 g
pennyweight	dwt	240	20	1	1,555 g
troy grain	gr tr	5760	480	24	0,0648 g

Tabelle 3.5–3: Apothecaries-System

Einheitenname	Einheitenzeichen	Verhältniszahlen				Umrechnung in SI-Einheiten
Volumenmaße						
gallon	gal	1				4546,10 cm^3
pint	pt	8	1			568,30 cm^3
fluid ounce	fl oz	160	20	1		28,41 cm^3
fluid drachm	fl dr	1280	120	8	1	3,552 cm^3
minim	min	76800	9600	480	60	0,0592 cm^3
Gewichte						
apothecaries pound	lb ap (oth)	1				373,242 g
apoth. ounce	oz ap (oth)	12	1			31,103 g
apoth. drachm (UK)	dr apoth	96	8	1		3,888 g
apoth. dram (US)	dr ap					
apoth. scruple	s ap (oth)	288	24	3	1	1,296 g
troy grain	gr tr	5760	480	60	20	0,0648 g

Tabelle 3.5–4: Gesetzliche Einheiten im Messwesen im Vereinigten Königreich, die nur für spezielle Anwendungsbereiche für eine Übergangszeit bis 31. Dezember 1999 bzw. zeitlich unbegrenzt zugelassen sind.

Anwendungsbereich	Einheitenname	Einheitenzeichen	Angenäherte Beziehung
Gesetzliche Einheiten ohne zeitliche Begrenzung			
Straßenverkehrszeichen sowie Entfernungs- und Geschwindigkeitsmessung	mile	mile	1 mile = 1 609 m
	yard	yd	1 yd = 0,9144 m
	foot	ft	1 ft = 0,3048 m
	inch	in	1 in = $2{,}54 \cdot 10^{-2}$ m
Ausschank von Bier und Apfelwein vom Fass; Milch in Mehrwegbehältern	pint	pt	1 pt = $0{,}5683 \cdot 10^{-3}$ m^3
Grundbucheintragung	acre	ac	1 ac = 4 047 m^2
Handel mit Edelmetallen	troy ounce	oz tr	1 oz tr = $31{,}10 \cdot 10^{-3}$ kg
Seeschifffahrt und Flugverkehr	knot	kn	1 kn = 0,51477 m/s = 1853,2 m/h
	nautical mile	n mile	1 n mile = 1853,2 m
Ab 1. Januar 2000 nicht mehr zulässige Einheiten			
Seeschifffahrt	fathom	fm	1 fm = 1,829 m
Bier, Apfelwein, Mineralwasser, Limonaden und Fruchtsäfte in Mehrwegbehältern	pint	pt	1 pt = $0{,}5683 \cdot 10^{-3}$ m^3
	fluid ounce	fl oz	1 fl oz = $28{,}41 \cdot 10^{-6}$ m^3
Spirituosen	gill	gill	1 gill = $0{,}142 \cdot 10^{-3}$ m^3
Lose Ware (keine Fertigpackungen)	ounce (Avoirdupois)	oz	1 oz = $28{,}35 \cdot 10^{-3}$ kg
	pound	lb	1 lb = 0,4536 kg
Gasversorgung	therm	therm	1 therm = $105{,}506 \cdot 10^{6}$ J

3.6 Einheiten außerhalb des SI

3.6.1 **Härte des Wassers**

Unter *Gesamthärte* des Wassers versteht man den Gehalt an allen gelösten Calcium-, Magnesium- und anderen Erdalkaliverbindungen, unter *Carbonathärte* den Gehalt an gelösten Carbonaten jener Elemente.
1 °dH (Einheit der deutschen Härtegrade) entspricht einer gelösten Menge von 10 mg CaO (Calciumoxid) in 1 Wasser. Der Gehalt an den übrigen Erdalkalioxiden wird in der äquivalenten Menge CaO ausgedrückt. Demnach: 1 °dH = 10 · (40,32 / 56,08) = 7,19 MgO (Magnesiumoxid).

Ausländische Härteeinheiten:

- Frankreich: 1° französischer Härte = 10 mg/ℓ $CaCO_3$ (Calciumcarbonat).
- Großbritannien: 1° englischer Härte = 1 grain $CaCO_3$ in einer Gallone, = 7 mg/ℓ $CaCO_3$.
- USA: Die Härte wird in g $CaCO_3$ pro 1 Million cm^3 angegeben (ppm = parts per million).

Tabelle 3.6.1–1: Umrechnungsfaktoren

Deutsche Härte	Französ. Härte	Engl. Härte	US-Härte	10 mg/ℓ CaO
1,0°	1,784°	1,25°	17,9	10
0,56°	1,0°	0,7°	10	5,6
0,8°	1,43°	1,0°	14,3	8,004

Hartes Wasser ist unerwünscht, weil Seifen und andere Waschmittel mit den Calciumverbindungen unlösliche Salze bilden und sich u. a. in Warmwasserheizungen und Dampfkesseln sog. Kesselstein absetzt. Beispielsweise bindet 1 °dH beim Waschen rund 160 g Seife je 1 m^3 Wasser.

Tabelle 3.6.1–2: Bereiche der Wasserhärte

Härtebereich	°dH	Wassercharakter
I	0 bis 7	weiches Wasser
II	8 bis 14	normalerweise ideales Trinkwasser
III	15 bis 21	hartes Wasser
IV	mehr als 21	sehr hartes Wasser

3.6.2 **Öchslegrad, Mostgewicht**

Im Weinbau wird das »Mostgewicht« (Dichte des unvergorenen Traubensaftes) immer noch in Grad Öchsle angegeben. Christian Ferdinand Öchsle (auch Oechsle geschrieben, 1774–1852) hat 1836 speziell für Traubenmost ein Aräometer, meist Mostwaage genannt, erfunden, dem er eine besonders zweckmäßige Skalenteilung gab. Die nach ihm benannten Öchslegrade (Einheitenzeichen °Oe) entsprechen dem Dichteunterschied von Traubenmost im Vergleich zu Wasser in der üblichen Einheit g/cm^3. Die Öchslegrade zeigen also an, um wie viel Gramm ein Liter Traubensaft bei einer Temperatur von 20 °C schwerer ist als 1 Liter Wasser. Beispielsweise hat ein Most mit der Dichte 1085 g/dm^3 ein Mostgewicht von 85 °Oe. Aus dem Mostgewicht lassen sich näherungsweise der Zuckergehalt des Mostes und der Alkoholgehalt des zukünftigen Weines berechnen. Das Mostgewicht eines mittleren Jahrgangs eines Weines in Deutschland liegt etwa zwischen 70 und 80 °Oe. Öchslegrade sind in Deutschland und in der Schweiz gebräuchlich. In Österreich, Ungarn, Italien und dem ehemaligen Jugoslawien wird mit der in der Weinbauanstalt Klosterneuburg von Freiherr A. von Babo um 1869 konstruierten Mostwaage gemessen. Babo ging von einem Verhältnis Zucker- zu Nichtzuckergehalt von 17 : 3 aus. Sein Nachfolger Haas stellte fest, dass der Nichtzuckergehalt von 4,2 %

besser mit den Erfahrungen übereinstimme, und verbesserte mit diesen Werten die Mostwaage von Babo. In Tabelle 3.6.2–1 werden die Angaben der einzelnen Mostwaagen mit der Dichte einer Zuckerlösung und deren Massengehalt in % verglichen.
Die moderne Art der Zuckerbestimmung beruht auf der Ablenkung eines Lichtstrahls durch die zu untersuchende Lösung in einem Refraktometer. Der Brechungswinkel ist ein Maß für den Zuckergehalt und wird an einer Skala abgelesen. Diese Geräte sind eichfähig und dürfen neben der Dichteskala noch eine Skala nach Öchsle tragen.

Tabelle 3.6.2–1: Beziehungen zwischen den Mostgewichts-Skalen, der Dichte und dem Massengehalt an Zucker in %

Grad Öchsle	Grad KMW[1)] Babo	nach Haas	Dichte g/cm³	Massengehalt %
50	10,5	8,2	1,050	12,37
60	12,5	10,5	1,060	14,72
70	14,5	12,8	1,070	17,03
80	16,4	15,1	1,080	19,31
90	18,3	17,3	1,090	21,55
100	20,2	19,5	1,100	23,75
110	22,0	21,7	1,110	25,92
120	23,8	23,8	1,120	28,05
130	25,6	25,9	1,130	30,15

1) KMW: Klosterneuburger Mostwaage.

In Frankreich und Australien wird zur Bestimmung der Dichte die Einheit Baumé (Einheitenzeichen Bé) verwendet (nach dem französischen Chemiker Antoine Baumé, 1728–1804). Ein Grad Baumé entspricht etwa 1,8 Brix.
In der Obstindustrie wird vorwiegend in englischsprachigen Ländern, besonders in Amerika, für die Bestimmung des Mostgewichtes die Maßeinheit Brix verwendet. Sie ist nach dem Wissenschaftler Adolf Brix (1798–1870) benannt. Mit

ihr wird die lösliche Trockensubstanz in einer Flüssigkeit und damit annähernd der Zuckergehalt und der Reifegrad der Frucht bestimmt. Ungefähr 1 Gramm Saccharose pro 100 Gramm Flüssigkeit entspricht 1 Brix. Trauben für Tafelwein werden mit einem Zuckergehalt von 20–30 Brix geerntet. Davon werden etwa 55–60 % in Alkohol vergoren.

3.6.3 **Feingehalt von Gold- und Silberlegierungen**

Feingehalt, Feinheit, Feine, Korn bedeutet bei Legierungen von Edelmetallen das Verhältnis des edlen zum unedlen Metall. Der Feingehalt wird in Tausendteilen angegeben, wobei nur der Zähler des Bruches erscheint: Beispielsweise heißt »Gold 585«, dass in 1000 Teilen der Legierung 585 Teile, 585 ‰ Gold enthalten sind. Früher wurde, als die Mark noch Münz- und Edelmetallgewicht war, der Feingehalt des Goldes nach der Mark zu 24 Karat, der des Silbers nach der Mark zu 16 Lot angegeben. In Spanien und in Russland entsprach die Feingehaltsangabe deren Münzgewichtseinteilung. In den folgenden Tabellen sind die bis zum Ende des 19. Jahrhunderts gültigen Feingehaltsbezeichnungen den heutigen Promilleangaben gegenübergestellt.

Tabelle 3.6.3–1: Feingehaltsangaben für Gegenstände aus Gold

Karat	Tausendteile	Karat	Tausendteile
24	1000	14	583
18	750	8	333

Tabelle 3.6.3–2:
Feingehaltsangaben für Gegenstände aus Silber

a) Deutschland, Österreich, Finnland, Tschechoslowakei, Ungarn, Dänemark

Lot	Tausendteile	Lot	Tausendteile
16	1000	10	625
15	937,5	8	500
14	875	6	375
13	812,5	4	250
12	750	1	62,5

Je nach den Bestimmungen des Landes war 15- bis 13lötiges Silber üblich.

b) Spanien

Dineros	Tausendteile	Dineros	Tausendteile
12	1000	10	833
11	916,7	9	750

c) Russland

Solotniki	Tausendteile	Solotniki	Tausendteile
96	1000	6	62,5
94	980	1	10,4
84	875		

3.6.4 Maße des Seewesens

Ebenso wie die mehrere tausend Jahre alte Seefahrt eine eigene Sprache entwickelt hat, sind auch besondere seemännische Maße entstanden.
Für Längeneinheiten bildet die *Seemeile* (Einheitenzeichen sm) die Grundlage. 1 sm ist die Länge einer Bogenminute, des 60. Teils eines Grades auf einem größten Kreise der Erdoberfläche. Sie ist 1852 m lang. Die englische »Nautical Mile« hat dagegen 1853 m.
Wassertiefen wurden in *Faden* = $^{1}/_{1000}$ sm = 1,852 m gemessen. In Dänemark und Preußen war ein Faden 1,883 m, in Frankreich 1,624 m, in England und den USA 1,83 m lang. 100 Faden sind eine *Kabellänge*, eine Einheit für die Messung von Tauwerk.
Die Geschwindigkeit eines Schiffes wird in Seemeilen pro Stunde oder *Knoten* (Einheitenzeichen kn) angegeben. »Knoten« erklärt sich aus der Methode, wie früher die Geschwindigkeit eines Schiffes mit dem »Handlog« gemessen wurde. Ein kleines dreieckiges, einseitig mit Blei beschwertes Brett, das »Logscheit«, wird an einer dünnen Leine am Heck des Schiffes ins Wasser gelassen. Die Länge der Leine, die während einer bestimmten Zeit durchläuft, ergibt die Geschwindigkeit. Die Zeit wird mit speziellen Sanduhren gemessen. Um umständliche Berechnungen zu vermeiden, hat die Logleine Knoten in einem solchen Abstand, dass die Anzahl der während der Messzeit ablaufenden Knoten direkt die Geschwindigkeit in sm/h ergibt. Bei einer 15-s-Sanduhr beispielsweise beträgt der Knotenabstand 7,72 m.
Ein *Etmal* ist die meist in Seemeilen angegebene Fahrtstrecke eines Schiffes von Mittag bis Mittag, also während eines Zeitraumes von 24 Stunden.
Die Zeitangabe auf Schiffen geschieht in *Glasen*. Jede halbe Stunde, die Laufzeit einer Sanduhr, wird die Schiffsglocke angeschlagen, bis zu 8 Glasen (4 Stunden), der

Dauer einer Wache. Der Name »Glasen« leitet sich von den gläsernen Sanduhren her.
Der Raumgehalt eines Handelsschiffes wird in *Registertonnen* gemessen. Es heißt »Register«tonne, weil dieser Wert in das Schiffsregister eingetragen wird. Die Bezeichnung »Tonne« kommt von der mittelalterlichen Methode, die Ladefähigkeit durch die Anzahl Frachtenweintonnen auszudrücken, die geladen werden konnten. Die internationale Registertonne hat ein Volumen von 100 englischen Kubikfuß gleich 2,83 m^3. Der Gesamtrauminhalt eines Schiffes wird in Bruttoregistertonnen (BRT) angegeben. Werden die Räume für Maschinen, Mannschaften, Treibstoff usw. abgezogen, ergeben sich Nettoregistertonnen (NRT). Nach dem Schiffsvermessungsabkommen von 1994 wird der Rauminhalt eines Schiffes in Bruttoraumzahl (BRZ) und Nettoraumzahl (NRZ) berechnet. Die Raumzahl (engl. Gross Tonnage, GT) ist im Gegensatz zur Registertonne kein Volumenmaß, sondern eine dimensionslose Zahl, basiert aber auf dem Volumen des vermessenen Schiffsraums multipliziert mit einem von der Schiffsgröße abhängigen Faktor. Die Raumvermessung bildet die Grundlage für Prämien und Gebühren. Sie wird von den Vermessungsbehörden durchgeführt, die den »Messbrief« des Schiffes ausstellen.

3.6.5 **Windstärke**

Beobachter ohne Messgerät schätzen die Stärke des Windes meist nach der Skala des englischen Admirals Sir Francis Beaufort (1806). Diese Skala beruht auf den Wirkungen des Windes und berücksichtigt die Stärke des Seeganges. Heute dient meist die Windgeschwindigkeit als Einheit der Windstärke.

Tabelle 3.6.5–1: Beaufort-Skala der Windstärken

Windstärke nach Beaufort	Geschwindigkeit m/s	km/h	Auswirkungen des Windes im Binnenland	auf See
0 Windstille	0 – 0,2	0–1	Rauch steigt gerade empor	Spiegelglatte See
1 Leichter Zug	0,3 – 1,5	1–5	Windrichtung nur durch Rauch erkennbar	Schuppenförmige Kräuselwellen
2 Leichte Brise	1,6 – 3,3	6–11	Wind im Gesicht fühlbar, Blätter säuseln	Kurze kleine Wellen, Kämme brechen sich nicht
3 Schwache Brise	3,4 – 5,4	12–19	Blätter und dünne Zweige bewegen sich	Kämme beginnen sich zu brechen, Schaum, meist glasig
4 Mäßige Brise	5,5 – 7,9	20–28	Bewegt Zweige, dünne Äste, hebt Staub	Noch kleine Wellen, aber vielfach weiße Schaumköpfe
5 Frische Brise	8,0 – 10,7	29–38	Kleine Bäume beginnen zu schwanken	Mäßig lange Wellen mit Schaumkämmen
6 Starker Wind	10,8 – 13,8	39–49	Pfeifen an Drahtleitungen	Bildung großer Wellen (2,5–4 m) beginnt, größere Schaumflächen
7 Steifer Wind	13,9 – 17,1	50–61	Fühlbare Hemmung beim Gehen	See türmt sich, Schaumstreifen in Windrichtung
8 Stürmischer Wind	17,2 – 20,7	62–74	Bricht Zweige von den Bäumen, erschwert erheblich das Gehen	Wellenberge von über 6 m Höhe, Gipfel beginnen zu verwehen
9 Sturm	20,8 – 24,4	75–88	Kleinere Schäden an Häusern und Dächern	Dichte Schaumstreifen, »Rollen« der See, Gischt verweht
10 Schwerer Sturm	24,5 – 28,4	89–102	Entwurzelt Bäume, bedeutende Schäden	Sehr hohe Wellenberge, See weiß durch Schaum

Tabelle 3.6.5–1: Fortsetzung

Windstärke nach Beaufort	Geschwindigkeit m/s	km/h	Auswirkungen des Windes im Binnenland	auf See
11 Orkanartiger Sturm	28,5–32,6	103–117	Verbreitet schwere Sturmschäden	Außergewöhnlich hohe Wellenberge, Wellenkämme überall zu Gischt verweht
12 Orkan	32,7–36,9	118–133	Schwerste Verwüstungen	Luft mit Schaum und Gischt angefüllt
In neuerer Zeit sind weitere Stufen bis 17 angefügt worden.				
13 Orkan	37,0–41,4	134–149	Schwerste	Luft mit Schaum und
14 Orkan	41,5–46,1	150–166	Verwüstungen	Gischt angefüllt. See
15 Orkan	46,2–50,9	167–183		vollständig weiß. Sicht
16 Orkan	51,0–56,0	184–201		sehr stark herabge-
17 Orkan	über 56,1	über 202		setzt. Keine Fernsicht

3.6.6 **Stärke des Seegangs**

Ähnlich der Beaufort-Skala für die Windstärke wird die Stärke des Seegangs durch eine neunstufige Skala gekennzeichnet, die noch Wellenlänge und Wellenhöhe berücksichtigt und die Stufen der Windstärke-Skala zuordnet.

Tabelle 3.6.6–1: Seegang

Stufe	Kennwort	Beschreibung	Wellenlänge (m)	Wellenhöhe (m)	Windstärke
0	Spiegelglatte See	Spiegelglatte See	–	–	0
1	Gekräuselte ruhige See	Kleine Kräuselwellen ohne Schaumkämme	bis 5	bis ¼	1
2	Schwach bewegte See	Kämme beginnen sich zu brechen, vereinzelte Schaumköpfe	bis 25	bis 1	2–3

Tabelle 3.6.6–1: Fortsetzung

Stufe	Kennwort	Beschreibung	Wellenlänge (m)	Wellenhöhe (m)	Windstärke
3	Leicht bewegte See	Häufigeres Auftreten der weißen Schaumköpfe, aber noch kleine Wellen	bis 50	bis 2	4
4	Mäßig bewegte See	Mäßige Wellen und überall weiße Schaumkämme	bis 75	bis 4	5
5	Grober Seegang	Schon große Wellen, deren Kämme sich brechen und Schaumflächen hinterlassen	bis 100	bis 6	6
6	Sehr grober Seegang	Wellen türmen sich, der weiße Schaum bildet Streifen in Windrichtung	bis 135	bis 7	7
7	Hoher Seegang	Hohe Wellenberge mit dichten Schaumstreifen; See beginnt zu »rollen«	bis 200	bis 10	8–9
8	Sehr hoher Seegang	Sehr hohe Wellenberge; lange überbrechende Kämme; Gischt beeinträchtigt Sicht	bis 250	bis 12	10
9	Schwerer Seegang	Schaum und Gischt erfüllen die Luft; See weiß; keine Fernsicht mehr	über 250	über 12	über 10

3.6.7 **Stärke von Erdbeben**

Zur Schätzung der Erdbebenstärke sind Intensitätsskalen entwickelt worden, die von den sichtbaren und fühlbaren Wirkungen im Erdbebenzentrum ausgehen. Fast ausschließlich wurde bis in die 1930er Jahre die modifizierte zwölfstufige Mercalli-Skala benutzt (Tabelle 3.6.7–1). Sie ist nach dem Seismologen Giuseppe Mercalli (1850–1914) benannt worden.

Tabelle 3.6.7–1:
Kurzfassung der modifizierten Mercalli-Intensitätsskala mit Angabe der Beschleunigungen der Bodenbewegungen in cm/s^2

Stärke	Beschleunigung	Auswirkungen
I	unter 0,25	Nur von Seismographen registriert
II	0,25–0,5	Nur vereinzelt von in Ruhe befindlichen Personen gespürt
III	0,5–1,0	Nur von wenigen Personen gespürt
IV	1,0–2,5	Von vielen Personen gefühlt; Geschirr und Fenster klirren
V	2,5–5,0	Viele Schlafende erwachen; hängende Gegenstände pendeln
VI	5,0–10	Leichte Verputzschäden
VII	10–25	Risse in Verputz, Wänden und an Schornsteinen
VIII	25–50	Große Risse im Mauerwerk; Giebelteile und Dachsimse stürzen ein
IX	50–100	An einigen Gebäuden stürzen Wände und Dächer ein; es werden Erdrutsche beobachtet
X	100–250	Einsturz vieler Gebäude; Spalten im Boden
XI	250–500	Zahlreiche Spalten im Boden; Erdrutsche in den Bergen
XII	500–1000	Starke Veränderungen an der Erdoberfläche

Wegen der Nachteile dieses auf statistischen Angaben über die fühlbare Auswirkung oder über aufgetretene Schäden beruhenden Verfahrens hat Charles Francis Richter (1935) die sogenannte Erdbeben-Magnitude eingeführt. Grundlage für die Magnitude bilden maximale Amplituden auf Seismogrammen. Die Magnitude wird aus dem Logarithmus des Verhältnisses der größten Schwingungsweite zur

Dauer dieser Schwingung, aus der Entfernung vom Epizentrum des Bebens sowie einem Kalibrierwert ermittelt. Wenn sich die seismisch freigewordenen Energien zweier Beben wie 1 : 10 verhalten, ist ihre Stärke auf der Richter-Skala um 0,5 verschieden.

Tabelle 3.6.7–2: Richter-Skala

Magnitude	Auswirkungen
1	Unmerklich
2	Kaum merklich
3	Von einigen Menschen bemerkt
4	Von den meisten Menschen im betroffenen Gebiet beobachtet
5	Aufweckend
5,3 – 5,9	Erschreckend, erste Schäden
6,0 – 6,9	Gebäudeschäden, einige Gebäudezerstörungen
7,0 – 7,3	Allgemeine Gebäudeschäden, verbreitete Gebäudezerstörungen
7,4 – 7,7	Allgemeine Gebäudezerstörungen
7,8 – 8,4	Verwüstungen, katastrophenartige Zerstörungen
8,5 – 8,9	Landschaftsverändernde Vernichtungen
9 und darüber	Noch nicht beobachtet

3.6.8 **Internationale Bewertungsskala für nukleare Störfälle (INES)**

Die internationale Atomenergieorganisation (IAEO) und die Organisation für wirtschaftliche Zusammenarbeit und Entwicklung (OECD) haben von internationalen Experten eine Bewertungsskala für nukleare Ereignisse (International Nuclear Event Scale – INES) erarbeiten lassen. Eine Stufe auf der Skala entspricht dem zehnfachen Schweregrad.

Tabelle 3.6.8–1: Internationale Bewertungsskala für nukleare Störfälle (INES)

Stufe – Bezeichnung	Radiologische Auswirkung außerhalb der Anlage	Radiologische Auswirkung innerhalb der Anlage	Beeinträchtigung der Sicherheitsvorkehrungen
7 Katastrophaler Unfall	Schwerste Freisetzung, Auswirkung auf Gesundheit und Umwelt in weitem Umfeld		
6 Schwerer Unfall	Erhebliche Freisetzung, voller Einsatz der Katastrophenschutzmaßnahmen		
5 Ernster Unfall	Begrenzte Freisetzung, einzelne Katastrophenschutzmaßnahmen	Schwere Schäden am Reaktorkern	
4 Unfall	Geringe Freisetzung, etwa natürliche Strahlenexposition	Begrenzte Schäden am Reaktorkern, Strahlung mit Todesfolge für Personal	
3 Ernster Störfall	Sehr geringe Freisetzung, Bruchteil der natürlichen Strahlenexposition	Schwere Kontamination, Gesundheitsschäden beim Personal	Beinahe-Unfall, weitgehender Ausfall der Sicherheitsvorkehrungen
2 Störfall		Erhebliche Kontamination, unzulässig hohe Strahlenexposition	Störfall, begrenzter Ausfall der Sicherheitsvorkehrungen

Stufe – Bezeichnung	Radiologische Auswirkung außerhalb der Anlage	Radiologische Auswirkung innerhalb der Anlage	Beeinträchtigung der Sicherheitsvorkehrungen
1 Störung			Abweichung von zulässigen Betriebsbereichen
0 Abweichung			kaum sicherheitstechnische Bedeutung

Quellen:
International Atomic Energy Agency, www.IAEA.org
Bundesamt für Strahlenschutz, www.bfs.de

4 Zahlen, Ziffern, Zeichen und Symbole

4.1 Zahlen und Ziffern

Zählen und Zahlenvorstellungen sind schon aus der Jungsteinzeit bezeugt. Die ersten Zahlen entstanden aus dem Bedürfnis des Menschen, verschiedene Mengen von gleichartigen Dingen, beispielsweise Tiere, Feldfrüchte, Feuersteine, miteinander zu vergleichen, um sie auf die Mitglieder der Horde zu verteilen. Man muss »zählen«. Durch das Zählen erhält man die ganzen oder natürlichen Zahlen. Bekommt aufgrund dieses Abzählens ein Mensch drei Tiere, so ist der Ausdruck 3 Tiere eine benannte Zahl, die aus der Maßzahl 3 und der Einheit Tier besteht. Dasselbe gilt beispielsweise für die Angabe »16 kg«, wobei 16 wiederum die Maßzahl und kg die Einheit darstellt.
Zahlen ohne Benennung heißen »unbenannte«, »absolute« oder »abstrakte« Zahlen.
Wahrscheinlich sind schon zur Zeit der Urgesellschaft Namen für diese *Grund-* oder *Kardinalzahlen* entstanden. Die Zahl war noch gleichbedeutend mit Anzahl.
Aus den Kardinalzahlen entwickelten sich die *Ordnungs-* oder *Ordinalzahlen*, als man begann, die Dinge zu ordnen, eine Reihenfolge festzulegen. Im Deutschen wurde aus »eins«, »zwei«, »drei«: der »erste«, der »zweite«, der »dritte« usw.
Anfänglich wurden die Ergebnisse des Zählens auf einem Holzstab oder einem Knochen eingekerbt. Das »Kerbholz« ist uns noch heute ein Begriff.
Bei mehr als vier oder fünf Strichen wird die Aufzeichnung unübersichtlich. Damals wie heute wurden fünf Striche zu einer Gruppe zusammengefasst. Daraus entwickelten sich als Zahlzeichen die »Ziffern«, die zu Zahlen zusammengesetzt werden.

Die Griechen und die semitischen Völker benutzten als Ziffern die Buchstaben des Alphabets, während andere Kulturvölker besondere Zahlzeichen schufen.

In den frühen Hochkulturen entwickelten sich unterschiedliche Zahlensysteme, die nach Art der Zusammenstellung und der Anordnung der Ziffern in Additionssysteme und Positions- oder Stellenwertsysteme eingeteilt werden.
Alle Zahlensysteme gehen von verschiedenen Grundzahlen aus. Vor allem sind die Zahlen 2, 5, 10, 12, 20 und 60 benutzt worden. Unter diesen sind die wichtigsten Grundzahlen 10 und 2. Daneben hat die Zahl 60 wegen ihrer vielen Teiler große Vorteile. Unter diesen haben die 12 als Anzahl der Monate eines Jahres und die 30 als Anzahl der Tage eines Monats besondere Bedeutung erlangt.

Das *ägyptische Additionssystem* dürfte mit 5000 Jahren wohl das älteste logisch aufgebaute Zahlensystem sein. Es ist dezimal aufgebaut, d.h., es hat die Zehnerpotenzen als Stufenzahlen. Für die ersten sieben Zehnerpotenzen gab es spezielle Hieroglyphen als Zahlzeichen (Bild 4.1–1). Ein Strich waren die Einer, ein umgekehrtes U die Zehner, die Hunderter wurden durch eine Spirale, die Tausender durch eine Lotusblüte mit Stiel und die Zehntausender durch einen oben leicht angewinkelten Finger dargestellt. Die Hunderttausender stellte eine Kaulquappe mit hängendem Schwanz dar und die Millionen ein Genius, der die Arme zum Himmel erhebt.
Durch entsprechende Aneinanderreihung dieser Hieroglyphen lässt sich jede Zahl darstellen. Die Dezimalzahl 2354 wird beispielsweise folgendermaßen geschrieben:

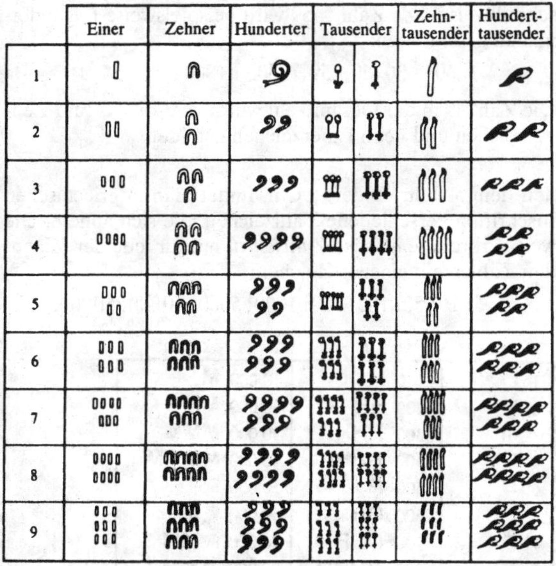

Bild 4.1–1: Ägyptische Zahlendarstellung.

Die fehlende Null wird bei dieser Darstellungsart nicht als Mangel empfunden.

Die *Babylonier* schufen um 2000 v. Chr. das erste Stellenwertsystem. Hierbei ist, wie später noch näher erklärt wird, der Wert eines Zahlzeichens durch seine Stellung in der Ziffernreihe bestimmt. Grundzahl war die 60. Die Zahlen 1 bis 59 wurden auf dezimaler Basis durch Ziffern dargestellt, die aus Keilschriftzeichen nach dem Additionsprinzip gebildet wurden. Von der Zahl 60 ab galt die Positionsschreibweise. Die Zahl 5459 wird beispielsweise folgendermaßen geschrieben:

$$1 \cdot 60^2 + 30 \cdot 60 + 59 = 3600 + 1800 + 59 = 5459$$

Die Zahl 59 in der Gesamtzahl wurde additiv aus fünf Zehnerzeichen und neun Einerzeichen gebildet.

Seit dem 5. Jahrhundert v. Chr. findet man in griechischen Inschriften verschiedene Zahlzeichen, die sich ähneln. Die weit verbreitete *attische Zahlschrift* hat für jede der folgenden Zahlen ein eigenes Zeichen:

1; 5; 10; 50; 100; 500; 1000; 5000; 10000; 50000.

1 I	100 H	10 000 M
2 II	200 HH	20 000 MM
3 III	300 HHH	30 000 MMM
4 IIII	400 HHHH	40 000 MMMM
5 𐅃	500 𐅅	50 000 𐅇
6 𐅃I	600 𐅅H	60 000 𐅇M
7 𐅃II	700 𐅅HH	70 000 𐅇MM
8 𐅃III	800 𐅅HHH	80 000 𐅇MMM
9 𐅃IIII	900 𐅅HHHH	90 000 𐅇MMMM
10 Δ	1 000 X	
20 ΔΔ	2 000 XX	
30 ΔΔΔ	3 000 XXX	
40 ΔΔΔΔ	4 000 XXXX	
50 𐅄	5 000 𐅆	
60 𐅄Δ	6 000 𐅆X	
70 𐅄ΔΔ	7 000 𐅆XX	
80 𐅄ΔΔΔ	8 000 𐅆XXX	
90 𐅄ΔΔΔΔ	9 000 𐅆XXXX	

Bild 4.1–2:
Attische Zahlschrift nach dem Additionsprinzip.

Sie beruht, wie das Zahlensystem der Ägypter und Römer, auf dem Prinzip der Addition (Bild 4.1–2). Die Ziffern sind gleichzeitig die Anfangsbuchstaben der Namen für die entsprechenden Zahlen. Nur die Eins ist ein senkrechter Strich. (Bild 4.1–3.) Die Zeichen, die zu den mit 5 multiplizierten Zahlen gehören, werden nach Bild 4.1–4 gebildet. Im attischen System wird also der Wert der Buchstabenzahlen Δ, H, X und M dadurch verfünffacht, dass sie in den Buchstaben Γ = 5 hineingeschrieben werden (Bild 4.1–4).

Das *alphabetische Zahlensystem der Griechen*, seit dem 1. Jahrhundert v. Chr. in Athen gebräuchlich, besteht aus den 24 Buchstaben des klassischen griechischen Alphabets und den Buchstaben Digamma (Wau), Koppa und Sampi, die als Buchstaben nach und nach ungebräuchlich wurden. Diese 27 Zeichen werden in drei Gruppen aufgeteilt, die

Das Zeichen	entspricht dem Buchstaben	dessen zugeordneter Zahlenwert ist	entspricht dem Anfangsbuchstaben des Wortes	ist das griechische Zahlwort für
Γ	Pi (archaische Form des Buchstabens Π)	5	Πεντε Pente	Fünf
Δ	Delta	10	Δεκα Deka	Zehn
H	Eta	100	Hεκατον Hekaton	Hundert
X	Xi (»Chi«)	1000	Xιλιοι Chilioi	Tausend
M	My	10000	Mυριοι Myrioi	Zehntausend

Bild 4.1–3:
Bildung der attischen Zahlzeichen aus den Buchstaben.

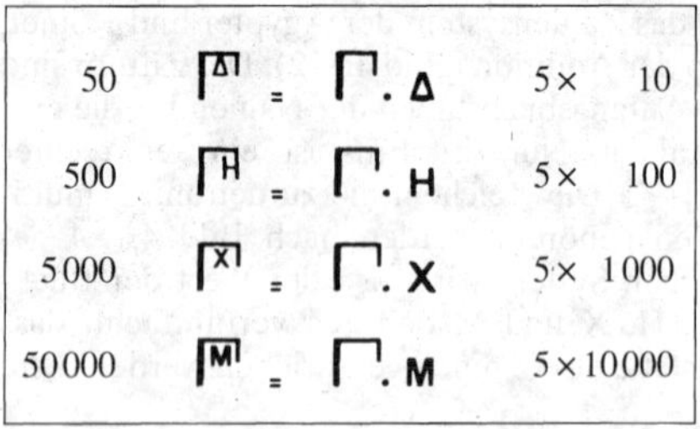

Bild 4.1–4:
Bildung der attischen Zahlzeichen
mit dem Faktor 5.

für die Einer, die Zehner und die Hunderter stehen (Bild 4.1–5). Die ersten neun Tausender wurden durch einen Strich direkt unten links neben den Zahlenbuchstaben gekennzeichnet: ͵α = 1000, ͵β = 2000 usf.

Einer		Zehner		Hunderter	
Α α Alpha	1	Ι ι Iota	10	Ρ ρ Rho	100
Β β Beta	2	Κ κ Kappa	20	Σ σ Sigma	200
Γ γ Gamma	3	Λ λ Lambda	30	Τ τ Tau	300
Δ δ Delta	4	Μ μ My	40	Υ υ Ypsilon	400
Ε ε Epsilon	5	Ν ν Ny	50	Φ φ Phi	500
Ϝ ϛ Digamma, Wau	6	Ξ ξ Xi	60	Χ χ Chi	600
Ζ ζ Zeta	7	Ο ο Omikron	70	Ψ ψ Psi	700
Η η Eta	8	Π π Pi	80	Ω ω Omega	800
Θ θ Teta	9	Ϙ ϙ Koppa	90	Ϡ ϡ Sampi	900

Bild 4.1–5: Das alphabetische Ziffernsystem der Griechen.

Weit verbreitet war das *römische additive Zahlensystem*. Auch noch heute finden wir römische Zahlen als Datumsangabe und auf Zifferblättern von Uhren.
Die Einheit wird im römischen Zahlensystem durch einen senkrechten Strich, das Zeichen I, dargestellt. Die Gruppe von 5 Strichen, das 5er-Bündel, hat als Zeichen ein V, das X ist die Zusammenfassung von zwei 5er-Bündeln, also die Zehn. Das L ist gleich fünfmal X, und C entspricht zweimal L und so fort. Man erkennt daraus, dass die römischen Zahlen im Grunde aus geschachtelten 5er- und 2er-Bündeln gebildet werden; wir haben ein qui-binäres System vor uns, wie die folgende Übersicht zeigt:

5mal das Zeichen I ergibt V,	entspricht der Dezimalzahl	5
2mal das Zeichen V ergibt X,	entspricht der Dezimalzahl	10
5mal das Zeichen X ergibt L,	entspricht der Dezimalzahl	50
2mal das Zeichen L ergibt C,	entspricht der Dezimalzahl	100
5mal das Zeichen C ergibt D,	entspricht der Dezimalzahl	500
2mal das Zeichen D ergibt CIↃ (später M),	entspricht der Dezimalzahl	1000

Leider befolgt das römische System nicht konsequent ein additives Bildungsgesetz. So wird die Zahl 4 nicht durch IIII, sondern durch IV (d. h. 5−1) gebildet. Die Regel lautet: Gleiche Ziffern nebeneinander und kleinere nach größeren werden addiert, kleinere von größeren subtrahiert:

$$\mathrm{XX}=20;\ \mathrm{XI}=11;\ \mathrm{IX}=9;\ \mathrm{XC}=90.$$

Diese komplizierte Bildung der römischen Zahlen durch eine Kombination von Addition und Subtraktion der einzelnen Ziffern macht arithmetische Rechenoperationen außerordentlich schwierig. Für derartige Zwecke ist nur ein Stellenwertsystem gut geeignet.

Unser derzeitiges *dezimales Positionssystem* hat seinen Ursprung im alten Indien und ist von dort durch Vermittlung der Araber – daher der Name »arabische Zahlen« – nach Europa gekommen. Das umwälzend Neue war die »Null«,

1 I	10 X	100 C
2 II	20 XX	200 CC
3 III	30 XXX	300 CCC
4 IV	40 XL	400 CD
5 V	50 L	500 D
6 VI	60 LX	600 DC
7 VII	70 LXX	700 DCC
8 VIII	80 LXXX	800 DCCC
9 IX	90 XC	900 CM
		1000 M oder CIƆ

Mehrere Tausend wurden durch mehrere M oder CIƆ oder durch Voranstellung eines Multiplikators ausgedrückt:

2000 = MM oder IIM.

Auch konnte man mit 10 oder 100 multiplizieren, indem man der Ziffer CIƆ rechts und links weitere Bogen hinzufügte:

10000 = CCIƆƆ; 100000 = CCCIƆƆƆ.

Man schrieb auch für Tausend einen Strich über die Ziffer:

$10000 = \overline{X}$; $200000 = \overline{CC}$.

Bei 100000 schrieb man ein offenes Viereck um die Ziffer:

$10 \cdot 100000 = \overline{|X|}$; $16 \cdot 100000 = \overline{|XVI|}$;

$1000 \cdot 100000 = \overline{|M|}$.

Bild 4.1–6: Römische Zahlschrift.

durch deren Gebrauch viele Rechenvorgänge sehr erleichtert werden und eine exakte Stellenwertschreibung erst möglich gemacht wird.

Wie der Name »dezimales« Positionssystem sagt, ist seine Grundzahl oder Basis die Zahl »10«. Zehn Einheiten (Einer E) werden zu Zehnern (Z), zehn Zehner zu Hundertern (H), zehn Hunderter zu Tausendern (T) usw. zusammengefasst.

Für diese übergeordneten Zahlengruppen wird jedoch nicht, wie bei den Ägyptern und den Römern, ein neues Zahlzeichen eingeführt, sondern der Wert der Ziffer innerhalb der Zahl wird durch deren Stellung bestimmt. Diese Wertigkeiten sind die Potenzen der jeweiligen Basis. In unserem Fall also Zehnerpotenzen. In einem Stellenwertsystem benötigt man so viel Ziffern, wie die Basis angibt. Also bei der Basis 10 die Ziffern 0 bis 9.

Zur näheren Erläuterung hier ein Vergleich der Schreibweise der Zahl 2354 im römischen Additionssystem mit der im dezimalen Stellenwertsystem:

- Römisch
  MMCCCLIV = $1000 + 1000 + 100 + 100 + 100 + 50 + (5 - 1)$
- Dezimal:
  $2354 = 2 \times \text{Tausend} + 3 \times \text{Hundert} + 5 \times \text{Zehn} + 4 \times \text{Eins}$,
  oder:
  $2354 = 2 \times 1000 \quad + 3 \times 100 \quad + 5 \times 10 \quad + 4 \times 1$,
  oder:
  $2354 = 2 \times 10^3 \quad + 3 \times 10^2 \quad + 5 \times 10^1 \quad + 4 \times 10^0$

Die dezimale Schreibweise zeigt uns, dass die Stellenwerte Potenzen von 10 sind, der Basis des Dezimalsystems. Wir erkennen auch einen einfachen Zusammenhang zwischen Stelle und Stellenwert:

Stelle:	fünfte	vierte	dritte	zweite	erste
Stellenwert	10^4	10^3	10^2	10^1	10^0
Allgemein (B = Basis):	B^4	B^3	B^2	B^1	B^0

Das *Dual-* oder *Zweiersystem*, das auch *dyadisches* oder *Binärsystem* genannt wird, ist vor allem für elektronische Rechen- und Datenverarbeitungsanlagen von außerordentlicher Bedeutung, da alle Zahlen durch nur zwei Ziffern dargestellt werden. Elektrisch lassen diese sich sehr einfach durch zwei verschiedene Schaltzustände, beispielsweise »Spannung« und »keine Spannung«, realisieren, auch Ja/Nein-Entscheidung genannt. Die Grundzahlen, die Po-

tenzen der Basis 2, liegen wesentlich dichter beieinander als die des Zehnersystems, die Zahlzeichen werden also verhältnismäßig lang. Wegen der hohen Verarbeitungsgeschwindigkeit elektronischer Datenverarbeitungsanlagen ist dies aber kein Nachteil. Für die Dual-Eins hat es sich eingebürgert, »L« zu schreiben, falls Verwechslungen möglich sind.
Eine Ja/Nein-Entscheidung wird mit 1 bit bezeichnet, der Abkürzung für »binary digit«. Dies ist die kleinste Einheit einer Information, die nicht nur Zahlen darstellen muss. Ein Byte ist eine Informationseinheit vereinbarter Größe, meist 8 bit. Für 2^{10} Byte = 1024 Byte ist die nicht exakte Bezeichnung Kilobyte üblich.

Tabelle 4.1–1:
Die mit vier Dualziffern darstellbaren Dezimalzahlen

Stellenwert:	$2^3 = 8$	$2^2 = 4$	$2^1 = 2$	$2^0 = 1$
Dezimalzahl				
0	0	0	0	0
1	0	0	0	L
2	0	0	L	0
3	0	0	L	L
4	0	L	0	0
5	0	L	0	L
6	0	L	L	0
7	0	L	L	L
8	L	0	0	0
9	L	0	0	L
10	L	0	L	0
11	L	0	L	L
12	L	L	0	0
13	L	L	0	L
14	L	L	L	0
15	L	L	L	L

Tabelle 4.1–2: Vergleich der bekanntesten Zahlendarstellungen

Zahlendarstellung	Bildungsgesetz		Schreibweise
Abzählung	$1+1+1\cdots+1+1+1\cdots+1+1+1$ 2354×1	$=2354$	///···///
5er-Bündelung	$5+5+5\cdots+5+5+5+1+1+1+1$ $470\times 5 \quad +4\times 1$	$=2354$	////···////···///
Römische Zahlen	MM + CCC + L + IV $(1000+1000)+(100+100+100)+50+(5-1)$	$=2354$	MMCCCLIV
Allg. Stellen-schreibweise	1 Tag + 15 Std. + 14 Min. $1\times(24\times 60)+15\times 60+14$	$=2354$	1.15.14
Stellenwertdarstellung			
Sedezimalsystem Basis: 16	$9\times 16^2+3\times 16^1+2\times 16^0$ $9\times 256+3\times 16+2\times 1$	$=2354$	932
Dezimalsystem Basis: 10	$2\times 10^3+3\times 10^2+5\times 10^1+4\times 10^0$ $2\times 1000+3\times 100+5\times 10+4\times 1$	$=2354$	2354
Oktalsystem Basis: 8	$4\times 8^3+4\times 8^2+6\times 8^1+2\times 8^0$ $4\times 512+4\times 64+6\times 8+2\times 1$	$=2354$	4462
Dualsystem Basis: 2	$1\times 2^{11}+0\times 2^{10}+0\times 2^9+1\times 2^8+0\times 2^7+0\times 2^6+$ $1\times 2^5+1\times 2^4+0\times 2^3+0\times 2^2+1\times 2^1+0\times 2^0$	$=2354$	100100110010

Mit einer vierstelligen Dualzahl lassen sich die Dezimalzahlen 1–15 entsprechend Tabelle 4.1–1 darstellen. Für die Zahlen bis 31 benötigt man fünf Stellen und bis 63 sechs Dualstellen.

Tabelle 4.1–2 zeigt als Zusammenfassung dieses Abschnitts einen Vergleich der bekanntesten Zahlendarstellungen.

Bei den physikalischen Einheiten wird oft mit dezimalen Vielfachen gerechnet. So ist zum Beispiel die Länge eines Kilometers (km) gleich 1000 Meter. Da in der Informationstechnik aber vor allem Vielfache von Zweierpotenzen, wie etwa 1024 Byte, vorkommen und nicht Vielfache von 1000 Byte, wird als Einheit traditionell das KByte (sprich Ka-Beit) verwendet.

Deshalb soll auch nicht von Kilo-Byte die Rede sein, denn der Vorsatz Kilo bedeutet Tausend und würde als Vorsatzzeichen mit einem kleinen k zu schreiben sein.

Um auch in der Bezeichnung deutlich zu machen, dass nicht Vielfache von 1000, sondern von 1024 gemeint sind, wurden spezielle neue Vorsätze und Vorsatzzeichen ersonnen. Das »Binärkilo« wird mit dem Vorsatzzeichen Ki geschrieben, das für Kibi (»kilobinary«) steht. Das Binärkilo ist also als 1024 definiert und in seiner Schreib- und Sprechweise deutlich vom Kilo unterscheidbar: Die Einheit Kibibyte wird mit dem Zeichen KiB gebildet.

Um die Verwirrung auf diesem Gebiet zu mindern, hat das Institut der Elektrik- und Elektronikingenieure (IEEE) eine spezielle Schreibweise für die 1024er Größenordnungen entwickelt, die von der internationalen Elektrotechnischen Kommission (IEC) mit ihrer Norm IEC 6002-2 Ed. 2.0 (2000-11) übernommen wurde.

Tabelle 4.1–3: Vorsatzzeichen für größere binäre Einheiten

Vorsatz-zeichen	Name	Bedeutung	Wert	Größe
Ki	kibi	binäres Kilo	2^{10}	1024
Mi	mebi	binäres Mega	2^{20}	1 048 576
Gi	gibi	binäres Giga	2^{30}	1 073 741 824
Ti	tebi	binäres Tera	2^{40}	1 099 511 627 776
Pi	pebi	binäres Peta	2^{50}	1 125 899 906 842 624
Ei	exbi	binäres Exa	2^{60}	1 152 921 504 606 846 976
Zi	zebi	binäres Zeta	2^{70}	1 180 591 620 717 411 303 424
Yi	yobi	binäres Yotta	2^{80}	1 208 925 819 614 629 174 706 176

In der Praxis hat sich dieses System noch nicht durchgesetzt. Man muss deshalb bisher auf den Kontext achten, um zu erkennen, ob es sich um den Faktor 1000 oder 1024 handelt.

4.2 Zeichen und Symbole

Ein Zeichen ist ganz allgemein »jedes wahrnehmbar Gegebene, das selbständig oder als Teil einer Nachricht Träger von Information ist. Das vermittelt einen ihm zugeordneten Bedeutungsbereich.« Beispielsweise ist eine Fährte das Zeichen eines Tieres, Rauch das Zeichen für Feuer. Zur Mitteilung werden zwischen Sender und Empfänger einer Nachricht Zeichen vereinbart, deren vollen Bedeutungsumfang sie beide kennen müssen. Jedes System zur tierischen, menschlichen oder technischen Nachrichtenübertragung ist aus Zeichen aufgebaut. Dies können Gebärden, Lichtzeichen, Sprache, Schrift, Formelzeichen, mathematische Zeichen, chemische Zeichen, Signale, Verkehrszeichen u. a. sein. Jedes Zeichen ist an einen sinnlich wahrnehmbaren Zeichenträger gebunden, aber nicht mit ihm identisch.

Wir beschäftigen uns nur mit den von Menschen geschaffenen künstlichen, bildlich dargestellten Zeichen, die meist nach »Bilderzeichen«, »Schriftzeichen« und »Begriffszeichen« eingeteilt werden. Zu den Begriffszeichen gehören auch die »Symbole«.

Die Bilderzeichen (auch: Bilderschrift, Bildersprache, Bildzeichen) sind die Urform einer sichtbaren Mitteilung. Diese bildhaften Vorstufen werden auch »Piktogramme« genannt, eine Bezeichnung, die für die heute üblichen Hinweiszeichen wieder aufgenommen wurde.

Bilderzeichen stellen Nachrichten, Tatsachen und Gedanken durch Bilder dar und setzen keinerlei Sprachkenntnisse voraus. Sie sind der Beginn der visuellen menschlichen Verständigung. Die steinzeitlichen Höhlenmalereien gehören zu dieser Gattung.

Aus den Bilderzeichen entwickelten sich die Schriftzeichen, die anstelle der bildhaften Bedeutung eine klangliche Bedeutung bekamen. Ohne Kenntnis der Sprache sind sie nutzlos.

Dagegen sind die Begriffszeichen wieder von einer Sprache unabhängig. Sie sollen vor allem informieren, kennzeichnen oder Anweisungen geben. Durch ein Begriffszeichen können Sätze und Wörter kurz und einprägsam ersetzt werden. Begriffszeichen lassen sich, ihrer Bedeutung und ihrem Zweck entsprechend, in Gruppen einteilen.

Symbole sind allgemein wahrnehmbare Zeichen oder Sinnbilder, die stellvertretend für etwas nicht Wahrnehmbares oder Gedachtes, Geglaubtes stehen.

Beispielsweise ist die »Waage« das Symbol des maßvollen Gleichgewichtes, der Gerechtigkeit und damit des Richtens und der öffentlichen Rechtsprechung. In der christlichen Kunst wird der Erzengel Michael mit einer Waage als Seelenwäger beim Jüngsten Gericht dargestellt. Die Waage ist auch das siebente Zeichen des Tierkreises.

Neben dem Kreuz ist das Christusmonogramm, zusammengesetzt aus den griechischen Großbuchstaben X (Chi) und P (Rho), ein Symbol des Christentums. Das Judentum hat als Symbol den sechsstrahligen Davidstern, der aus zwei einander durchdringenden gleichseitigen Dreiecken zusammengesetzt ist.

Das »Pentagramm«, der fünfzackige, in einem Zug gezeichnete Stern, ist eines der ältesten Symbole der Menschheit, das schon die Babylonier kannten. Seine Bedeutung ist in den einzelnen Kulturen unterschiedlich. Es ist einmal Heilszeichen, dann Abwehrzauber (Drudenfuß) gegen das Böse, es gilt als Zeichen für die fünf Sinne und für die fünf Bücher Mose.

Zwischen den Symbolen und den Kommunikationszeichen lässt sich keine klare Grenze ziehen. Ein Bild, eine Abbildung, die nur dazu dient, ein Ereignis zu bezeichnen oder einen sprachlich umständlichen Begriff kürzer darzustellen, ist kein Symbol mehr, sondern ein Zeichen zur gegenseitigen Verständigung.

Die Zeichen der sogenannten Pseudowissenschaften

haben häufig einen Symbolgehalt, stellen aber ebenso oft nur eine Abkürzung für oft gebrauchte Ausdrücke dar.

Die Astrologie ist mehr und etwas anderes als eine vorwissenschaftliche Astronomie. Ebenso ist die Alchimie mehr und etwas anderes als eine vorwissenschaftliche Chemie. Beiden gemeinsam ist eine magische Komponente und eine strenge Geheimhaltung gegenüber Außenstehenden. Es waren mit religiösen Vorstellungen verbundene Geheimlehren. Die Standardformen der astrologischen Planetenzeichen und die der alchimistischen Metallzeichen sind aufgrund alter Entsprechungsregeln identisch.

Tabelle 4.2–1: Astrologisch-alchimistische Zeichen der Metalle und deren Zuordnung zu den Wochentagen

Zeichen	Metall	Planet	Wochentag	Lateinischer Name
☽	Silber	Mond	Montag	Dies Lunae
♂	Eisen	Mars	Dienstag	Dies Martis
☿	Quecksilber	Merkur	Mittwoch	Dies Mercurii
♃	Zinn	Jupiter	Donnerstag	Dies Jovis
♀	Kupfer	Venus	Freitag	Dies Veneris
♄	Blei	Saturn	Samstag	Dies Saturni
☉	Gold	Sonne	Sonntag	Dies Solis

Tabelle 4.2–2: Tierkreis (Zodiakus)

Zeichen	Tierkreis, Sternbild	Zeitraum (im »Fische-Zeitalter«)	Zugeordneter Planet
Frühling			
♈	Widder, Aries	21. März bis 20. April	Mars
♉	Stier, Taurus	21. April bis 21. Mai	Venus
♊	Zwillinge, Gemini	22. Mai bis 21. Juni	Merkur
Sommer			
♋	Krebs, Cancer	22. Juni bis 22. Juli	Mond
♌	Löwe, Leo	23. Juli bis 23. August	Sonne
♍	Jungfrau, Virgo	24. August bis 23. September	Merkur
Herbst			
♎	Waage, Libra	24. September bis 23. Oktober	Venus
♏	Skorpion, Scorpius	24. Oktober bis 22. November	Mars
♐	Schütze, Sagittarius	23. November bis 21. Dezember	Jupiter
Winter			
♑	Steinbock, Capricornus	22. Dezember bis 20. Januar	Saturn
♒	Wassermann, Aquarius	21. Januar bis 19. Februar	Saturn/Uranus
♓	Fische, Pisces	20. Februar bis 20. März	Jupiter/Neptun

Die im Altertum bekannten sieben Metalle waren, zurückgehend auf uralte chaldäische Vorstellungen, mit bestimmten Göttern verbunden. Da diese Götter gleichzeitig mit den Planeten identifiziert wurden, waren jedem Metall ein Planet und eine Gottheit zugeordnet. Wir benennen noch heute die Wochentage teilweise nach denselben alten Gottheiten. Tabelle 4.2–1 zeigt diese Zusammenhänge.
Meist werden diese Zeichen als graphisch vereinfachte Bilder gedeutet, z. B. das Zeichen der Venus als ihr Handspiegel. Eine andere Erklärung hält die Zeichen für abge-

Tabelle 4.2–3: Astrologische Zeichen

Zeichen von Gestirnen

☉	= Sonne	♁	= Erde (Welt)
☽	= Mond	⊕	= Erde (Stoff)
☿	= Merkur	[Symbol]	= Cupido
♀	= Venus	[Symbol]	= Hades
♂	= Mars	[Symbol]	= Zeus
♃	= Jupiter	[Symbol]	= Kronos
♄	= Saturn	[Symbol]	= Apollon
♅	= Uranus	[Symbol]	= Admetos
♆	= Neptun	[Symbol]	= Vulkanus
♇, ♇	= Pluto	[Symbol]	= Poseidon
[Symbol]	= Transpluto		

Aspekte (Winkelbeziehungen der Gestirne)

0° = Konjunktion = ☌	120° = Trigon = △
30° = Halbsextil = ⚺	135° = Anderthalbquadrat = ⚼
45° = Halbquadrat = ∠	144° = Biquintil = Bq
60° = Sextil = ⚹	150° = Quincunx = Qc
72° = Quintil = Q	180° = Opposition = ☍
90° = Quadrat = □	

schliffene Buchstabenkombinationen: So ist das Zeichen des Saturn aus Kr (Kronos), das des Jupiter aus Zs (Zeus) entstanden.

Diese Zeichen für die altbekannten Planeten wurden noch durch solche für die in der Neuzeit entdeckten ergänzt. Nach dem geozentrischen Weltbild der Astrologie zählen auch Sonne und Mond zu den Planeten, nicht dagegen die Erde. Außer den Planetenzeichen werden in den astrologischen Schriften noch Tierkreiszeichen und Zeichen für die *Aspekte* verwendet. (Tab. 4.2–2 und 4.2–3.)

Nach astrologischer Vorstellung repräsentieren die zehn Planeten bestimmte Wesenskräfte und Antriebe im Menschen. Die Sterne wirken jedoch niemals einzeln, sondern immer vereint. Die Kräfte der Planeten sind nach dieser Auffassung von ihrer Stellung zueinander abhängig, die durch die von der Erde aus gesehenen Winkel, die Aspekte, ausgedrückt werden. Traditionsgemäß werden fünf große Aspekte – Konjunktion, Sextil, Quadratur, Trigon und Opposition – sowie zwölf kleine Aspekte minderer Bedeutung unterschieden. Die Zeichen der Aspekte und die der Planeten nach Tabelle 4.2–3 erscheinen auch in Kalendern: »♄☍☉« bedeutet beispielsweise Saturn in Opposition mit der Sonne.

Die wichtigsten Aspekte haben nach astrologischer Meinung folgenden Sinn:

Die *Konjunktion* oder Zusammenkunft tritt ein, wenn zwei Gestirne in Bezug auf die Erde dieselbe Länge haben. Haben sie auch dieselbe Breite, so bedecken sie einander. Die Konjunktion des Mondes mit der Sonne ergibt den Neumond. Fallen dabei ihre Breiten fast oder ganz zusammen, so entsteht eine Sonnenfinsternis.

Die *Opposition* oder der Gegenschein heißt, dass die Länge zweier Gestirne um 180° verschieden ist. Die Opposition des Mondes mit der Sonne ergibt Vollmond. Sind dabei ihre Breiten fast oder ganz entgegengesetzt, so entsteht eine Mondfinsternis.

Beim *Trigon* oder Gedrittschein unterscheiden sich die Längen zweier Planeten um den dritten Teil von 360°, beim *Quadrat* oder Geviertschein um den vierten. Der *Sextil* oder Gesechstschein entspricht dem sechsten Teil von 360°. Für die Wissenschaft sind nur Opposition und Konjunktion von Bedeutung.

Die Alchimie suchte vor allem den »Stein der Weisen« zu finden, um aus unedlen Metallen Gold herstellen zu können. In den Niederschriften ihrer Experimente benutzten die Alchimisten die in Tabelle 4.2–1 aufgeführten Symbole für Metalle und eine Vielzahl von Zeichen für andere chemische Elemente und Verbindungen sowie für Vorgänge und Prozeduren. Bild 4.2–1 zeigt eine Auswahl.

Bild 4.2–1: Alchimistische Zeichen.

1–4 Die »vier Elemente«: Feuer, Wasser, Erde, Luft. 5 Das Hexagramm (Davidstern, Sigillum Salomonis) als Vereinigung der vier Element-Zeichen. 6–7 Zwei weitere Zeichen der »vier Elemente«. 8 Spiritus als geistiges Prinzip. 9 Essentia. 10 »Quinta Essentia«, das geistige Element. 11–12 Varianten des Zeichens für Wasser. 13 Zeichen für »materia prima«, den Ausgangsstoff des Weges zum »Stein der Weisen«. 14 Salz, nicht im Sinne von Natriumchlorid, sondern als Weltbaustoff nach der paracelsischen Lehre. Deren drei »philosophische Elemente« sind »sal« (das Materielle), »sulphur« (Schwefel, das Brennende) und »mercurius« (Quecksilber, das Flüchtige, Tab. 4.2–1). 15 Schwefel. 16 Cinis, Asche. 17 Fumus, Rauch. 18 Caput mortuum, Totenkopf: Schlacke. 19 Antimon. 20 Kobalt. 21 Zink. 22 Arsenik. – Zeichen für alchimistische Prozesse: 23 solvere, auflösen. 24 destillare, destillieren. 25–26 filtrare, filtrieren. 27 calcinare, oxydieren, veraschen, verglühen. 28 sublimare, sublimieren. 29 praecipitare, niederschlagen oder ausfällen. 30 putreficare, verfaulen lassen. 31 fixare, fest machen. 32 coagulare, verfestigen, zusammenballen. 33 digerere, digerieren, längere Zeit milde erwärmen. 34 purificare, reinigen. – Zeichen für Geräte: 35 Tigillum, offenes Gefäß. 36 Cucurbita, Kolben. 37 Retorta, Retorte. 38 Alembic, Destilliergefäß. 39 Balneum Mariae, eigtl. »Marienbad«, Wasserbad. 40 Balneum arenosum, Sandbad. – Zeichen für Zeitangaben, die bei den oft langdauernden alchimistischen und pharmakologischen Experimenten eine große Rolle spielten: 41–42 Hora, Stunde. 43 Dies, Tag. 44 Nox, Nacht. 45 Tag und Nacht. 46–47 Mensis, Monat. 48 Annus, Jahr.

Eine weitere Gruppe von Begriffszeichen sind die Hoheitszeichen, die kraft staatlicher Festlegung den Staat symbolisieren, beispielsweise Flaggen, Wappen, Grenzzeichen, Staatssiegel, Schilder usw. Hoheitszeichen sind Zeichen der staatlichen Autorität. Eine mindestens ebenso große Bedeutung haben die Zeichen mit staatlicher Autorität. Es sind Zeichen, die vom Staat an andere Institutionen delegierte Hoheitsaufgaben beurkunden. Die Grenzen zwischen diesen beiden Arten sind fließend, so dass sie gemeinsam behandelt werden sollen.

Da sind zunächst die *Eichzeichen*, die auf Messgeräten angebracht werden, um deren Eichung (s. Kap. 5.2) zu beurkunden. Bild 4.2–2 zeigt alte und moderne Eichzeichen. Entsprechendes gilt für die Zeichen der mit staatlichen Aufgaben beliehenen Unternehmen und Verbände, deren Zeichen, mit denen sie ihre Tätigkeit dokumentieren, amtlich anerkannt oder verliehen wurden. Es sind dies vor allem die Technischen Überwachungsvereine (TÜV), deren *Prüfzeichen* neben den Zeichen der Zulassungsbehörde auf den Nummernschildern der Kraftfahrzeuge zu finden ist.

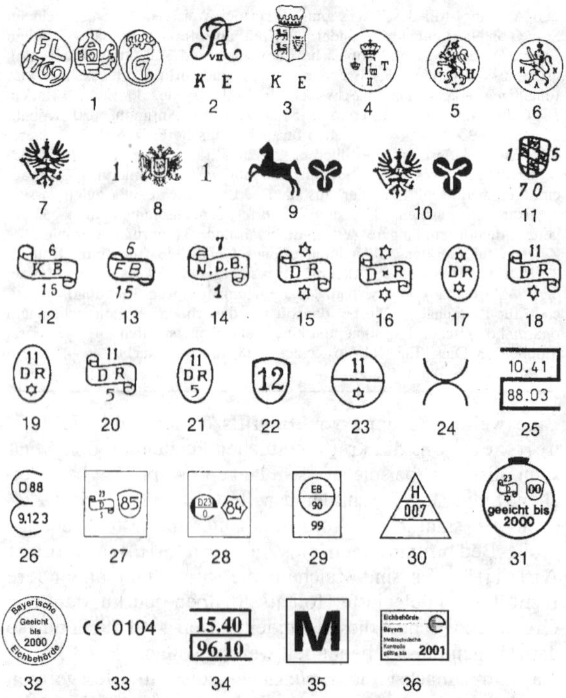

Bild 4.2–2: Eichzeichen.

1 Justieramt Flensburg 1769. 2 Haupteichamt Kiel 1859–1863. 3 Eichamt Kiel 1865–1867. 4 Dänisches Eichamt 1848–1863. 5 Großherzogtum Hessen bis 1870. 6 Herzogtum Nassau bis 1870. 7 Preußen bis 1870. 8 Österreich bis 1918. 9 Eichamt Hannover bis 1866. 10 Eichamt Hannover 1866–1869. 11 Bayern 1870–1912. 12 Bayern 1912–1922. 13 Bayern 1922–1935. 14 Norddeutscher Bund. – Deutsches Reich und Bundesrepublik Deutschland bis 1975. Eichtechnische Oberbehörde: 15 Eichzeichen. 16 Eichzeichen für Präzisionsmessgeräte. 17 Beglaubigungszeichen. Eich-

aufsichtsbehörden: 18 Eichzeichen. 19 Beglaubigungszeichen. Eichämter: 20 Eichzeichen. – Bundesrepublik Deutschland von 1975 an: 21 Prüfzeichen für Normale. 22 Jahreszeichen. 23 Sonderprüfzeichen. 24 Entwertungszeichen. 25 Zeichen für die innerstaatliche Bauartzulassung. 26 Zeichen für die EG-Bauartzulassung. 27 Eichzeichen mit Jahreszeichen (Hauptstempel) für die innerstaatliche Eichung. 28 Dasselbe für die EG-Eichung. 29 Eichzeichen mit Jahresbezeichnung der staatlich anerkannten Prüfstellen. 30 Instandsetzerkennzeichen. 31 Eichmarke als Hauptstempel mit Angabe der Gültigkeitsdauer. 32 Hinweis für Benutzer. 33 CE-Kennzeichnung mit Kenn-Nummer einer benannten Stelle. 34 Zulassungszeichen für medizinische Messgeräte. 35 EG-Eichzeichen (grünes Quadrat mit schwarzem M) in Verbindung mit CE-Kennzeichnung. 36 Messtechnische Kontrolle nach dem Medizinproduktegesetz.
Bei den Zeichen Nr. 14, 18–21, 23, 27, 28, 31 ist die obere Zahl die Ordnungszahl der Eichaufsichtsbehörde. In dem Zeichen 29 ist der rechte Buchstabe im Kreis der Kennbuchstabe der Eichaufsichtsbehörde (s. Tab. 4.2–4); der linke Buchstabe gibt den Tätigkeitsbereich der Prüfstelle an: E Messgeräte für Elektrizität, G Messgeräte für Gas, K Messgeräte für Wärme, W Messgeräte für Wasser.

Tabelle 4.2–4: Ordnungszahlen der Eichaufsichtsbehörden

a) 1871–1945

Ordnungszahl	Amtssitz der Eichaufsichtsbehörde	Ordnungszahl	Amtssitz der Eichaufsichtsbehörde
1	Königsberg i. Pr.	15	Weimar
2	Berlin	16	Oldenburg
3	Stettin	17	Braunschweig
4	Posen (bis 1918)	18	Lemgo (nach 1918 Detmold, bis 1934)
5	Breslau	19	Bremen
6	Magdeburg	20	Hamburg
7	Kiel	21	Karlsruhe
8	Hannover	22	Stuttgart
9	Dortmund	23	Straßburg (bis 1918)
10	Kassel	–	München
11	Köln	23	München (seit 1934)
12	Dresden		
13	Darmstadt		
14	Schwerin		

Tabelle 4.2–4: Fortsetzung

b) Seit 1956

Bundesland	Ordnungs-zahl	Kenn-buchstabe	Amtssitz der Eich-aufsichtsbehörde
Baden-Württemberg	22	A	Stuttgart
Bayern	23	B	München
Berlin*	1	C	Berlin
Bremen	19	D	Bremen
Hamburg*	20*	E	Hamburg
Hessen	10	F	Darmstadt
Niedersachsen	8	G	Hannover
Nordrhein-Westfalen	11	H	Köln
Rheinland-Pfalz	4	K	Bad Kreuznach
Saarland	13	L	Saarbrücken
Schleswig-Holstein*	7	M	Kiel

c) Seit 1991 zusätzlich

Bundesland	Ordnungs-zahl	Kenn-buchstabe	Amtssitz der Eich-aufsichtsbehörde
Brandenburg*	2	N	Potsdam
Mecklenburg-Vorpommern*	14	P	Rostock
Sachsen	12	R	Dresden
Sachsen-Anhalt	6	S	Halle
Thüringen	15	T	Ilmenau

* Zusammenschluss der Eichbehörden Hamburg, Schleswig-Holstein und Mecklenburg-Vorpommern ab Januar 2004 zu ED Nord: Ordnungszahl 7, Kennbuchstaben E und M. Berlin und Brandenburg ab Januar 2006: Ordnungszahl 1, Kennbuchstabe C.

Mit dem Zeichen »GS = Geprüfte Sicherheit«, das man auf technischen Geräten findet, bestätigt eine staatlich anerkannte Prüfstelle, dass die Bauart des so gekennzeichneten Gerätes den Bestimmungen des »Gerätesicherheitsgesetzes« entspricht, das heißt, dass Benutzer bei bestimmungsgemäßem Gebrauch vor Gefahren geschützt sind.

Die Sicherheit von elektrotechnischen Geräten prüft der Verband Deutscher Elektrotechniker (VDE).
Wir können diese Zeichen *Gewährzeichen* nennen, da sie gewisse Eigenschaften gewährleisten sollen.
Auch die Marken, die vom Mittelalter an von den Zünften für handwerkliche Erzeugnisse vorgeschrieben waren, stellten eine Garantie für Güte und Gebrauchstauglichkeit dar. Es sollte mit dem Merkzeichen nicht, wie mit dem heu-

Bild 4.2–3: Töpfer- und Porzellanmarken.

tigen Warenzeichen, für den Hersteller geworben werden. Das widersprach dem Zunftdenken der auf alle Werkstätten gleichmäßig verteilten Beschäftigung und des »gerechten Preises«. Diese vorgeschriebenen Marken wurden von den Meistern (*Meisterzeichen*) und von den Zünften (*Beschauzeichen*) angebracht. Das Meisterzeichen kennzeichnete das Werk als Erzeugnis der betreffenden Werkstatt, das Beschauzeichen gewährleistete gewisse Eigenschaften. In seltenen Fällen kommt noch eine *Eigentümermarke* dazu.
Die *Keramik*, ein Produkt des künstlerischen Handwerks, trägt bereits im Altertum Herstellermarken. Töpferzeichen als Fabrikzeichen finden wir schon auf römischen Tonlampen. Aus dem Mittelalter sind Verordnungen bekannt, die den Meistern vorschreiben, ihre Töpferwaren mit Zeichen zu versehen, um die Kunden vor schlechter Ware zu schützen. Nach der Erfindung des europäischen Hartporzellans im Jahre 1708 entstanden zahlreiche Manufakturen, deren jede ihre Marke(n) führte, die einander zeitlich ablösten. Bild 4.2–3 zeigt als Beispiele eine Anzahl von Töpfer- und Porzellanmarken.

Zu Bild 4.2–3: Töpfer- und Porzellanmarken.

1–3 Römische Tonlampen. – Mittelalterliche Töpfermarken aus Niederösterreich: 4 Meisterzeichen aus Tulln. 5 Meisterzeichen aus Hainburg. 6 Meisterzeichen aus Greifenstein. – Marken europäischer Fayencen: 7 Flörsheim. 8 Sulzbach(-Rosenberg) ab 1757. 9 Mosbach; beide Manufakturen von Kurfürst Carl Theodor gegründet, daher Zeichen CT. 10 Mosbach ab 1806. 11 Erfurt. 12 Abtsbessingen. 13 Faenza, der Ort, welcher der Gattung den Namen gab. 14 Doccia, Italien. 15 Delft. 16 Hannoversch Münden. 17 Göppingen. 18 Stralsund. – 19 Meißen um 1720 bis 1725. 20 Meißen um 1723. 21 Meißen, Monogramm des Königs: *A*ugustus *R*ex. 22 Meißen, klassische Marke von 1724. 23 Meißen, 1823 bis heute. 24 Meißen, neben den Schwertern: *M*eißener *P*orzellan-*M*anufaktur. 25 Meißen, neben den Schwertern: *K*gl. *P*orzellan-*F*abrik. 26 Berlin 1761–1763. 27 Berlin 1761–1763. 28 Berlin, Kgl. preuß. Porzellanmanufaktur ab 1763. 29 Wien. 30 Nymphenburg. 31 Fürstenberg. 32 Gera. 33 Ludwigsburg 1758–1793. 34 Ludwigsburg. 35 Vincennes, seit 1756 in Sèvres. 36 Sèvres. 37 Venedig ab 1765. 38 Neapel. 39 Kopenhagen. 40 Worcester, England. 41 Weesp, Holland.

Bild 4.2–4: Stadtmarken, Beschauzeichen, Meistermarken von Gold- und Silberschmieden und von Zinngießern.

Die Marken der *Gold- und Silberschmiede* waren von den Zünften vorgeschrieben. Jeder Gegenstand trug eine Meistermarke und das Beschauzeichen der Stadt, denn die Zünfte prüften den Feingehalt des Edelmetalls. Die Stadtzeichen sind meist Wappen oder Wappenteile oder die Anfangsbuchstaben der Stadt. Bei den Meisterzeichen herrschen Buchstaben und Hausmarken vor, es finden sich aber auch, wie bei den Zeichen der Zinn- und der Rotgießer, figürliche Darstellungen.

Auch *Zinngegenstände* zeigen, in der Regel auf dem Boden, immer Meister- und Beschauzeichen. Da reines Zinn sich kaum verarbeiten lässt, wird es mit dem gesundheitsschädlichen Blei legiert. Um niemand zu schädigen, wachten die Zünfte streng darüber, dass die höchstzulässige Bleimenge nicht überschritten wurde.

Einige Beschauzeichen und Meistermarken zeigt Bild 4.2–4.

Zu Bild 4.2–4: Stadtmarken, Beschauzeichen, Meistermarken von Gold- und Silberschmieden und von Zinngießern.

Marken für Gold- und Silberwaren: 1–3 Deutschland: Staatsstempel seit 1888 (drei Varianten), Feingehalt ab 800/1000. 4, 5 Augsburg. 6 Berlin seit 1735 oder früher. 7 Berlin 2. Hälfte 18. Jh. 8 Berlin 19. Jh. 9 Braunschweig 17. Jh. 10 Braunschweig um 1690. 11 Braunschweig um 1790–1800. 12 Dresden 16.–17. Jh. 13 Dresden 1. Viertel 18. Jh. 14 Dresden 3. Viertel 18. Jh. 15, 16 Hamburg. 17–19 Nürnberg; neben dem Stadtzeichen »N« steht das Meisterzeichen, ab 1766 auch ein Jahresbuchstabe. 20, 21 Wien. 22–25 Dänemark, Kopenhagen. 26–29 Schweden: Stadtzeichen, Meisterzeichen, Jahresbuchstabe, ab 1753 Kontrollstempel mit drei Kronen. 30–34 England: Stadtzeichen, Meisterzeichen, Jahresbuchstabe, Steuermarke; ab 1784 als fünfte Marke Kopf des Regenten oder der Regentin. 35–37 Paris: 35 14. Jh., 36 14.–15. Jh., 37 1819 bis 1838 (für Kleinarbeiten).

Zinnmarken: 38 Hans Petersen, Lübeck (1620 Meister). 39 Johann Ulrich Koch, München (1718 Meister). 40 Johann Jacob Sprandel, Ulm, 18. Jh. 41 Paulus Oham, Nürnberg, 19. Jh. (Stadt- und Meistermarke kombiniert). 42 Johann Georg Sibern, Wien, 18. Jh. 43 Nicolaus Kefferlein, Nürnberg, 19. Jh. (Stadt-, Qualitäts- und Meistermarke in einem Stempel kombiniert). 44 Benjamin Ferdinand Neumann, Dresden (1815 Meister). 45 Johann Michael Knoll, Regensburg (1796 Meister).

Bild 4.2–5: Meisterzeichen auf Nürnberger Einsatzgewichten.

Die *Rotschmiede* gehörten zu den bedeutendsten Handwerken des nachmittelalterlichen Nürnberg. Sie haben mit ihren »Einsatzgewichten« u.a. zwei Jahrhunderte lang fast ganz Europa versorgt. Einsatzgewichte bestehen aus einem Satz von napfförmigen Gewichten, die genau ineinanderpassen, so dass der ganze Satz nicht viel Raum einnimmt. Das größte Gewicht hat meist einen verschließbaren Deckel, der als Behälter für die kleineren dient. Die Einsatzgewichte sind oft neben der Meistermarke und dem Eichzeichen noch mit einem *Buchstaben* gekennzeichnet, aus dem das Bestimmungsland zu ersehen ist. Dies war wegen der in jedem Land verschiedenen Gewichtsgrößen notwendig. S stand für Spanien, P für Portugal, O oder Oe für Österreich, P oder Pr für Preußen, W für Wien, A für Amsterdam, C für Köln und N für die eigene Stadt.
Meisterzeichen auf Nürnberger Einsatzgewichten zeigt Bild 4.2–5.

Zu Bild 4.2–5:
Meisterzeichen auf Nürnberger Einsatzgewichten.

1 Hans Gscheid †1540; Sebastian von Ach †1571; Sebald Gscheid 1567, 1597. 2 Friedrich Mend †1630. 3 Christian Engelhart Beck 1655; Tobias Martin Kolb; Matheus Siegler 1787. 4 Georg Bernhard Weinmann 1656–1685; Leonhard Weinmann 1693–1716. 5 Hans Wilhelm Weinmann 1656; Hans Jochen Weinmann 1680; Erasmus Fleischmann 1711. 6–9 Georg Fleischmann 1667; Johann Erasmus Fleischmann 1727; Johann Reinhart Lenz 1766–1795; Christoph Lenz 1796. 10 Georg von Ach 1656; Georg Jacob von Ach; Friedrich Holzmann 1697; Johann Georg von Ach 1790; Meister Fleischmann 1800. 11 (Wolfgang) Singer 1800. 12 Victor Abend 1791; Johann Jacob Pabst 1799–1805; Georg Pabst 1814. 13, 14 Johann Caspar Wild 1795–1803 oder 1804. 15 David Hoppert 1791. 16 Johann Georg Loos 1758; Carl Gottlieb Lorenz 1795. 17 Johann Conrad Schön 1781; Christoph Martin Schön 1794. 18–21 Conrad Weinmann 1604; Georg Schüller (Schiller) 1656, Andreas Ziegengeist 1681; Johan Wolf Zickengeist 1721. 22 Georg Weinmann †1604; Hans (Christoph) Zickengeist 1674; Hieronymus Ziegengeist; Georg Ziegengeist 1720; Leonhard Hauerstein 1781. 23 Georg Lorenz Braun 1674; Johann Paulus Braun 1719. 24, 25 Jonas Paulus Schirmer; Hans Andreas Schmid 1699 oder 1700; Christoph Schön (Schem) 1727–1730; Georg Scherb 1730; Paulus Ritter; Paulus Frühinsfelt 1768; Martin Christian Schön 1787–1794; Johann Jacob Spagel 1796. 26 Stephan Weinmann; Hans Jacob Trautner; Georg Leonhard Weinmann 1728–1730; Johann Jacob Wilt 1766 oder 1767. 27 Christoph Schön 1746; Johann Conrad Schön 1750; (Gottlieb) Heinrich Wild 1794; Johann Caspar Wild 1822. 28 Conrad Most; (Joh.) Sebastian Küntzel nach 1707; Paulus Ritter; Christof Wiliwalt Schick 1766 bis 1769; Meister Fleischmann 1800.

Neben Nürnberg war Köln bekannt für die Herstellung von Einsatz- und anderen Bronzegewichten. Bedeutender allerdings war dort die Fabrikation von Münzwaagen. Da sie meist zur Kontrolle von Goldmünzen dienten, hießen sie kurzweg Goldwaagen. Sie bestanden aus:

- einem Aufbewahrungskasten, in Köln »Lade« genannt,
- einer oder auch zwei genauen Waagen (einer großen und einer kleinen),
- einer Anzahl von »Münzgewichten«.

Die Laden für die Kölner Münzwaagen waren aus Holz und reich mit Kerbschnitzereien verziert. Die Meisterzei-

chen der Ladenmacher finden wir im Deckel, meist neben einer Eichbestätigung.
Auch auf *Waffen* findet sich das Beschauzeichen der Stadt und die Meistermarke. Außerdem gibt es auf Schutz- und auf Angriffswaffen eine Reihe von Zeichen mit magischer Bedeutung zum Schutz des Trägers. Seit 1891 ist in Deutschland der amtliche Beschuss von zivilen Waffen gesetzlich geregelt. Die Beschussämter in Deutschland prüfen Jagd-, Sport- und Verteidigungswaffen sowie Böller und Munition. Die Waffen- und Böllerprüfung ist eine reine Sicherheitsprüfung. Die Zielgenauigkeit, Montage und das Finish einer Waffe werden beim Beschuss nicht getestet.
Das Beschussamt prüft und überwacht auch die für den Handel bestimmte Munition hinsichtlich ihrer Abmessungen und der Einhaltung des für jeden Patronentyp festgelegten maximalen Gasdruckes.
In Deutschland gibt es sieben Beschussämter, in Hannover, Kiel, Köln, Mellrichstadt, München, Suhl und Ulm.

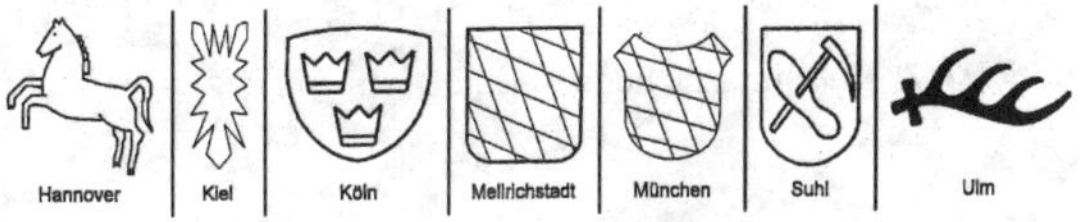

Bild 4.2–6: Ortszeichen der deutschen Beschussämter.

Auf internationaler Ebene haben Belgien, Chile, Deutschland, Finnland, Frankreich, Großbritannien, Italien, Österreich, die Russische Föderation, die Slowakische Republik, Spanien, die Tschechische Republik und Ungarn die gegenseitige Anerkennung ihrer Prüfzeichen für die Waffen- und Munitionsprüfung vereinbart. Die laufenden Geschäfte dieser Vereinbarung werden von der Commission Internationale Permanente pour l'Epreuve des Armes à Feu Portatives (ständige internationale Kommission für die Prüfung von Handfeuerwaffen), C. I. P., wahrgenommen.

Prüfzeichen und ihre Bedeutung. Waffen, Geräte (z. B. Böller) und Munition werden als Indiz der bestandenen waffentechnischen Prüfung und zur Information der Anwender dauerhaft (z. B. mit sogenannten Schlagstempeln) gekennzeichnet.
Das Beschusszeichen für Handfeuerwaffen und Böller besteht aus dem Bundesadler mit Kennbuchstaben, Ortszeichen des Beschussamtes und dem Jahreszeichen. Das Jahreszeichen besteht aus den beiden letzten Ziffern des Beschussjahres, denen die Monatszahl angefügt werden kann. Die beiden Ziffern der Jahreszahl können auch durch Buchstaben verschlüsselt angegeben werden: A=0, B=1, C=2, D=3, E=4, F=5, G=6, H=7, I oder J=8, K=9 (Bild 4.2–7).

Bild 4.2–7: Beschusszeichen (Beispiel).

Tabelle 4.2–5: Kennzeichnung der Beschussverfahren (Kennbuchstaben)

N	Beschuss mit Munition mit Nitropulver
V	Beschuss mit Munition mit verstärktem Gasdruck
PN	Beschuss mit Schwarzpulver (Poudre Noir)
L	Beschuss mit entzündbarem flüssigen oder gasförmigen Gemisch oder einer Treibladung
I	Beschuss nach Instandsetzung
F	Beschusszeichen für freiwilligen Beschuss
B	Beschuss von Böllern

Eigene Prüfzeichen kennzeichnen Munition oder auch Handfeuerwaffen für besondere Munition (Bild 4.2–8).

Bild 4.2–8: Prüfzeichen für Munition (links) und Prüfzeichen für Handfeuerwaffen zum Verschießen von Stahlschrotmunition (rechts).

Mit der Erfindung des Buchdrucks am Beginn der Neuzeit begegnen uns *Druckermarken*, die am Ende des Buches zu finden waren und etwa dem heutigen Impressum entsprachen. Die modernen *Verlagszeichen* (Signete) haben sich aus den Druckermarken entwickelt.
Seit dem 13. Jahrhundert entstanden Papiermühlen, die ihre Produkte mit einem »*Wasserzeichen*« kennzeichneten. Es entstand dadurch, dass auf das Schöpfsieb ein aus Draht geformtes Zeichen gelegt wurde. Das an dieser Stelle dünnere Papier ließ dann in der Durchsicht das Wasserzeichen erscheinen. Auch heute werden gute Papiere, vor allem solche für den Druck von Wertzeichen, durch ein Wasserzeichen gekennzeichnet und fälschungssicher gemacht.
Weitere Marken und Symbole, auf die in diesem Zusammenhang nicht eingegangen werden soll, sind u. a. Zeichen für Backwerk, Eigentumszeichen für Haustiere, Hausmarken, Steinmetzzeichen, Getränkezeichen, Wappen und Siegel; sie haben alle in der Vergangenheit eine große Rolle gespielt.

Eine weitere Gruppe der Begriffszeichen sind die Informationszeichen (Signale). Die Mehrzahl dieser Zeichen ist erst in unserer Zeit als Folge der Internationalisierung und Technisierung aller Lebensbereiche mit dem Ziel entstanden, schnell, unmissverständlich und sprachenunabhängig zu informieren. Zeichen, die für die Allgemeinheit gedacht sind, müssen ohne Erklärung verständlich sein. Die Zeichen, die den Fachleuten zur Unterstützung ihrer Arbeit dienen, haben oft eine einfache, formelhafte Gestalt, die aber erlernt werden muss.

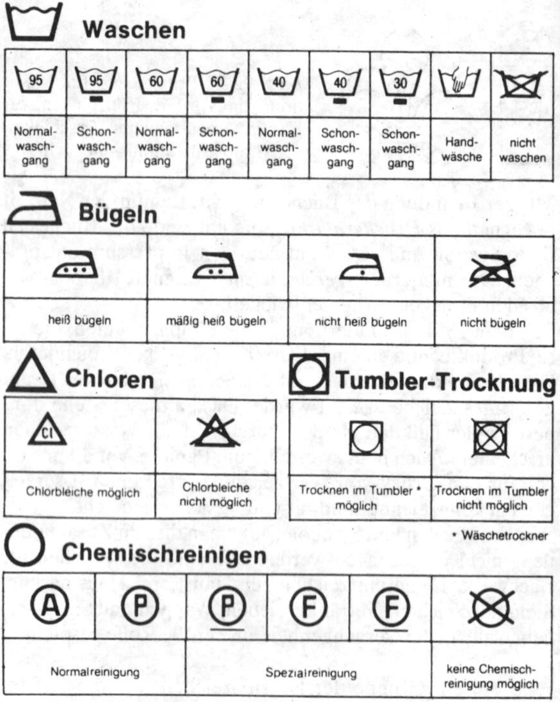

Bild 4.2–9: Kennzeichen für die Textilpflege.

Die meisten Informationszeichen sind weit verbreitet und allgemein geläufig, so dass ein kurzer Überblick mit einigen wichtigen Beispielen genügt.

1. *Mathematische Zeichen* sind von alters her bekannt und wurden in der Gegenwart durch Zeichen der mathemati-

schen Logik, der Mengenlehre und der Computertechnik ergänzt.

2. *Zeichen auf Landkarten, Wetterkarten, landwirtschaftlichen Anbauplänen, Fahrplänen* sollen ausführliche Erläuterungen ersetzen und die Darstellung übersichtlich und allgemeinverständlich machen.

3. Die *Zeichen für Schaltbilder, Signalflusspläne und Wirkungsdiagramme der Elektrotechnik, Pneumatik und Prozessleittechnik* dienen ebenfalls der prägnanten, international verständlichen Darstellung. Auch die vereinheitlichten *Zeichen für die Programmierung von Datenverarbeitungsanlagen* haben diesen Zweck.

4. *Anweisungs-* oder *Bedienungszeichen* geben Hinweise. Anweisungszeichen gibt es beispielsweise für die Behandlung von Textilien (Bild 4.2–9). Bedienungszeichen dienen in der Regel zur Kennzeichnung von Schaltern technischer Geräte, um den Griff zur Gebrauchsanleitung entbehrlich zu machen; Bild 4.2–10 zeigt Bedienungszeichen auf den Drucktasten des Armaturenbretts von Kraftfahrzeugen.

5. *Informationszeichen für Verkehr, Beruf, öffentliches Leben* haben, anders als die Zeichen für Technik und Wissenschaft, die Aufgabe, ein nicht spezialisiertes, allgemeines Publikum zu orientieren und ihm Hinweise für sein Verhalten zu geben. Verkehrszeichen und auch andere Informations- und Anweisungszeichen für Sicherheit und Gesundheitsschutz müssen mehr noch als die Zeichen der Wissenschaft und Technik von jedem schnell und unmissverständlich erfasst werden können. Es werden daher Merkzeichen in Kurzform bevorzugt.

Die Verkehrszeichen für den Straßenverkehr (Bild 4.2–11) unterscheiden Warnzeichen, Verbotszeichen, Gebotszeichen und Hinweiszeichen. Die Warnzeichen haben die Form eines gleichseitigen Dreiecks mit rotem Rand; in dem weißen Innenraum stehen die schwarzen Bilderzeichen. Die Verbotszeichen sind rund mit gleichfalls rotem Rand, die Gebotszeichen rund und blau mit weißen Zeichen. Hinweise stehen auf blauen Quadraten oder Rechtecken in weißer Zeichnung. Einige Zeichen, beispielsweise das

Bild 4.2–10: Bedienungszeichen für Kraftfahrzeuge.
1 Standlicht. 2 Zusatzscheinwerfer. 3 Nebelscheinwerfer. 4 Breitscheinwerfer. 5 Scheinwerfer, abgeblendet. 6 Scheinwerfer, aufgeblendet. 7 Innenraumbeleuchtung. 8 Warnblinkanlage. 9 Benzinanzeige oder -warnlicht. 10 Wassertemperaturanzeige oder -warnlicht. 11 Bremskontroll-Licht. 12 Batterie-Anzeige-Strommesser oder -warnlicht. 13 Heizungs- und Lüftungsventilator, halbe Stärke. 14 Heizungs- oder Klimaanlage heiß/kalt. 15 Heizungs- und Lüftungsventilator, volle Stärke. 16 Scheibenwischer. 17 Frontscheibenheizung. 18 Heckscheibenheizung. 19 Instrumentenbeleuchtung. 20 Hupe. 21 Zigarettenanzünder. 22 Zündungskontrolle. 23 Kühlerhaubenverriegelung. 24 Öldruckanzeiger oder -warnlicht.

Bild 4.2–11: Verkehrszeichen für den Straßenverkehr (Auswahl).
1 Allgemeine Gefahrenstelle. 2 Kreuzung. 3 Engpass. 4 Fußgängerüberweg. 5 Steinschlaggefahr. 6 Baustelle. 7 Gegenverkehr. 8 Querrinne. 9 Schleudergefahr. 10 Vorfahrtstraße. 11 Vorfahrt achten. 12 Halt, Vorfahrt achten. 13 Verbot für Durchfahrt bei Gegenverkehr. 14 Verkehrsverbot für Fahrzeuge über eine bestimmte Höhe. 15 Verbot einer Fahrtrichtung oder Einfahrt. 16 Verbot der Überschreitung bestimmter Fahrgeschwindigkeiten. 17 Überholverbot für Kraftfahrzeuge untereinander. 18 Ende des Überholverbots. 19 Ende der Geschwindigkeitsbeschränkung. 20 Absolutes Halteverbot. 21 Eingeschränktes Halteverbot. 22 Verkehrsverbot für Fahrzeuge aller Art. 23 Vorfahrtstraße. 24 Ende der Vorfahrtstraße. 25 Vorgeschriebene Fahrtrichtung rechts. 26 Vorgeschriebene Fahrtrichtung geradeaus oder rechts. 27 Radfahrer. 28 Fußgänger. 29 Gegenverkehr muss warten. 30 Parkplatz.

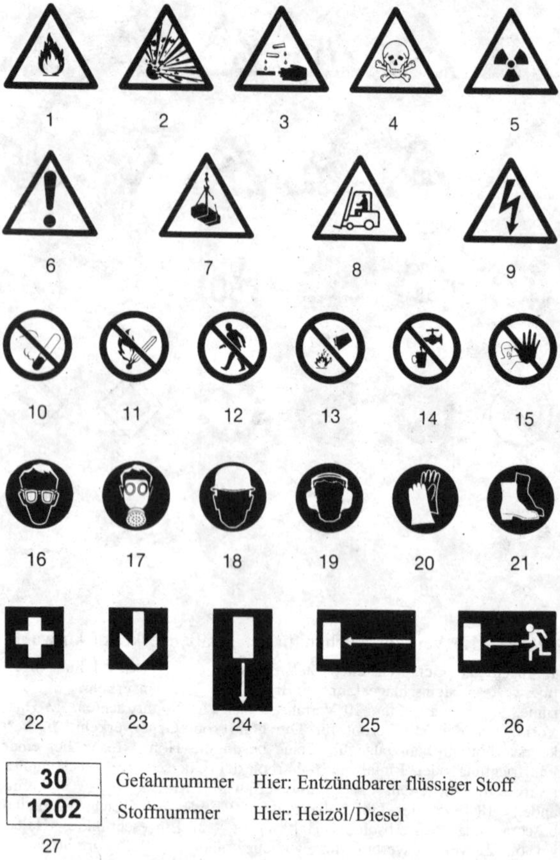

Bild 4.2–12: Sicherheitszeichen.

Zu Bild 4.2–12: Sicherheitszeichen.

Warnung vor: 1 feuergefährlichen Stoffen, 2 explosionsgefährlichen Stoffen, 3 ätzenden Stoffen, 4 giftigen Stoffen, 5 radioaktiven Stoffen oder ionisierender Strahlung, 6 einer Gefahrenstelle, 7 schwebender Last, 8 Flurförderfahrzeugen, 9 gefährlicher elektrischer Spannung. *Verbot*: 10 zu rauchen, 11 von Feuer, offenem Licht und Rauchen, 12 für Fußgänger, 13 mit Wasser zu löschen, 14 Wasser zu trinken, 15 des Zutritts für Unbefugte. *Gebot*: 16 Augenschutz tragen, 17 Atemschutz tragen, 18 Schutzhelm tragen, 19 Gehörschutz tragen, 20 Schutzhandschuhe tragen, 21 Schutzschuhe tragen. *Rettungszeichen*: 22 »Erste Hilfe«, 23 Richtungspfeil, 24–26 Rettungsweg. 27 Warntafel zur Kennzeichnung gefährlicher Güter im Bahn- und Straßenverkehr. Bedeutung der Gefahrnummer: X vorangestellt: der Stoff darf nicht mit Wasser in Berührung kommen. Ziffer 1: Hauptgefahr: 2 Gas, 3 Entzündbarer flüssiger Stoff, 4 Entzündbarer fester Stoff, 5 Entzündbarer oxidierender Stoff oder organ. Peroxid, 6 Giftiger Stoff, 7 Radioaktiver Stoff, 8 Ätzender Stoff, 9 Verschiedene gefährliche Stoffe. Wenn die Gefahr eines Stoffes ausreichend von einer Ziffer angegeben werden kann, wird dieser Ziffer eine Null angefügt. Ziffer 2 und 3: Zusätzliche Gefahr: 1 Explosion, 2 Entweichen von Gas, 3 Entzündbarkeit, 5 Entzündende (oxidierende) Eigenschaften, 6 Giftigkeit, 7 Radioaktivität, 8 Ätzwirkung, 9 Gefahr einer heftigen Reaktion. Beispiele für Stoffnummern: 1170 Ethanol, 1202 Heizöl/Diesel, 1203 Benzin, 1223 Kerosin, 1789 Salzsäure, 1824 Natronlauge, 1830 Schwefelsäure, 1978 Propan, 2789 Essigsäure, 1428 Natrium.

Stoppschild, das Zeichen für Sackstraße, Haltestellenschilder, weichen von dieser Regelung ab.

Mit den Verkehrszeichen verwandt sind die Zeichen, die vorwiegend am Arbeitsplatz zu finden sind und Gefahr für Gesundheit und Leben signalisieren (Bild 4.2–12). Wie bei den Verkehrszeichen sind auch die Warnzeichen für den Arbeitsschutz dreieckig, aber mit gelbem Grund. Die Verbotszeichen sind rund mit rotem Rand. Die Gebotszeichen entsprechen gleichfalls den Verkehrszeichen; sie sind rund und blaugrundig. Die Hinweise zur Rettung aus Gefahr sind dagegen grün. Man findet sie nicht nur am Arbeitsplatz, sondern überall dort, wo ortsunkundige Menschen Zutritt haben, in öffentlichen Gebäuden, Hotels usw.

Die orangefarbene Warntafel Nr. 27 an Gleis- und Straßenfahrzeugen kennzeichnet gefährliche Güter. Ohne Beschriftung ist sie ein allgemeiner Hinweis auf die Gefährlichkeit der Ladung und soll zur Vorsicht mahnen. Mit Kennzeichnungsnummer dagegen wird auf bestimmte gefährliche Güter und deren Gefahren hingewiesen, damit bei Unfällen die Rettungskräfte richtig handeln können.

Neben diesen offiziellen Zeichen mit Schutzfunktion gibt es im Alltag eine große Anzahl von Symbolen, die Hinweise geben oder etwas kennzeichnen sollen. Bild 4.2–13 zeigt

Bild 4.2–13: Piktogramme.

Zu Bild 4.2–13: Piktogramme.

1 Information. 2 Herrentoilette. 3 Damentoilette. 4 Fernsprecher. 5 Behinderte. 6 Sitzplatz für Schwerbehinderte. 7 Krankenhaus. 8 Apotheke. 9 Geldautomat. 10 Sparkasse. 11 Volksbank. 12 Postamt. 13 Bahnhof. 14 U-Bahn. 15 S-Bahn. 16 Flughafen. 17 Seilbahn. 18 Park + Ride. 19 Taxi. 20 Tankstelle. 21 Pannenhilfe/Werkstatt. 22 Speisen/Gasthaus. 23 Erfrischungen. 24 Babywickelraum. 25 Gepäckaufbewahrung. 26 Schließfächer. 27 Gepäckabfertigung. 28 Reisegepäckausgabe. 29 Zollabfertigung. 30 Gepäckträgerraum. 31 Kofferkuli. 32 Fundbüro. 33 Zeltplatz. 34 Sportplatz. 35 Tennisplatz. 36 Segeln. 37 Schwimmbad. 38 Hallenschwimmbad. 39 Reiten. 40 Wandern. 41 Radfahren. 42 Fußball. 43 Schwimmen. 44 Geräteturnen. 45 Tennis. 46 Kanu. 47 Schießen. 48 Leichtathletik.

---

eine Auswahl solcher Hinweiszeichen, auch »*Piktogramme*« genannt, aus dem täglichen Leben, den Bereichen Sport, Freizeit und Reisen.
Ein weiteres Piktogrammsystem bilden die Zeichen der Waagenarten (Bild 4.2–14).

Bild 4.2–14: Piktogramme für Waagenarten.

1 Analysen- und Laborwaage. 2 Ladentisch- und Preisauszeichnungswaage. 3 Plattformwaage für Handel und Industrie. 4 Waage für hängende Lasten. 5 Waage für die Ermittlung von Beförderungsentgelten. 6 Personenwaage für die Heilkunde. 7 Waage für Gleis- und Straßenfahrzeuge. 8 Behälterwaage und Gemengewägeanlage. 9 Vergleichswaage, selbsttätige Kontroll- und Klassierwaage. 10 Haushalts- und Badezimmerwaage.

Aus den alten Markenzeichen des Handels und des Handwerks sind die modernen W a r e n z e i c h e n entstanden. Ein Warenzeichen soll das Symbol eines Unternehmens sein und eine bestimmte Qualität seiner Erzeugnisse verkörpern. Für uns gehören heute die Warenzeichen zu den Mitteln der Werbung, die eine Verbindung zum Hersteller der Ware assoziieren. Sie müssen daher nicht nur einprägsam sein, sondern dürfen auch über lange Zeit nicht verändert werden.

4.3 Zahlensymbolik

Die Zahl hatte schon immer allergrößten Einfluss auf Kultur, Wissenschaft und Kunst. Bei allen Völkern herrschte die Anschauung, dass eine Zahl außer ihrem Nutzen für das Zählen und Rechnen noch einen tieferen, sinnbildlichen Inhalt hat. Dies drückte um das Jahr 600 der Bischof Isidor von Sevilla durch die Worte aus: »Nimm allem die Zahl und alles zerfällt.«
Nach der Lehre des Philosophen Pythagoras und seiner Schüler im 6. bis 4. Jahrhundert v. Chr. treffen und überschneiden sich zwei Zahlvorstellungen: die der Zahl als mathematisches Zeichen für das Rechnen und Zählen und die Vorstellung, dass die Zahl eine mystisch-symbolische Bedeutung hat. Hierbei wurden auch zahlreiche altorientalische Gedanken übernommen. So gelten die Pythagoreer einerseits als Begründer der eigentlichen Mathematik, andererseits aber auch als Wegbereiter der Zahlensymbolik. Ihre Vorstellung eines nach Zahlen und Zahlenverhältnissen geordneten Universums, die in dem Glaubenssatz gipfelt: »Alles ist Zahl«, fasst die Zahl primär als Bestandteil des Kosmos auf und nur sekundär als Mittel des Rechnens. Diese den Kosmos bestimmenden Zahlen mussten »harmonisch« sein, d. h. bestimmten Verhältnissen gehorchen. Entscheidend für die pythagoreische Zahlenlehre war die Ent-

deckung der Zusammenhänge zwischen der Tonhöhe und der Länge schwingender Saiten. Beträgt das Längenverhältnis 1 : 2, hört man eine Oktave, beim Verhältnis 2 : 3 eine Quinte, beim Verhältnis 3 : 4 eine Quarte usw. Diese musikalischen Zahlenverhältnisse sollten auch den Abständen der Gestirne zugrunde liegen, die an aufeinanderfolgenden »Sphären« befestigt waren. Durch die Bewegung der Himmelskörper entsteht die für den Menschen unhörbare Sphärenmusik.

Diese von den Pythagoreern entwickelte symbolische Zahlenlehre beeinflusste das mittelalterliche Denken und wirkte bis in die Neuzeit.

Allgemein galten die geraden Zahlen als männlich und die ungeraden als weiblich, nach den Pythagoreern.

Für die spezielle Bedeutung einer Zahl wurden im Mittelalter, im Zusammenhang mit der Bibelauslegung, feste Regeln geschaffen, von denen wir die Deutung aus dem Sinn der Faktoren und die aus der Summe der Teiler näher betrachten wollen.

Im ersten Fall sind die *Faktoren* maßgebend. Beispielsweise bedeutet die Zerlegung der Zahl 12 in 3×4 in christlicher Deutung die mystische Durchdringung der 3 als Zahl des Göttlichen (Trinität) und der 4 als Zahl der geschaffenen Welt (vier Richtungen) und verweist so auf den Auftrag an die 12 Apostel, den Glauben an die Trinität in allen Teilen der Welt zu verkünden.

Im zweiten Fall wird aufgrund der *Summe ihrer Teiler* der Grad ihrer Vollkommenheit geprüft. Als »numeri perfecti« gelten jene wenigen Zahlen, die mit der Summe ihrer Teiler übereinstimmen. Innerhalb der Zahlen 1 bis 1000 erfüllen nur die schon bei den Pythagoreern als »vollkommen« bezeichneten Zahlen 6, 28 und 496 diese Bedingung:

$$6 = 1 + 2 + 3;$$
$$28 = 1 + 2 + 4 + 7 + 14;$$
$$496 = 1 + 2 + 4 + 8 + 16 + 31 + 62 + 124 + 248.$$

Zahlen, deren aufsummierte Teiler ihren Wert nicht erreichen, galten als unvollkommene Zahlen, solche, die diesen überschreiten, als Zeichen der Fülle.
Zu einigen Zahlen seien als Beispiel für das oben Gesagte die wichtigsten Bedeutungen aufgeführt:
– Die *Eins* galt als das Unteilbare, die Schöpfung, als das irdische Abbild der Macht, dargestellt durch die einfache Linie im Stab, im Zepter.
– Die *Zwei* stellte das zerteilte irdische Sein dar, das ein Zeichen der Polarität ist.
– Die *Drei* begegnet uns in dem dreimaligen Besprechen, dreimal dürfen Sie raten, aller guten Dinge sind drei usw. Sie ist eine beliebte Zahl im Märchen. Das Christentum kennt die Heilige Dreieinigkeit und die Heiligen Drei Könige.
– Die *Vier* ist unlösbar mit der ersten Erkenntnis von Ordnung auf Erden verbunden. Der Mensch hat schon in frühester Zeit die vier Phasen des Mondes beobachtet und vier Himmelsrichtungen unterschieden. Die Vier bildet eine klare und übersichtliche geometrische Form. Daher gilt das »Tetragon«, das Viereck, von früh an als vollkommen und festgegründet. Die Summe aller Zahlen bis zur Vier, die Zehn, ist die alles umfassende Einheitszahl.
– Die *Fünf* beherrscht das Pentagramm, den Drudenfuß. Die christlichen Exegeten sahen in der Fünf unter anderem einen Hinweis auf den Pentateuch, die fünf Bücher Mose.
– Die *Sechs* ist die vollkommenste Zahl, da sie sowohl die Summe als auch das Produkt ihrer Teile ist: $1 + 2 + 3 = 6$ und $1 \times 2 \times 3 = 6$. Die Schöpfungsgeschichte der Bibel lässt Gott die Welt in sechs Tagen erschaffen.
– Die *Sieben* spielt nicht nur im Volksglauben von alters her eine überragende Rolle. Unsere Woche hat sieben Tage. Die Sieben erscheint in den »babylonischen Planeten« (Sonne, Mond, Merkur, Mars, Venus, Jupiter und Saturn – die beiden Nichtplaneten Sonne und Mond wurden hinzugefügt, um die heilige Siebenzahl zu erreichen). Auch in der

Bibel begegnen wir außerordentlich oft der Zahl Sieben, der Summe aus 3 + 4 = Gott und Welt.

Auf weitere bedeutungsvolle Zahlen soll hier nicht näher eingegangen werden, obwohl über die *Zehn* als die Einheitszahl (vgl. unter »Vier«), die *Zwölf* als Zahl der Tierkreise und der Monate und als Grundlage des Duodezimalsystems und schließlich die *Sechzig*, eine der zentralen Zahlen der antiken Systeme, die auch noch heute durch die Zeiteinteilung unser Leben beeinflusst, viel zu sagen wäre.

5 Obrigkeitliche Aufsicht über das Mess- und Eichwesen

5.1 Geschichtliche Entwicklung der Aufsicht

Schon bald nachdem in den frühen Hochkulturen beim Güteraustausch gemessen wurde und sich Maßeinheiten einbürgerten, gab es eine unparteiische Kontrolle der Maße und des Messens.
Sinn und Zweck dieser behördlichen Aufsicht war von Anbeginn der Schutz des Bürgers vor wirtschaftlichen Nachteilen. In neuerer Zeit dehnt sich die staatliche Kontrolle auf den Schutz vor Gesundheitsschäden und Umweltbelastungen aus.

Die Obrigkeit ist dabei auf drei Gebieten tätig:

- Festlegung von Maßsystemen und deren Einheiten: Ordnung von »Maß und Gewicht«;
- Sorge für richtige Messgeräte und Maßverkörperungen (Gewichte): Kontrolle von »Maß und Gewicht«;
- Sorge für die richtige Anwendung der Messgeräte: Überwachung von »Maß und Gewicht«.

Diese Bereiche umfassen das durch Gesetze und Verordnungen geregelte Messwesen oder kurz: das »gesetzliche Messwesen«. Der Schwerpunkt dieses gesetzlichen Messwesens ist immer noch die Eichung von Messgeräten. Die Eichung ist die Prüfung und Stempelung eines Messgerätes, das die einschlägigen eichtechnischen Vorschriften einhält, also »eichfähig« ist.
Der Ausdruck »eichen« wird außerhalb des gesetzlichen Messwesens häufig für »kalibrieren« oder »einmessen« gebraucht, d.h. für die durch Vergleich mit einem Normal

gefundene Zuordnung von Messwerten zur Anzeige des Messgerätes.
Bereits bei den Kulturvölkern der Antike bestand eine staatliche Aufsicht über »Maß und Gewicht«. Diese beschränkte sich nicht nur auf die Herstellung und Aufbewahrung der Normale, sondern auch auf die Anwendung richtiger Maße im Handelsverkehr, um Betrug zu verhindern.
Im alten Babylonien und in Ägypten oblag diese Aufgabe der Priesterschaft. Die Normal-Messgeräte wurden in Tempeln aufbewahrt.
In Griechenland beschäftigte Athen zur Zeit des Perikles fünfzehn Metronomen (Maßbestimmer), die dafür sorgen mussten, dass die Händler richtige Maße und Gewichte benutzten. In Rom und den italienischen Städten gehörte die Aufsicht über das Eichwesen zum Amt der Ädilen. (Vgl. Kap. 2.3.)
Nach den Wirren der Völkerwanderungszeit erstarkte das Königtum, sorgte für Ordnung, so dass Wirtschaft und Handel zunahmen und vielerorts Märkte entstanden. Die aufblühenden Städte bekamen bald vom Landesherrn das Marktrecht verliehen, mit dem das Recht verbunden war, Maß und Gewicht zu ordnen und das Messen zu beaufsichtigen. Der Grundherr konnte für die Abgaben seiner Zinspflichtigen Maße, Gewichte und Messverfahren selbst festlegen.
Diese Zersplitterung der Zuständigkeiten hemmte Handel und Gewerbe und veranlasste zu Beginn des 18. Jahrhunderts viele Territorialfürsten, in ihrem Herrschaftsbereich einheitliches Maß und Gewicht einzuführen und die Eichung der Messgeräte und deren Anwendung zu ordnen.
Zu der Zeit begegnet uns in größeren Städten zuerst der Eichmeister späterer Prägung. Er wurde vom Magistrat der Stadt eingesetzt und beaufsichtigt. Außer der erstmaligen Eichung waren regelmäßige Visitationen der eichpflichtigen Messgeräte, entsprechend unserer heutigen Nacheichung, vorgeschrieben.
Anfang des 19. Jahrhunderts führten alle deutschen Länder

innerhalb ihrer Grenzen einheitliche Maßeinheiten ein und ordneten das Eichwesen neu. Nach der Einführung des metrischen Maßsystems nach 1870 in Deutschland, Österreich und der Schweiz setzte sich eine dreistufige Organisation durch, die im wesentlichen noch heute gilt:

- *Technische Oberbehörde (Normaleichungskommission).* Zuständig für den Erlass von einschlägigen Vorschriften, die Verwahrung und Richtighaltung der nationalen Prototypen, den Anschluss der Hauptnormale der Eichaufsichtsbehörden an die Prototypen und die Zulassung von Messgeräten zur Eichung.
- *Eichaufsichtsbehörde (Eichdirektion).* Als Mittelinstanz zuständig für die Aufsicht über die Eichämter einer Provinz oder eines Landes.
- *Eichamt.* Für die Eichungen zuständig.

5.2 Heutige gesetzliche Grundlagen des Eichwesens in der Bundesrepublik Deutschland

Zuständigkeiten. Nach Artikel 73 des Grundgesetzes der Bundesrepublik Deutschland erlässt der Bund Gesetze über Maße und Gewichte sowie über die Zeitbestimmung. Allen Rechtsvorschriften des Mess- und Eichwesens muss der Bundesrat zustimmen. Der Vollzug der Bundesgesetze liegt laut Grundgesetz bei den Ländern.

In den Gesetzen sind Ermächtigungen für die Bundesregierung oder die Fachministerien zum Erlass entsprechender Ausführungsverordnungen enthalten. Für das gesetzliche Messwesen ist vor allem das Bundesministerium für Wirtschaft in Berlin zuständig.

Die PTB als Bundesbehörde hat die Aufgabe, die gesetzlichen Einheiten darzustellen und weiterzugeben, Bauarten

[weiter auf S. 199]

Tabelle 5.2–1: Messgerätearten, für die Vorschriften in der Eichordnung enthalten sind (Stand Juni 2012)

Anlagen-Nr. der Eichordnung		Beispiele für Messgerätearten
1	Längenmessgeräte	Verkörperte Längenmaße, Stoff- und Kabelmessmaschinen, Rundholzmessanlagen, Choirometer (zur Bestimmung der Handelsklasse von Schweinefleisch aufgrund der Fettdicke)
2	Ausschankmaße	Trinkgläser, Krüge, Becher
3	Volumenmessgeräte für nichtflüssige Messgüter	z.B. Dosierräder in Vorratsbehältern (Silos)
4	Volumenmessgeräte für Flüssigkeiten in ruhendem Zustand	Flüssigkeitsmaße, Messwerkzeuge, Lagerbehälter, Messkammertankwagen, Fässer
5	Messanlagen für strömende Flüssigkeiten außer Wasser	Messanlagen an Straßentankwagen, Straßenzapfsäulen, Messanlagen für Flüssiggas, Milch
6	Messgeräte für Wasser	Wasserzähler (für Kalt-, Warm- und Heißwasser), Verbundwasserzähler
7	Messgeräte für Gas	Gaszähler, Mengenumwerter, Brennwertmessgeräte
8	Gewichtstücke	Handels-, Präzisions- und Feingewichte
9	Nichtselbsttätige Waagen	Labor- und Ladentischwaagen, Fahrzeugwaagen
10	Selbsttätige Waagen	Automatische Waagen zum Abwägen und zum Wägen, Förderbandwaagen, Gleiswaagen, Eiersortiermaschinen
11	Messgeräte zur Bewertung von Getreide und Ölfrüchten	Getreideprober, Feuchtebestimmer

Tabelle 5.2–1: Fortsetzung

Anlagen-Nr. der Eichordnung	Beispiele für Messgerätearten
12 Volumenmessgeräte für Laboratoriumszwecke	Messkolben, Pipetten, Büretten, Dispenser, Dilutoren
13 Dichte- und Gehaltsmessgeräte	Aräometer, Pyknometer, hydrostatische Waagen, Tauchkörper, Refraktometer, Dichtemessgeräte nach dem Schwingerprinzip
14 Temperaturmessgeräte	Flüssigkeits-Glasthermometer, Thermoelemente, Elektrothermometer
15 Medizinische Messgeräte	Diese Geräte werden jetzt vom Medizinprodukte-Gesetz geregelt
16 Überdruck-Messgeräte	Mechanische Manometer mit Zeigerwerk
17 Messgeräte für milchwirtschaftliche Untersuchungen	Butyrometer zur Fettbestimmung, Dichtearäometer für Milch
18 Messgeräte im Straßenverkehr	Wegstreckenzähler, Taxameter, Geschwindigkeits-Überwachungsmessgeräte (Radar und »Laserpistole«), Reifendruck-Messgeräte, Atemalkohol-Messgeräte, Abgas-Messgeräte für Otto- und Dieselmotoren
19 Zeitzähler – Stoppuhren	Stoppuhren
20 Messgeräte für Elektrizität	Elektrizitätszähler, Strom- und Spannungsmesswandler
21 Schallpegelmessgeräte	Schallpegelmesser, integrierende Schallpegelmesser
22 Messgeräte für thermische Energie	Wärmezähler, Kältezähler (in Kühlanlagen)
23 Strahlenschutz-Messgeräte	Ortsfeste Dosimeter, Personendosimeter, Diagnostikdosimeter

von Messgeräten zuzulassen, Normalgeräte der Eichbehörden und der staatlich anerkannten Prüfstellen zu prüfen und die Eichbehörden und Prüfstellen zu beraten. Sie ist die für das gesetzliche Messwesen zuständige Bundesbehörde – jedoch kein »Obereichamt«. Eichungen von Messgeräten durchzuführen ist die alleinige Aufgabe der Eichbehörden in den 16 Bundesländern. Aber die PTB arbeitet eng mit den Eichbehörden zusammen, zum Beispiel in der jährlichen »Vollversammlung für das Eichwesen« und dem Bund-Länder-Ausschuss »Gesetzliches Messwesen«. Dort werden die technischen und rechtlichen Empfehlungen ausgearbeitet, um die rechtlichen Vorschriften an den Stand der Technik anzupassen.

Gesetze und Verordnungen. Das Gesetz über das gesetzliche Messwesen (Eichgesetz) vom 11. Juli 1969 in der Neufassung vom 23. März 1992, zuletzt geändert am 7. März 2011, bildet bisher die Rechtsgrundlage.

Um auch weitere EU-Richtlinien umzusetzen und dem technischen Fortschritt Rechnung zu tragen, wird das geltende Eichrecht bis voraussichtlich Frühjahr 2013 grundlegend reformiert.

Zweck des Eichgesetzes ist es,

1. den Verbraucher beim Erwerb messbarer Güter und Dienstleistungen zu schützen und im Interesse eines lauteren Handelsverkehrs die Voraussetzungen für richtiges Messen im geschäftlichen Verkehr zu schaffen,
2. die Messsicherheit im amtlichen Verkehr und bei Messungen im öffentlichen Interesse, insbesondere im Gesundheits-, Arbeits-, Umwelt- und Strahlenschutz sowie im Verkehrswesen zu gewährleisten.

Als geschäftlichen Verkehr bezeichnet man beispielsweise den An- und Verkauf von Waren oder Dienstleistungen. Zum amtlichen Verkehr gehören die Überwachung des Straßenverkehrs, Tätigkeiten der Zoll- und Steuerämter und Gutachten bei Gerichten.

Werden bei diesen Tätigkeiten Messungen durchgeführt, unterliegen die verwendeten Messgeräte dem Eichgesetz. Werden dabei physikalische Größen angegeben, sind die Vorschriften des Einheiten- und Zeitgesetzes (siehe auch die Ausführungen in Kapitel 3.3) zu beachten.

Die Schutzziele des Eichgesetzes werden durch präventive Maßnahmen (im wesentlichen Konformitätsbewertungsverfahren wie Bauartzulassungen, Prüfungen und Eichungen von Messgeräten) oder durch repressive Maßnahmen (Überwachung geeichter Messgeräte und Kontrolle von Fertigpackungen) erreicht.

Eichordnung. Die Eichordnung enthält (in 23 Anlagen) für die einzelnen Messgerätearten Einzelheiten über die speziellen Vorschriften und zulässigen Fehlergrenzen. Die technischen Bauanforderungen sind vorwiegend in PTB-Anforderungen und/oder Normen enthalten. Auf diese Vorschriften verweist die Eichordnung – genauso wie auf die Richtlinien des Rats der Europäischen Gemeinschaften (EWG-Richtlinien) zu technischen Anforderungen und Fehlergrenzen für die betreffende Messgeräteart. Nach einer EWG-Richtlinie zugelassene und geeichte Messgeräte können in allen Mitgliedstaaten der Europäischen Gemeinschaft ohne weitere nationale Prüfung verwendet werden. Die von der Eichordnung erfassten Messgeräte-Arten sind in Tabelle 5.2–1 aufgeführt.

Einfluss der Harmonisierung in der Europäischen Gemeinschaft. *Die politischen Ziele der Europäischen Union* (EU) sind ein freier Verkehr von Waren und Dienstleistungen, von Kapital und Personen innerhalb der Staaten der Europäischen Gemeinschaft. Um dieses Ziel zu erreichen, müssen technische (nicht-tarifäre) Handelshemmnisse beim erstmaligen In-Verkehr-Bringen von Produkten jeglicher Art, also auch von Messgeräten abgebaut werden.

Ein Mittel dazu ist die Harmonisierung der Mindestanforderungen an die Produkte. Damit sollen einerseits die

Verbraucher geschützt werden, andererseits haben alle Hersteller innerhalb der EU die gleichen Wettbewerbschancen. Durch Deregulierung und gegenseitige Anerkennung von Prüfungen und deren Ergebnissen wird dies unterstützt. Allerdings wird auch mehr Verantwortung auf den Hersteller der Produkte verlagert, der im Rahmen der Produkthaftung leichter in Regress genommen werden kann.

Auch für die wichtigsten Messgeräte, die im Interesse des Verbraucherschutzes der Eichpflicht unterliegen, soll ein gemeinsamer Binnenmarkt mit einheitlichen Anforderungen geschaffen werden. Deshalb erfolgt auch hier eine Harmonisierung der technischen Anforderungen, um Hemmnisse für den grenzüberschreitenden Handel mit Messgeräten zu beseitigen. Damit sind jedoch keine nationalen Anforderungen über Eichpflichten und periodische Nachprüfungen (Eichungen) verbunden. Diese Regelungskompetenz verbleibt weiterhin bei den Mitgliedstaaten.

Gemäß dem »Neuen Ansatz« (New Approach) werden nur die grundlegenden Anforderungen in einer europäischen Richtlinie geregelt, bezüglich der Details erfolgt ein Verweis auf harmonisierte Normen und auf internationale normative Dokumente (z. B. International Documents der OIML).

Zur Stärkung der Verantwortung des Herstellers kann er in der Regel zwischen unterschiedlichen Konformitätsbewertungsverfahren (Modulen) gemäß dem »Global Approach« der EU wählen. Dieses Prinzip ist nicht nur auf Messgeräte beschränkt, sondern auf fast alle anderen Produkte, die spezifischen Richtlinien der EU unterliegen, anzuwenden.

Bei den meisten relevanten Konformitätsbewertungsverfahren werden »Benannte Stellen« (Notified Bodies) beteiligt. Die EU veröffentlicht die Benannten Stellen im Internet unter Nando (New Approach Notified and Designated Organisations).

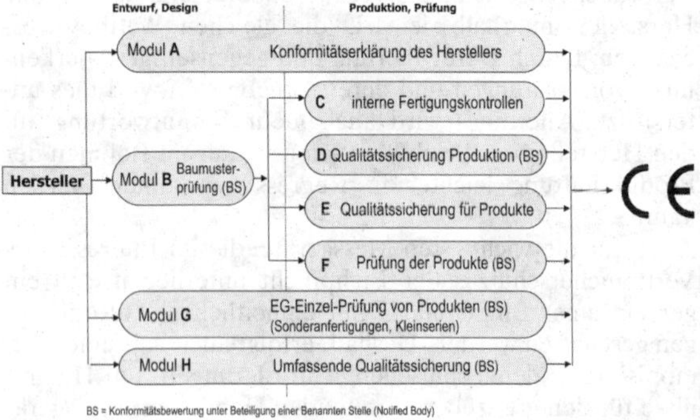

Bild 5.2–1: Modulares System der Konformitätsbewertungsverfahren.

Dabei entspricht das Modul B der bisherigen Bauartzulassung: Eine Benannte Stelle prüft, ob die Baumuster der Messgeräte den festgelegten Mindestanforderungen genügen.
Der Hersteller erhält dann in der Regel folgende Wahlmöglichkeiten:
Er kann seine Messgeräte (vergleichbar mit den bisherigen Regelungen zur Ersteichung) von einer für Produktprüfungen Benannten Stelle auf Konformität prüfen und bescheinigen lassen.
Er kann aber auch selbst die Konformität erklären, wenn er über ein entsprechendes Qualitätsmanagementsystem (QMS) verfügt, das von einer dafür Benannten Stelle anerkannt und überwacht wird.
Wenn alle Anforderungen aller einschlägigen Europäischen Richtlinien erfüllt sind, kann die CE-Kennzeichnung

(Bild 4.2–2: Eichzeichen) aufgebracht werden. Die dafür bestimmten staatlichen Stellen führen die Marktüberwachung durch, das heißt, sie wachen über die Erfüllung aller Anforderungen bezüglich der rechtmäßigen CE-Kennzeichnung.
Die Anforderungen für folgende Messgerätearten werden in der Measuring Instruments Directive 2004/22/EG (MID), die in jedem Mitgliedstaat der EU in nationales Recht umzusetzen ist, festgelegt:

- Wasserzähler
- Gaszähler und Mengenumwerter
- Elektrizitätszähler (Wirkverbrauch)
- Wärmezähler (Thermische Energie)
- Messanlagen für die kontinuierliche und dynamische Messung des Volumens von Flüssigkeiten außer Wasser
- Selbsttätige Waagen
- Taximeter
- Maßverkörperungen
- Geräte zur Messung von Längen und deren Kombinationen
- Abgasanalysatoren (für Motoren in Kraftfahrzeugen).

G e s e t z ü b e r d a s M e s s - u n d E i c h w e s e n (E i c h g e s e t z vom 7. März 2011). Am 30. April 2004 ist nach vielen Jahren der Vorbereitung die europäische Richtlinie 2004/22/EG Measuring Instruments Directive (MID) im Europäischen Amtsblatt veröffentlicht worden. Nach einer Übergangszeit von 30 Monaten ist sie in den Mitgliedstaaten der EU in Kraft getreten. Deshalb waren die Mitgliedstaaten aufgefordert, sie rechtzeitig bis zum 30. Oktober 2006 in entsprechende nationale Rechtsvorschriften umzusetzen. Bei einer angestrebten Reform des Gesetzlichen Messwesens in Deutschland ist geplant, dass auch die nicht von der MID betroffenen Messgeräte, für die nur nationale Regelungen existieren, nach vergleichbaren Verfahren auf Konformität geprüft werden sollen.

Unabhängig von den Anforderungen der Europäischen Union an die nationale Gesetzgebung sollen in Deutschland die Bereiche der staatlichen Betätigung auf die Kernaufgaben zurückgeführt werden und die Durchführung von technischen Prüfaufgaben für Private geöffnet werden. Den staatlichen Stellen verbleibt dann lediglich die Aufsicht und Kontrolle.

Der rechtliche Status der privaten prüfenden Stellen ist derzeit noch nicht in allen Details endgültig fixiert. Für die Versorgungswirtschaft werden die derzeit existierenden staatlich anerkannten Prüfstellen für Messgeräte für Gas, Wasser, Elektrizität und Wärme in der rechtlichen Form als beliehene Unternehmen bis auf weiteres bestehen können.

Für die anderen national geregelten Messgeräte ist anstelle der bisherigen Bauartzulassung ein Konformitätsbewertungsverfahren durch private dafür anerkannte Stellen, ersatzweise durch die Eichbehörden vorgesehen. Eine Akkreditierung durch die Deutsche Akkreditierungs-Stelle DAkkS scheint unabdingbar zu werden.

Die Aufgaben der Eichbehörden werden sich neben technischen Prüfungen (nur noch Eichungen nach erfolgter Konformitätsbewertung) von Messgeräten hin zu Aufgaben der Überwachung von Herstellern und Importeuren von Messgeräten und der ordnungsgemäßen Arbeit der Prüfstellen wandeln. Durch die neue Aufgabe der amtlichen Marktüberwachung wird eine höhere Qualifizierung der Mitarbeiter der Aufsichtsbehörden nötig.

Neben der Prüfung und Überwachung von Messgeräten soll auch der Verwender der Messgeräte auf korrektes Erfassen, Weiterleiten und Verarbeiten der Messwerte überwacht werden. Das wird vor allem bei der EDV-gestützten Übermittlung von Messdaten und der automatisierten Er-

stellung von Kostenrechnungen aufgrund dieser Daten zunehmend wichtiger.
Das Mess- und Eichgesetz sieht auch im Bereich der vorverpackten Waren (Fertigpackungen) *repressive Maßnahmen* vor. Es werden nicht mehr die bei der Herstellung von Fertigpackungen verwendeten Messgeräte geeicht, sondern die mit diesen hergestellten Packungen mit geeigneten Stichprobenverfahren geprüft. Auch hier wurden die Anforderungen an Füllmengen und deren Kennzeichnungen europaweit harmonisiert.
Der Entwicklung im Gesundheitswesen trägt das »Medizinproduktegesetz« Rechnung, das u. a. die Behandlung der medizinischen Messgeräte regelt, damit deren einwandfreies Funktionieren gewährleistet wird. Messtechnische Kontrollen dürfen von der zuständigen Behörde oder von staatlich zugelassenen Prüf- und Wartungsdiensten durchgeführt werden. Es ist die Aufgabe der Eichbehörden, die Prüf- und Wartungsdienste zu kontrollieren und ebenso die Einhaltung der den Verwendern auferlegten Pflichten zu überwachen.

5.3 Organisation des Mess- und Eichwesens

Die *Physikalisch-Technische Bundesanstalt (PTB)* ist das natur- und ingenieurwissenschaftliche Staatsinstitut und die technische Oberbehörde der Bundesrepublik Deutschland für das Messwesen und gehört zum Dienstbereich des Bundesministers für Wirtschaft.

Nach dem *Gesetz über Einheiten im Messwesen und die Zeitbestimmung* (s. Abschn. 3.3) hat die PTB:

- die gesetzlichen Einheiten darzustellen,
- die nationalen Normale zu entwickeln und an die internationalen Normale anzuschließen und

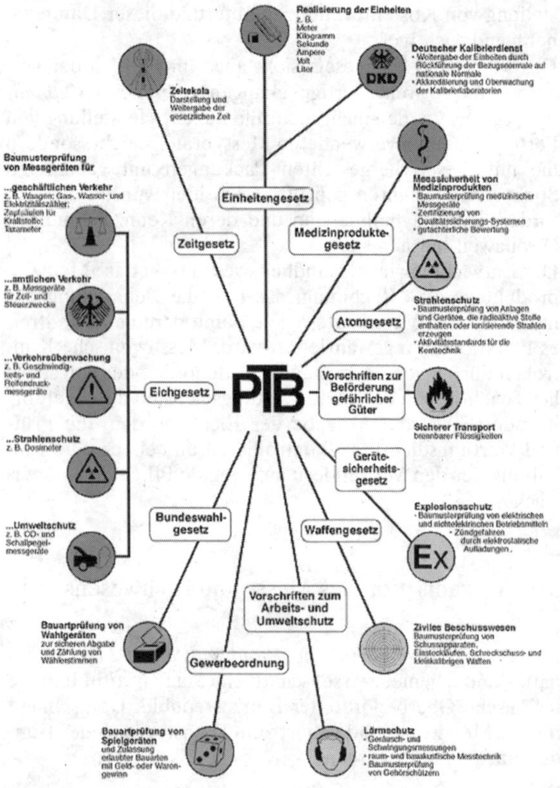

Bild 5.3–1: Gesetzliche Aufgaben der PTB.

- die Verfahren bekanntzumachen, nach denen nicht verkörperte Einheiten dargestellt werden,
- die gesetzliche Zeit darzustellen und zu verbreiten (s. Abschn. 2.8.8).

Das Gesetz über das Mess- und Eichwesen (s. Abschn. 5.2) weist der PTB folgende Aufgaben zu:
Die PTB hat zur Sicherung der Einheitlichkeit des gesetzlichen Messwesens

1. Normalgeräte der benannten und anerkannten Stellen, der zuständigen Behörden, der staatlich anerkannten Prüfstellen und der Prüfdienste auf Antrag zu prüfen,
2. die für die Durchführung des Gesetzes zuständigen Behörden sowie die anerkannten Prüfstellen und Prüfdienste zu beraten,
3. Konformitätsbewertungen nach Maßgabe der Benennung, Anerkennung und Überwachung durch das Bundesministerium für Wirtschaft durchzuführen.

Bild 5.3–1 zeigt die Aufgaben der PTB in einer Übersicht.

Der *Deutsche Kalibrierdienst* (DKD) wurde in Zusammenarbeit zwischen dem Bundesministerium für Wirtschaft, der PTB und der deutschen Industrie gegründet. Bei der Industrie bestand ein wachsender Bedarf, Messgeräte und Maßverkörperungen kalibrieren zu lassen, d. h. deren Abweichung vom Sollwert ermitteln zu lassen und darüber ein Zertifikat zu erhalten. Mit diesem Zertifikat soll der Nachweis für den Anschluss an nationale Normale erbracht werden. Es soll gleichzeitig dem Anwender Sicherheit für richtige Messergebnisse bieten. Die PTB, nach dem Einheitengesetz zuständig für die Entwicklung und Bereithaltung der nationalen Normale und Normalmesseinrichtungen zur Darstellung der physikalischen Einheiten, war allein nicht mehr in der Lage, diesen Bedarf an Kalibrierungen zu decken. Die im Rahmen des Deutschen Kalibrierdienstes er-

richteten Kalibrierlaboratorien haben diese Aufgabe übernommen. Sie sind bei Industrieunternehmen, Hochschulinstituten, Forschungs- und Prüfeinrichtungen sowohl öffentlicher als auch privater Rechtsnatur angesiedelt. Deren in der Regel hochwertige Messeinrichtungen werden von der PTB an ihre Bezugsnormale angeschlossen. Außerdem begutachtet, akkreditiert und überwacht die PTB die Kalibrierlaboratorien, die dadurch autorisiert werden, offizielle DKD-Kalibrierscheine für den eigenen Bedarf und für Dritte auszustellen.
Die Organisation der Eichverwaltungen der Bundesländer entspricht nur noch teilweise den Strukturen, die sich im 19. Jahrhundert herausgebildet haben. Die Eichaufsichtsbehörden sind teils selbständige Sonderbehörden und den Wirtschaftsministerien oder entsprechenden anderen Oberbehörden der Länder zugeordnet, teils Landesbetriebe oder Anstalten des öffentlichen Rechts eines oder mehrerer Bundesländer (z.B. Eichdirektion Nord für Hamburg, Mecklenburg-Vorpommern und Schleswig-Holstein). Weitere Änderungen der Rechtsformen und der Kooperationen sind im Hinblick auf die Privatisierungsbestrebungen und die Änderungen in den Aufgaben zu erwarten.
Die Eichdirektionen oder die entsprechenden anderen Organisationen haben folgende Hauptaufgaben:

- Koordination und Kontrolle der Eichverwaltung;
- Dienst- und Fachaufsicht über die Eichämter und deren Mitarbeiter;
- Planung, Entwicklung und Beschaffung neuer Prüfverfahren, Prüfgeräte und Normale;
- Entscheidungen bei Bußgeldverfahren;
- Anerkennung und Aufsicht von Prüfstellen und Prüfdiensten für Messgeräte;
- Öffentliche Bestellung und Vereidigung von leitendem Prüfstellenpersonal;

- Organisation der Marktüberwachung gemäß den Anforderungen der EU;
- Mitwirkung in nationalen und internationalen Gremien des Messwesens.

Die Bürger haben es vor allem mit den Eichämtern zu tun. Im Frühjahr 2012 gibt es in der Bundesrepublik 74 Eichämter und Dienststellen unterschiedlicher Größe mit zusammen ungefähr 1425 Mitarbeitern.
In den nächsten Jahren soll die Ersteichung für alle Messgeräte durch Konformitätsbewertungen ersetzt werden.

Die wichtigsten Aufgaben der Eichämter sind:
- periodische (Nach-)Eichung der Messgeräte;
- Prüfungen der Konformität der Messgeräte mit den entsprechenden Anforderungen;
- Marktüberwachung nach EU-Anforderungen;
- Überwachung der anerkannten Prüfdienste;
- Überwachung der Verwender der Messgeräte;
- Überwachung der Füllmengen von Fertigpackungen bei Herstellern und Importeuren;
- Überwachung der Qualitätssicherung in medizinischen Laboratorien;
- Kontrolle von Schankgefäßen und Ausschankmaßen;
- Beratung der Verbraucher.

Die Mitarbeiter der Eichbehörden haben zur Abwehr oder Unterbindung von Zuwiderhandlungen gegen das Mess- und Eichgesetz oder gegen die zugehörigen Verordnungen vergleichbare Befugnisse wie Polizeibeamte. Dazu gehört auch die Möglichkeit zur Beschlagnahme von Gegenständen und die Verhängung von Bußgeldern.
Qualifikation der Mitarbeiter der Eichbehörden, der Aufsichtsbehörden und der privaten Prüfer. Historischer Rückblick. In »Königlich Allerhöchster« Verordnung vom 23. November 1869, die Normal-Aichungs-Commission, die Verificatoren, die Stempel- und Eichzeichen, die Eichge-

bühren, die Maß- und Gewichtsvisitationen betreffend, sind in § 15 die Anforderungen an die Verificatoren (damalige Eichbedienstete) in Bayern festgelegt.
Ab dem Jahr 1870 wurden Lehrgänge und Prüfungen abgehalten, in denen die technischen Prüfmethoden der eichpflichtigen Messgeräte und die zugehörigen Rechtsgrundlagen vermittelt wurden.
Im Jahre 1961 hat Bayern mit zunächst 8 Bundesländern ein Abkommen über die einheitliche Ausbildung und Prüfung für den gehobenen und mittleren eichtechnischen Dienst geschlossen, dem nach einiger Zeit auch die beiden restlichen Bundesländer beitraten. Dieses Abkommen bildete die Grundlage für die Tätigkeit der Bayerischen Eichschule in München. Auf der Eichschultagung 1988 wird der neue Name »Deutsche Akademie für Metrologie« – DAM – festgelegt, da er dem inzwischen erweiterten Tätigkeitsfeld besser entspricht.
Nach dem Beitritt der Länder der ehemaligen DDR zum Akademieabkommen ist die DAM für die Aus- und Fortbildung der Mitarbeiter aller Bundesländer zuständig.
Der Strukturwandel im gesetzlichen Messwesen erfordert neue Formen der Ausbildung. Mit dem DAM-Konzept 2000, einem modularen System aus zeitlich und thematisch geschlossenen Unterrichtsblöcken ist eine effiziente bedarfsgerechte Qualifikation möglich.

Aktuelle und künftige Aufgaben der Deutschen Akademie für Metrologie – DAM –. Die Aus- und Fortbildung von Eichbediensteten in Deutschland erfolgt mit dem Ziel, ein bundesweit einheitlich hohes Qualifikationsniveau für den Vollzug der eichtechnischen Aufgaben zu sichern. Die Aufgaben umfassen alle technischen Überprüfungen von Messgeräten, die Überwachung der Hersteller und Verwender der Messgeräte von der Messwerterfassung bis zur Rechnungsstellung. Dazu kommen die Überwachungsaufgaben von staatlich anerkannten Prüfstellen und von Prüfdiens-

ten. Die notwendigen Kenntnisse für die Überwachung der Füllmengen in Fertigpackungen werden in Theorie und Praxis vermittelt.
Leitende Mitarbeiter in staatlich anerkannten Prüfstellen und von Prüfdiensten werden über ihre Aufgaben und Pflichten unterwiesen, damit sie danach ihre Sachkunde in bundesweit anerkannten Prüfungen nachweisen können.
Fachseminare in den Bereichen Qualitätsmanagement, speziell für die Sektoren Mess- und Prüftechnik, befähigen die Teilnehmer, die Anerkennung und Zertifizierung sowie die regelmäßige Überwachung von QMS nach ISO 9000 und den staatlichen Anforderungen in der Industrie durchzuführen.
Für Mitarbeiter von Firmen mit einem anerkannten QMS werden von der DAM spezielle Schulungen (z. B. zur Anwendung der Richtlinie 2009/23/EG (vorher 90/384/EWG) oder 2004/22/EG) durchgeführt.
Für Experten aus dem Ausland führt die DAM Fachseminare und Workshops in englischer Sprache (und nach Bedarf mit Dolmetschern auch in anderen Sprachen) zu speziellen Themen aus dem gesetzlichen Messwesen durch.
Die DAM versorgt die Behörden der Bundesländer mit einer Sammlung der rechtlichen Grundlagen und mit technischen Normen über das Extranet der Eichbehörden. Außerdem betreut sie den gemeinsamen Internetauftritt der deutschen Eichverwaltungen.

5.4 Internationale messtechnische Organisationen

5.4.1 Die Meterkonvention

Die Entwicklung des metrischen Maßsystems und die Entstehung der Meterkonvention wurde im Abschnitt 2.7.1 geschildert. Zur Erfüllung des Vertragszweckes, die internationale Einigung und Vervollkommnung des metrischen Systems zu sichern, wurden folgende Organe geschaffen:

1. Die *Generalkonferenz für Maß und Gewicht* (*CGPM*, Conference Générale des Poids et Mesures) ist das höchste Organ der Meterkonvention. Sie wird aus Delegierten aller Mitgliedstaaten gebildet und tritt mindestens alle sechs Jahre in Paris zusammen. Ihre Aufgaben sind:

- Diskussionen und Anordnung der notwendigen Messungen, um die Ausbreitung und Vervollkommnung des Internationalen Einheitensystems, der Fortentwicklung des metrischen Systems, zu gewährleisten;
- Anerkennung der Ergebnisse neuer metrologischer Fundamentalbestimmungen und von wissenschaftlichen Entschließungen internationaler Tragweite;
- wichtige Entscheidungen über Organisation und Entwicklung des Internationalen Büros für Maß und Gewicht.

2. Das *Internationale Komitee für Maß und Gewicht* (*CIPM*, Comité International des Poids et Mesures) wurde 1876 für die wissenschaftliche Arbeit und Beratung geschaffen. Es tritt alle zwei Jahre zusammen und ist nur der Generalkonferenz verantwortlich. Das Komitee besteht aus 18 international bedeutenden Experten der wissenschaftlichen Metrologie als persönlichen Mitgliedern, die verschiedenen Signatarstaaten angehören müssen. Es bereitet die Entscheidungen für die Generalkonferenz vor, beaufsichtigt das Internationale Büro für Maß und Gewicht, ernennt des-

sen Direktor und genehmigt das Budget im Rahmen der von der Generalkonferenz bewilligten Mittel.

3. Das *Internationale Büro für Maß und Gewicht* (*BIPM*, Bureau International des Poids et Mesures) entstand als ständiges internationales Institut bereits mit der Meterkonvention und bekam seine Räumlichkeiten in Sèvres bei Paris. Seine Hauptaufgaben sind:

- Aufbewahrung und Kontrolle des internationalen Prototyps des Kilogramms;
- Vergleiche zwischen den nationalen und internationalen Prototypen;
- die in der Welt laufenden Präzisionsmessungen physikalischer Größen und Fundamentalkonstanten zu koordinieren und selbst solche Messungen auszuführen;
- für den Informationsaustausch zu sorgen.

4. *Beratende Komitees* (*CC*, Comités Consultatifs) setzt das Internationale Komitee zu seiner Unterstützung bei den metrologischen Arbeiten ein. Mitglieder sind die großen metrologischen Staatslaboratorien und fachlich zuständige nationale oder internationale Institutionen.

5.4.2 Internationale Organisation für Gesetzliches Messwesen

Die Internationale Meterkonvention befasst sich mit den wissenschaftlichen Grundlagen des Messens, mit den Einheiten und den Einheitensystemen. Dagegen werden die mehr praktischen Belange des gesetzlichen Messwesens, des Eichwesens vor allem, von der *Internationalen Organisation für Gesetzliches Messwesen* (*OIML*, Organisation Internationale de Métrologie Légale) wahrgenommen. Der sich immer mehr über die nationalen Grenzen ausdehnende Handel verlangt nicht nur zwingend, wie im 19. Jahrhundert noch ausreichend, international einheitliche Maßein-

heiten, sondern auch einheitliche Messgeräte und Messverfahren. Dasselbe gilt auch für Messgeräte für den Schutz der Gesundheit und der Umwelt.
Im Jahr 1955 konstituierte sich die »Organisation Internationale de Métrologie Légale«, OIML, in Paris.

Tabelle 5.4.2–1: Staaten in der OIML (September 2012, Namen und Abkürzungen in französischer Sprache)

57 Mitgliedstaaten	64 korrespondierende Staaten
Albania (AL)	Argentina (AR)
Algeria (DZ)	Bahrain (BH)
Australia (AU)	Bangladesh (BD)
Austria (AT)	Barbados (BB)
Belarus (BY)	Benin (BJ)
Belgium (BE)	Bosnia and Herzegovina (BA)
Brazil (BR)	Botswana (BW)
Bulgaria (BG)	Burkina Faso (BF)
Canada (CA)	Cambodia (KH)
Croatia (HR)	Chinese Taipei (TW)
Cuba (CU)	Costa Rica (CR)
Cyprus (CY)	Dominican Republic (DO)
Czech Republic (CZ)	Estonia (EE)
Denmark (DK)	Fiji (FJ)
Egypt (EG)	Gabon (GA)
Finland (FI)	Gambia (GM)
France (FR)	Georgia (GE)
Germany (DE)	Ghana (GH)
Greece (GR)	Guatemala (GT)
Hungary (HU)	Hong Kong (HK)
India (IN)	Iceland (IS)
Indonesia (ID)	Jordan (JO)
Ireland (IE)	Democratic People's Republic
Islamic Republic of Iran (IR)	of Korea (D.P.R.; KP)
Israel (IL)	Kuwait (KW)
Italy (IT)	Kyrgyzstan (KG)
Japan (JP)	Latvia (LV)
Kazakhstan (KZ)	Liberia (LR)
Kenya (KE)	Libya (LY)

Tabelle 5.4.2–1: Fortsetzung

57 Mitgliedstaaten	64 korrespondierende Staaten
Republic of Korea (R.; KR)	Lithuania (LT)
The Former Yugoslav Republic of Macedonia (F.Y.R.; MK)	Luxemburg (LU)
Monaco (MC)	Madagascar (MG)
Morocco (MA)	Malawi (MW)
Netherlands (NL)	Malaysia (MG)
New Zealand (NZ)	Malta (MT)
Norway (NO)	Mauritania (MR)
P. R. China (CN)	Mauritius (MU)
Pakistan (PK)	Mexico (MX)
Poland (PL)	Republic of Modova (MD)
Portugal (PT)	Mongolia (MN)
Romania (RO)	Montenegro (ME)
Russian Federation (RU)	Mozambique (MZ)
Saudi Arabia (SA)	Namibia (NA)
Serbia (RS)	Nepal (NP)
Slovakia (SK)	Nigeria (NG)
Slovenia (SI)	Oman (OM)
South Africa (ZA)	Panama (PA)
Spain (ES)	Papua New Guinea (PG)
Sri Lanka (LK)	Paraguay (PY)
Sweden (SE)	Peru (PE)
Switzerland (CH)	Qatar (QA)
United Republic of Tanzania (TZ)	Rwanda (RW)
Tunisia (TN)	Seychelles (SC)
Turkey (TR)	Sierra Leone (SL)
United Kingdom (GB)	Singapore (SG)
United States (US)	Sudan (SD)
Viet Nam (VN)	Syrian Arab Republic (SY)
	Thailand (TH)
	Trinidad and Tobago (TT)
	Uemoa (UEMOA)
	Ukraine (UA)
	United Arab Emirates (AE)
	Uruguay (UY)
	Uzbekistan (UZ)
	Zimbabwe (ZW)

Die Hauptaufgaben der OIML liegen in der internationalen Harmonisierung der nationalen metrologischen Vorschriften (Gesetze und Verordnungen, Prüfprozeduren und Zertifikate).
Die verwaltenden und die technischen Arbeiten werden von einem zentralen Sekretariat koordiniert, dem International Bureau of Legal Metrology (BIML) in Paris.
Zum Sommer 2012 waren von den 18 Technischen Komitees der OIML 126 verschiedene Internationale Empfehlungen (International Recommendations) jeweils in englischer und französischer Sprache in Kraft. Sie behandeln technische Anforderungen und Prüfmethoden für die wichtigen Messgeräte-Arten, die einer staatlichen Eichpflicht unterliegen. Die 28 Internationalen Dokumente der OIML dienen in der Regel als Grundlage für entsprechende Gesetze oder Verordnungen der Mitgliedstaaten.
Das OIML-Zertifizierungs-System für Messgeräte wurde im Jahr 1991 eingeführt, um die Verwaltungsvorgänge und die Kosten, die mit dem internationalen Handel von Messgeräten verbunden sind, zu vermindern. Das ermöglicht es einem Hersteller, ein OIML-Zertifikat und einen Prüfungsbericht zu erhalten, der bescheinigt, dass sein Messgerät mit den Anforderungen der relevanten Internationalen Empfehlungen der OIML konform ist. Diese Zertifikate werden von den nationalen messtechnischen Diensten auf freiwilliger Basis akzeptiert. Auf der Basis von gegenseitigem Vertrauen und Anerkennung der Prüfungsergebnisse sollen kostspielige Doppelprüfungen vermieden werden. Im Sommer 2012 betrug die Gesamtzahl aller ausgestellten OIML-Zertifikate 2704. Die Zertifikate wurden von 33 Zertifizierungsstellen für 625 verschiedene Messgeräte-Hersteller ausgestellt. Mit weiteren internationalen Abkommen wie zum Beispiel dem Mutual Acceptance Arrangement (MAA) soll die gegenseitige Anerkennung von Prüfergebnissen weiter gefördert werden. Das Ziel ist der Grundsatz: »Einmal geprüft – weltweit anerkannt«.

5.4.3 **Weitere regionale Organisationen im Messwesen**

EUROMET. Unter dem Dach von EUROMET koordinieren die nationalen Metrologie-Institute der EU und der EFTA-Staaten ihre Aktivitäten. Die wichtigsten Ziele sind: gemeinsam neue und verbesserte metrologische Normale zu entwickeln, den Anschluss an diese Normale zu den gleichen Bedingungen wie im Inland zu ermöglichen und bei Bedarf Normale oder Messeinrichtungen gemeinsam bereitzuhalten oder zu nutzen.

WELMEC. Die »European Cooperation in Legal Metrology« besteht seit 1990 und ist damit die weltweit älteste regionale Organisation, in der die nationalen Behörden für gesetzliches Messwesen zusammenarbeiten. Inzwischen sind sämtliche Länder der EU und der EFTA sowie die Beitrittskandidaten zur Erweiterung der EU Mitglieder in der WELMEC. Sie koordiniert die nationalen und regionalen Aktivitäten in allen technischen Fragen des gesetzlichen Messwesens.

COOMET. Die Abkürzung steht für »Euro-Asian Cooperation of National Metrological Institutions«. In der Organisation haben sich die nationalen Metrologie-Institute von zwölf Ländern (Ost- und Zentraleuropa, Asien und Kuba) zusammengeschlossen, um ein funktionierendes System des Messwesens auf- und auszubauen und Brücken in den Westen zu schlagen – unter anderem zur PTB. Sie befasst sich – wie ihr Vorbild EUROMET – vor allem mit Ringvergleichen von Normalen. Doch seit 1999 gibt es auch eine COOMET-Arbeitsgruppe »Gesetzliches Messwesen«.

APLMF (Asia-Pacific Forum on Legal Metrology). Im November 1994 wurde das Asia-Pacific Legal Metrology Forum (APLMF) mit 14 Mitgliedsstaaten aus der Region der Asia-Pacific Economic Cooperation (APEC) gegrün-

det. Es waren dies die folgenden Staaten: Australien, Kanada, Volksrepublik China, Indonesien, Japan, Republik von Korea, Malaysia, Neuseeland, Papua-Neuguinea, Philippinen, Singapur, Taiwan, Thailand und die USA. Inzwischen sind weitere Staaten wie etwa Vietnam und Kambodscha Mitglieder des APLMF geworden.
Als eine regionale Organisation, die eng mit der OIML zusammenarbeitet, fördert das APLMF in der Asia-Pacific-Region die Kooperation und Harmonisierung im gesetzlichen Messwesen.

6 Tabellen alter Einheiten von Länge, Fläche, Volumen und Gewicht. Chronologisch und geographisch geordnet

6.1 Vorbemerkung

Die nachfolgenden Tabellen geben einen Überblick über die wichtigsten Einheiten der Zeiten von den Anfängen der Messtechnik bis zur Einführung des metrischen Maßsystems, umgerechnet auf heutige Werte. Quellen dieser Umrechnungen sind einmal die erhalten gebliebenen Maßstäbe, Messgefäße und Gewichtstücke, die »Sachüberlieferung«. Auch Münzen sind wertvolle Hilfen zur Bestimmung alter Gewichtswerte. Zum andern enthalten die schriftlichen Überlieferungen Hinweise über Zusammenhänge alter Maßnormen.
Es versteht sich, dass die Tabellen für die älteren Zeiträume häufig ungefähre Umrechnungswerte bzw. Mittelwerte verzeichnen; die Verhältniszahlen sind teilweise gerundet.
Seit dem Beginn des Mittelalters sind vor allem die kaufmännischen Rechenbücher der großen Handelsgesellschaften sowie Urkunden und Akten von Landes- und Stadtbehörden wertvolle Quellen für das Maßwesen. Auch für diesen Zeitraum liefert die Sachüberlieferung mit den zahlreich, meist in Museen, erhalten gebliebenen Maßen unschätzbare Möglichkeiten, die schriftlichen Quellen nachzuprüfen.
Die Vergleichstabellen alter Einheiten des 19. Jahrhunderts sind vorwiegend nach Münz-, Maß- und Gewichtsbüchern zusammengestellt, die seit dem Ende des 17. Jahrhunderts in großer Anzahl veröffentlicht wurden und für den damaligen Kaufmann wegen der heutzutage kaum vorstellbaren

Verschiedenheit der Münzen, Maße und Gewichte unentbehrlich waren. Diese alten »Reduktionstabellen« benutzen in der Regel als Bezugseinheiten Maße von überregionaler Bedeutung, wie beispielsweise die französische Linie, den rheinischen Fuß, die Brabanter Elle, die kölnische Mark, das holländische As oder das Nürnberger Apothekerpfund. Außer einer Umrechnung der Lokalmaße in eines dieser Bezugsmaße sind fast immer noch die Verhältniswerte der Maße untereinander angegeben.

Zwischen den Quellen zeigen sich oft erhebliche Unterschiede bei der Bezeichnung, der Einteilung, den Zahlenwerten und den Verhältniswerten. Aus der Literatur vom Anfang des 19. Jahrhunderts sind beispielsweise für das holländische As mindestens zehn, allerdings nur wenig verschiedene Werte zu entnehmen. Die Umrechnung ins metrische System ist nur exakt, wenn mehrere Quellen übereinstimmen oder das Bezugsmaß als Gegenstand überliefert wurde.

Da sich die Maße und Gewichte der meisten Orte in den letzten 300 Jahren vor Einführung des metrischen Systems meist nur wenig geändert haben, konnte den nachstehenden Tabellen eine Auswahl aus den Reduktionstabellen des 18. und frühen 19. Jahrhunderts zugrunde gelegt werden. Mit Rücksicht auf den Umfang dieses Bändchens wurden nur Maße und Gewichte der bedeutenderen Handelsstädte und die der größeren Staaten aufgenommen.

Die Zeittafeln in Kapitel 10 sollen die Zuordnung metrologischer Ereignisse zum politischen Geschehen erleichtern.

6.2 Antike

6.2.1 Vorderasien

Zu den Tabellen der sumerischen Einheiten:

Der Buchstabe »š« ist wie »sch« auszusprechen, der Buchstabe »h« wie »ch«.
Bei der Umrechnung in metrische Werte wurde die Elle zu 50 cm angenommen.
Genaue Maße: *Gudea-Elle:* 49,59 cm, *Nippur-Elle:* 51,86 cm.
Die Längeneinheit »(Gersten-)Korn« wurde wahrscheinlich erst in assyrischer Zeit gebraucht.

Tabelle 6.2.1–1: Sumerische Längeneinheiten

a) Weg- und Landmaße

Name Sumerisch	Name Akkadisch	Bedeutung	≈ Wert	Verhältniszahlen					
danna	bêru	Meile	10800 m	1					
giš	šuššu	sechzig	360 m	30	1				
es	ibl'u ašen	Messschnur	60 m	180	6	1			
maš-esch	mišlu iblu	½ Messschnur	30 m	360	12	2	1		
gar(-du)	kudurru	Vermessungsmaß	6 m	1800	60	10	5	1	
gi	qanû	Rohr	3 m	3600	120	20	10	2	1

Tabelle 6.2.1–1: Fortsetzung

b) Kleinmaße

Name Sumerisch	Name Akkadisch	Bedeutung	≈ Wert	Verhältniszahlen							
gi	qanû	Rohr	300 cm	1							
kuš-ara	ammatu are	Schritt	75 cm	4	1						
kuš	ammatu	Elle	50 cm	6	1,5	1					
kuš	ammatu	Fuß	33,3 cm	9	2,25	1,5	1				
šu-bad		Spanne	25,0 cm	12	3	2	1,33	1			
šu-dû-a		Hand, Ziegel	16,7 cm	18	4,5	3	2	1,5	1		
šu-si	ubânu	Finger	1,67 cm	180	45	30	20	15	10	1	
še	še'u	(Gersten-)Korn	0,28 cm	1080	270	180	120	90	60	6	1

Tabelle 6.2.1–2: Sumerische Flächeneinheiten

Name Sumerisch	Name Akkadisch	Bedeutung	≈ Wert	Verhältniszahlen		
šar-u			38,1 km^2	1		
šar	šâru		3,81 km^2	10	1	
bur-u			0,635 km^2	60	6	1

bur(-gan)	bûru		63540 m²	600	60	10	1				
eše	eblu		21180 m²	1800	180	30	3	1			
gan, iku	ikû	Feld	3530 m²	10800	1080	180	18	6	1		
gar			2120 m²	18000	1800	300	30	10	1,66	1	
sar	musarû	Garten, Beet	35,3 m²	1			1800	600	100	60	1
gin			0,59 m²	60	1						
še	še'u	(Gersten-)Korn	0,196 m²	180	3	1					

Tabelle 6.2.1–3: Sumerische Volumeneinheiten

Name Sumerisch	Name Akkadisch	Bedeutung	≈ Wert	Verhältniszahlen							
guru	karû	Tonne	$3\ m^3$	1							
gur-lugal		gur des Königs	$250\ dm^3$	12	1						
gur-mah		Groß-gur	$240\ dm^3$	12,5	1,04	1					
gur-sag-gal		Haupt-gur	$120\ dm^3$	25	2,08	2	1				
gur, 2 ul		Doppel-gur	$60\ dm^3$	50	4,17	4	2	1			
gur, ul	kurru, digaru	Topf	$30\ dm^3$	100	8,3	8	4	2	1		
ban	sûtu	kleiner Krug	$5\ dm^3$	600	50	48	24	12	6	1	
sila	ga	Getreide-Hohlmaß	$^5/_6\ dm^3$	3600	300	288	144	72	36	6	1
gin	šiqlu	Schekel: wörtl. $^1/_{60}$ (šila) = $^1/_{72}\ dm^3$									

Tabelle 6.2.1–4: Sumerische Gewichtseinheiten

Name Sumerisch	Name Akkadisch	Bedeutung	≈ Wert	Verhältniszahlen					
gun	biltu	Talent	30,3 kg	1					
mana	manû	Mine	505 g	60	1				
gin	šiqlu	Schekel	8,42 g	3600	60	1			
mana-tur	man saru	kl. Mine	2,81 g	10800	180	3	1		
gin-tur	šiqlu saru	kl. Schekel	140 mg		3600	60	20	1	
še	še'u	(Gersten-)Korn	46,8 mg		10800	180	60	3	1

Tabelle 6.2.1–5: Hebräische Längeneinheiten

Name	Bedeutung	≈ Wert	Verhältniszahlen				
qaneh	Rute, Rohr	270,0 cm	1				
amma	Elle	45,0 cm	6	1			
zeret	Spanne	22,5 cm	12	2	1		
tepach	Handbreit	7,5 cm	36	6	3	1	
esbà	Finger	1,875 cm	144	24	12	4	1

Ältere Arbeiten vermuten die sumerische Herkunft der gewöhnlichen *hebräischen Elle*, neuere den ägyptischen Ursprung. Der ägyptische Wert wurde der Tabelle zugrunde gelegt. Daneben gab es die lange oder königliche Elle mit 7 Handbreit = 52,5 cm. Weitere Vergleichswerte:

akkadische Elle von Lagasch	49,5 cm
sumerische Nippur-Elle	51,8 cm
babylonisch-königliche Elle	55,6 cm
griechisch-attische Elle	46,2 cm
römische Elle	44,3 cm

Tabelle 6.2.1–6: Hebräische Volumeneinheiten

a) Für trockene Stoffe

Name	Bedeutung	≈ Wert	Verhältniszahlen					
chomer	Homer (Eselslast)	220,0 ℓ	1					
letek	$^1/_2$ Homer	110,0 ℓ	2	1				
epha	Efa, Tonne	22,0 ℓ	10	5	1			
sea	Sea, Krug	7,3 ℓ	30	15	3	1		
omer	Gomer, Krug, auch:							
issaron	Mehlmaß	2,2 ℓ	100	50	10	$3^1/_3$	1	
qab	Kab, Handvoll	1,2 ℓ	180	90	18	6	1,8	1

b) Für Flüssigkeiten

Name	Bedeutung	≈ Wert	Verhältniszahlen			
chomer	Homer, Fass	220,0 ℓ	1			
bat	Bat, Eimer	22,0 ℓ	10	1		
hin	Hin, Kanne	3,7 ℓ	60	6	1	
log	Log, Becher	0,3 ℓ	720	72	12	1

Die neueren Vorschläge zur Umrechnung des *Homer* (trocken), auch *Malter*, hebr. *chomer*, griech. *koros*, lat. *gomor* (Eselslast) genannt, lassen sich in fünf Gruppen zusammenfassen, die von folgenden Verfassern stammen:

Vorschlag A. Hultsch, Benzinger, Trinquer:	364,4 ℓ
Vorschlag B. Wambacq, Galling, Nötscher:	393,12 ℓ
Vorschlag C. Milik:	450 ℓ
Vorschlag D. Bratcher:	369,2 ℓ
Vorschlag E. Albright, Scott, Barrois, Segré:	220 ℓ

Der Vorschlag E wurde den Tabellen zugrunde gelegt.

In der islamischen Messkunde beträgt eine Kamellast (*himl*) etwa 220–250 kg.

Tabelle 6.2.1–7: Hebräische Gewichtseinheiten

Name	Bedeutung	≈ Wert	Verhältniszahlen				
kikkar	Talent, Zentner	30 kg	1				
maneh	Mine, Pfund	500 g	60	1			
scheqel	Schekel, Lot	10 g	3 000	50	1		
beqa	Beka, $^1/_2$ Lot	5 g	6 000	100	2	1	
gera	Gera, Korn	0,5 g	60 000	1000	20	10	1

Weitere Vergleichswerte für 1 *Talent*:

Sumer, leicht	30,3 kg
Sumer, schwer	60,6 kg
Syrien	34,1 kg (bzw. 40,9 kg bzw. 43,7 kg)
Persien, Gold	25,2 kg
Medien, Silber	33,7 kg
Lydien, Gold	24,6 kg
Attika, Münztalent	25,9 kg
Attika, altes Markttalent	35,9 kg

6.2.2 **Ägypten**

Tabelle 6.2.2–1: Altägyptische Längeneinheiten

a) Kleinmaße

Name	Bedeutung	≈ Wert	Verhältniszahlen							
mahi suten	kgl. Elle	52,4 cm	1							
mahi net's	kl. Elle	44,9 cm	$1^{1}/_{6}$	1						
remen	Oberarm	37,4 cm	$1^{2}/_{5}$	$1^{1}/_{5}$	1					
ser, t'eser	Arm, griech. Fuß	29,9 cm	$1^{3}/_{4}$	$1^{1}/_{2}$	$1^{1}/_{4}$	1				
erta	gr. Spanne	26,2 cm	2	$1^{5}/_{7}$	$1^{3}/_{7}$	$1^{1}/_{7}$	1			
erta net's	kl. Spanne	22,5 cm	$2^{1}/_{3}$	2	$1^{2}/_{3}$	$1^{1}/_{3}$	$1^{1}/_{6}$	1		
sop	Palm, Hand	7,5 cm	7	6	5	4	$3^{1}/_{2}$	3	1	
teba	Finger	1,87 cm	28	24	20	16	14	12	4	1

b) Wegmaße

itr: gr. ägypt. Meile = 20 000 kgl. Ellen = 10,48 km

khet n nah, aronra = 100 kgl. Ellen = 52,4 m

Tabelle 6.2.2–2: Altägyptische Volumeneinheiten

Name	Wert	Verhältniszahlen							
hotep	72,90 ℓ	1							
artabe	36,45 ℓ	2	1						
ape	18,22 ℓ	4	2	1					
ment	9,11 ℓ	8	4	2	1				
epha	4,56 ℓ	16	8	4	2	1			
hin	0,456 ℓ	160	80	40	20	10	1		
hiben	0,228 ℓ	320	160	80	40	20	2	1	
cha	0,152 ℓ	480	240	120	60	30	3	$1^1/_2$	1

Tabelle 6.2.2–3: Altägyptische Gewichtseinheiten

Name	Wert	Verhältniszahlen	
deben	90,959 g	1	
kedet	9,096 g	10	1

1 *Deben* (früher »*Ten*« geschrieben) entspricht etwa $3^1/_3$ römischen Unzen.

Außerdem ist 1 *Deben* nahezu gleich $^1/_{1000}$ des Wassergewichts des Kubus der kl. altägyptischen Elle von 44,9 cm.

Tabelle 6.2.2–4: Ägyptisch-ptolemäische Längeneinheiten

Einheit	Wert	Verhältniszahlen				
Klafter	213,1 cm	1				
Elle	53,3 cm	4	1			
Fuß	35,5 cm	6	$1^1/_2$	1		
Hand	10,7 cm	20	5	$3^1/_3$	1	
Finger	1,78 cm	120	30	20	6	1

Tabelle 6.2.2–4: Fortsetzung

Wegmaße

Einheit	Wert
schoinos	6693,6 m
stadion	191,8 m

Tabelle 6.2.2–5: Ägyptisch-ptolemäische Volumeneinheiten

a) Für trockene Stoffe

Name	Wert	Verhältniszahlen							
medimnos	78,6 ℓ	1							
artabe	39,3 ℓ	2	1						
hekteys	13,1 ℓ	6	3	1					
hemiekton	6,55 ℓ	12	6	2	1				
chous	3,275 ℓ	24	12	4	2	1			
choinix	0,819 ℓ	96	48	16	8	4	1		
hin	0,546 ℓ	144	72	24	12	6	$1^1/_2$	1	
kotyle	0,273 ℓ	288	144	48	24	12	3	2	1

b) Für Flüssigkeiten

Name	Wert	Verhältniszahlen								
metretes	39,3 ℓ	1								
gr. chous	3,275 ℓ	12	1							
kl. chous	2,456 ℓ	16	$1^1/_3$	1						
gr. hin	0,546 ℓ	72	6	$4^1/_2$	1					
kl. hin	0,409 ℓ	96	8	6	$1^1/_3$	1				
gr. kotyle	0,273 ℓ	144	12	9	2	$1^1/_2$	1			
kl. kotyle	0,204 ℓ	192	16	12	$2^2/_3$	2	$1^1/_3$	1		
gr. kyatos	0,0455 ℓ	864	72	54	12	9	6	$4^1/_2$	1	
kl. kyatos	0,0341 ℓ	1152	96	72	16	12	8	6	$1^1/_3$	1

6.2.3 **Griechenland**

Tabelle 6.2.3–1: Griechische Längeneinheiten (Mittelwerte)

a) Unterteilungen des Fuß (attisch-solonisch)

Name	Bedeutung	≈ Wert	Verhältniszahlen				
pous	Fuß	29,6 cm	1	(vgl. unten Tab. d)			
spithame	Spanne	22,2 cm	$1^1/_3$	1			
palaiste	Handbreite	7,4 cm	4	3	1		
kondylos	Gelenkbreite	3,7 cm	8	6	2	1	
daktylos	Fingerbreite	1,85 cm	16	12	4	2	1

b) Vielfache des Fuß

Name	Bedeutung	≈ Wert	Verhältniszahlen					
stadion	Stadion	177,6 m	1					
plethron	Furche	29,6 m	6	1				
akaina	Messrute	296,0 cm	60	10	1			
orgyia	Klafter	177,6 cm	100	$16^2/_3$	$1^2/_3$	1		
pechys	Elle	44,1 cm	400	$66^2/_3$	$6^2/_3$	4	1	
pous	Fuß	29,6 cm	600	100	10	6	$1^1/_2$	1

c) Größere Wegmaße

diaulos	= 2 Stadien	parasange	= 30 Stadien
milion	= $8^1/_3$ Stadien	schoinos	= 40 Stadien

d) Griechische Fuß-Maße

ionischer Fuß	34,83 cm	olympischer Fuß	32,05 cm
äginetischer Fuß	33,30 cm	attischer Fuß	31,04 cm
dorischer Fuß	32,65 cm	solonischer Fuß	29,60 cm
altattischer Fuß	33,00 cm	makedonischer Fuß	27,50 cm

Tabelle 6.2.3–2: Griechische Flächeneinheiten

1 tetragonos pous	= 0,087 m²
100 tetragonoi podoi	= 8,76 m²
10000 tetragonoi podoi = 1 plethron	= 876 m²

Tabelle 6.2.3–3: Griechische Volumeneinheiten

a) Für trockene Stoffe

Name	Bedeutung	≈ Wert	Verhältniszahlen					
medimnos	Scheffel	52,53 ℓ	1					
hekteys		8,754 ℓ	6	1				
hemiekton		4,377 ℓ	12	2	1			
choinix	(Tages-ration)	1,094 ℓ	48	8	4	1		
xestes		0,547 ℓ	96	16	8	2	1	
kotyle		0,274 ℓ	192	32	16	4	2	1

b) Für Flüssigkeiten

Name	Bedeutung	≈ Wert	Verhältniszahlen					
metretes	Maß	39,390 ℓ	1					
chous	Krug	3,283 ℓ	12	1				
xestes	Holzkrug	0,547 ℓ	72	6	1			
kotyle	Gefäß	0,273 ℓ	144	12	2	1		
oxybaphon	Napf	0,068 ℓ	576	48	8	4	1	
kyathos	Becher	0,045 ℓ	864	72	12	6	$1^1/_2$	1

Tabelle 6.2.3–4: Griechische Gewichtseinheiten

a) Gewichtseinheiten nach dem solonischen Marktgewicht

Name	Bedeutung	≈ Wert	Verhältniszahlen				
talantos	Talent	39,290 kg	1				
mina	Mine	0,655 kg	60	1			
drachme	Drachme	6,548 g	6000	100	1		
obolos	Obole	1,091 g	36000	600	6	1	
chalkous	Chalkus	0,136 g	288000	4800	48	8	1

Tabelle 6.2.3–4: Fortsetzung

b) Unterschiedliche griechische Gewichtseinheiten

Talente	≈ Wert	Minen	≈ Wert
äginetisches Talent	37,00 kg	äginetische Mine	0,617 kg
euböisches Talent	26,196 kg	euböische Mine	0,437 kg
attisches Talent	25,92 kg	attische Mine	0,432 kg
altattisches Markttalent	35,937 kg		
solonisches Markttalent	39,29 kg	solonische Mine	0,655 kg
solonisches Münztalent = junges attisches Talent	20,473 kg		

6.2.4 **Römisches Reich**

Tabelle 6.2.4–1: Römische Längeneinheiten

a) Duodezimale (unziale) Unterteilung des Fuß

Name	Pes	≈ Wert	Name	Pes	≈ Wert
scripulum	$^{1}/_{288}$	0,10 cm	semis, semipes	$^{1}/_{2}$	14,80 cm
sicilicum	$^{1}/_{48}$	0,62 cm	septunx	$^{7}/_{12}$	17,27 cm
semuncia	$^{1}/_{24}$	1,23 cm	bes	$^{2}/_{3}$	19,73 cm
uncia	$^{1}/_{12}$	2,47 cm	dodrans	$^{3}/_{4}$	22,20 cm
sescuncia	$^{1}/_{8}$	3,70 cm	dextans	$^{5}/_{6}$	24,67 cm
sextans	$^{1}/_{6}$	4,93 cm	deunx	$^{11}/_{12}$	27,13 cm
quadrans	$^{1}/_{4}$	7,40 cm	pes (as) [1)]		29,60 cm
triens	$^{1}/_{3}$	9,87 cm	dupondius	2	59,20 cm
quincunx	$^{5}/_{12}$	12,33 cm	pes sestertius	$2^{1}/_{2}$	74,00 cm

1) Die ungeteilte Grundeinheit nannten die Römer »*as*«. Das Wort ist im Kartenspiel erhalten geblieben. Ein As konnte sein: der Fuß (*pes*), der Finger (*digitus*), die Unze, der *sextans* (Hohlmaß) und das Pfund (*libra*).

Weitere römische Fuß-Maße:

drusianischer Fuß (18 röm. digiti)	33,319 cm
oskisch-umbrischer Fuß	27,559–27,813 cm

Tabelle 6.2.4–1: Fortsetzung

b) Architektonische Unterteilung des Fuß

Digitus		≈ Wert	Digitus		≈ Wert
1	$^1/_{16}$ pes	1,85 cm	12	3 palmi	22,20 cm
2		3,70 cm	13		24,05 cm
3		5,55 cm	14		25,90 cm
4	1 palmus	7,40 cm	15		27,75 cm
5		9,25 cm	16	4 palmi = 1 pes	29,60 cm
6		11,10 cm	20	5 palmi = 1 palmipes	37,00 cm
7		12,95 cm	24	6 palmi = 1 cubitus	44,40 cm
8	2 palmi	14,80 cm			
9		16,65 cm			
10		18,50 cm			
11		20,35 cm			

c) Vielfache des Fuß (geodätische Einheiten und Wegmaße)

Name	≈ Wert	Verhältniszahlen								
mille passuum	1480 m	1								
stadion	185 m	8	1							
actus	35,52 m	$41^2/_3$	$5^5/_{24}$	1						
pertica decempeda	2,960 m	500	$62^1/_2$	12	1					
passus	1,480 m	1000	125	24	2	1				
gradus	0,740 m	2000	250	48	4	2	1			
cubitus	0,444 m	3333	$416^2/_3$	80	$6^2/_3$	$3^1/_3$	$1^2/_3$	1		
palmipes	0,370 m	4000	500	96	8	4	2	$1^1/_5$	1	
pes	0,296 m	5000	625	120	10	5	$2^1/_2$	$1^1/_2$	$1^1/_4$	1

Tabelle 6.2.4–2: Römische Flächeneinheiten

a) Feldmaße

Name	≈ Wert	Verhältniszahlen							
saltus	2,0187 km^2	1							
centuria	0,5047 km^2	4	1						
heredium	5047 m^2	400	100	1					
iugerum	2524 m^2	800	200	2	1				
actus	1262 m^2	1600	400	4	2	1			
clima	315 m^2	6400	1600	16	8	4	1		
scripulum	8,762 m^2			576	288	144	36	1	
pes quadratus	0,0876 m^2						3600	100	1

b) Kleinmaße

Name	Bedeutung	≈ Wert
pes quadratus	Quadratfuß	0,0876 m^2
uncia quadrata	Quadratunze	6,0738 m^2
digitus quadratus	Quadratfinger	3,4166 cm^2
uncia rotunda	runde Unzenfläche	4,7680 cm^2
digitus rotundus	runde Fingerfläche	2,6820 cm^2
quinaria[1)]		4,1906 cm^2

1) *quinaria* ist die Kreisfläche eines Durchmessers von $^{5}/_{4}$ *digiti.*

Tabelle 6.2.4–3: Römische Volumeneinheiten

a) Für trockene Stoffe

Name	≈ Wert	Verhältniszahlen						
modius	8,754 ℓ	1						
semodius	4,377 ℓ	2	1					
sextarius	0,5471 ℓ	16	8	1				
hemina	0,2735 ℓ	32	16	2	1			
quartarius	0,1368 ℓ	64	32	4	2	1		
acetabulum	0,0684 ℓ	128	64	8	4	2	1	
cyathus	0,0456 ℓ	192	96	12	6	3	$1^{1}/_{2}$	1

Tabelle 6.2.4–3: Fortsetzung

b) Für Flüssigkeiten

Name	≈ Wert	Verhältniszahlen							
amphora	26,26 ℓ	1							
urna	13,13 ℓ	2	1						
congius	3,2825 ℓ	8	4	1					
sextarius	0,5471 ℓ	48	24	6	1				
hemina	0,2735 ℓ	96	48	12	2	1			
quartarius	0,1368 ℓ	192	96	24	4	2	1		
acetabulum	0,0684 ℓ	384	192	48	8	4	2	1	
cyathus	0,0456 ℓ	576	288	72	12	6	3	$1\frac{1}{2}$	1

Tabelle 6.2.4–4: Römische Gewichtseinheiten, Unterteilung nach dem griechischen System

Name	≈ Wert	Verhältniszahlen							
libra	327,45 g	1							
uncia	27,288 g	12	1						
sicilicus	6,822 g	48	4	1					
sextula, solidus	4,548 g	72	6	$1\frac{1}{2}$	1				
drachma	3,411 g	96	8	2	$1\frac{1}{3}$	1			
scripulum	1,137 g	288	24	6	4	3	1		
obolus	0,568 g	576	48	12	8	6	2	1	
siliqua	0,189 g	1728	144	36	24	18	6	3	1

Daneben war für das Pfund, die *Libra*, noch eine andere Duodezimalteilung gebräuchlich, die derjenigen entsprach, die in Tabelle 6.2.4–1 für die Längeneinheiten angegeben ist; »*pes*« ist in diesem Fall durch »*libra*« zu ersetzen.
Das älteste römische Pfund war das Gewicht des alten Kupfer-*As*, der wichtigsten Münze um 450 v. Chr., und betrug 10 Unzen der späteren, größeren *Libra* von 12 Unzen, entsprechend 272,9 g.

6.3 Mittelalter und Neuzeit bis zur Einführung des metrischen Maßsystems

6.3.1 **Byzantinisches Reich**

Tabelle 6.3.1–1: Offizielle byzantinische Längeneinheiten

a) Übersicht und Umrechnungswerte

Name	Bedeutung	≈ Wert
emeresjos dromos	Tagesweg	47,225 km
allaue	Postweg	9444,96 m
milion	Meile	1574,16 m
phileträrisches pledron	phileträrische Furche	35,77 m
griech. pledron	griech. Furche	30,65 m
röm. pledron	röm. Furche	29,81 m
12-orgyjai-schoinion	Messseil zu 12 Klafter	25,30 m
10-orgyjai-schoinion	Messseil zu 10 Klafter	21,67 m
basilike orgyja	kaiserliche Klafter	216,7 cm
geometrike orgyja	geometrische Klafter	210,8 cm
aple orgyja	einfache Klafter	187,4 cm
bema	Schritt	78,1 cm
geometrike pechys	geometrische Elle	62,46 cm
lidikos pechys	Steinmetz-Elle	46,80 cm
pous	Fuß	31,23 cm
basilike spidame	kaiserliche Elle	23,40 cm
lichas	kl. Spanne	19,50 cm
dichas	$^1/_2$ Fuß	15,62 cm
palaiste	Handbreit	7,81 cm
anticheir	Daumen	5,86 cm
kondylos	Gelenkbreite	3,90 cm
daktylos	Finger	1,95 cm

Tabelle 6.3.1–1: Fortsetzung

b) Kleinmaße und deren Einteilung

Name	Verhältniszahlen										
bema	1										
geometrike pechys	$1^1/_4$	1									
lidikos pechys	$1^2/_3$	$1^1/_3$	1								
pous	$2^1/_2$	2	$1^1/_2$	1							
basilike spidame	$3^1/_3$	$2^2/_3$	2	$1^1/_3$	1						
lichas	4	$3^1/_5$	$2^2/_5$	$1^3/_5$	$1^1/_5$	1					
dichas	5	4	3	2	$1^1/_2$	$1^1/_4$	1				
palaiste	10	8	6	4	3	$2^1/_2$	2	1			
anticheir	$13^1/_3$	$10^2/_3$	8	$5^1/_3$	4	$3^1/_3$	$2^2/_3$	$1^1/_3$	1		
kondylos	20	16	12	8	6	5	4	2	$1^1/_2$	1	
daktylos	40	32	24	16	12	10	8	4	3	2	1
≈ Länge cm:	78,1	62,46	46,8	31,23	23,4	19,5	15,62	7,81	5,86	3,9	1,95

Tabelle 6.3.1–2: Offizielle byzantinische Flächeneinheiten

a) Flächenmaße für Ackerland 1. und 2. Güte und für Weinland

Name	≈ Werte[1)]		Einteilung
zeugarion	127977,12 m^2	135241,92 m^2	1
megas modios	3554,92 m^2	3756,72 m^2	36
modios	888,73 m^2	939,18 m^2	144
annonikos modios	592,49 m^2	626,12 m^2	216
schoinion	444,37 m^2	469,59 m^2	288
pinakion	222,18 m^2	234,79 m^2	576
tagarion	111,09 m^2	117,40 m^2	1152
litra	22,22 m^2	23,48 m^2	5760
orgyja^2	4,44 m^2	4,76 m^2	28800
ouggia	1,85 m^2	1,96 m^2	69120
exagion	0,31 m^2	0,33 m^2	414720

b) Für minderwertige Wiesen und Böden enthielt ein *Zeugarion* 184288,32 m^2. Die Werte der übrigen Einheiten änderten sich entsprechend der Einteilung.

c) Für Wiesen 1. Güte waren die Flächenmaße etwa die Hälfte von denen für Ackerland 1. und 2. Güte.

1) Spalte 2: Werte vor, Spalte 3: Werte seit Kaiser Michael (IV.? [1034–1041]).

Tabelle 6.3.1–3: Offizielle byzantinische Volumeneinheiten

a) Für trockene Stoffe

Name	Verhältniszahlen												
Handels-modios	1												
megarikon	3	1											
Handels-pinakion	4	$1\frac{1}{3}$	1										
megas-modios	$4\frac{1}{2}$	$1\frac{1}{2}$	$1\frac{1}{8}$	1									
Handels-tagarion	8	$2\frac{2}{3}$	2	$1\frac{7}{9}$	1								
dalassios modios	18	6	$4\frac{1}{2}$	4	$2\frac{1}{4}$	1							
monasteriakos modios	$22\frac{1}{2}$	$7\frac{1}{2}$	$5\frac{5}{8}$	5	$2\frac{13}{16}$	$1\frac{1}{4}$	1						
modius tripinakion	24	8	6	$5\frac{5}{8}$	3	$1\frac{1}{3}$	$1\frac{1}{5}$	1					
annonikos modios	27	9	$6\frac{3}{4}$	6	$3\frac{3}{8}$	$1\frac{1}{2}$	$1\frac{1}{6}$	$1\frac{1}{8}$	1				
pinakion	72	24	18	16	9	4	$3\frac{1}{5}$	3	$2\frac{2}{3}$	1			
tagarion	144	48	36	32	18	8	$6\frac{2}{5}$	6	$5\frac{1}{3}$	2	1		
phoukte	600	200	150	$133\frac{1}{3}$	75	$33\frac{1}{3}$	$26\frac{2}{3}$	25	$22\frac{2}{9}$	$8\frac{1}{3}$	$4\frac{1}{6}$	1	
logarike litra[1)]	720	240	180	160	90	40	32	30	$26\frac{2}{3}$	10	5	$1\frac{1}{5}$	1
≈ Volumen ℓ:	307,5	102,5	76,9	68,3	38,4	17,08	13,67	12,81	11,39	4,27	2,14	0,513	0,43

1) Gilt nur für Weizenfüllung.

Tabelle 6.3.1–3: Fortsetzung

b) Für Flüssigkeiten (Wein oder Wasser)

Name	Verhältniszahlen					
megarikon	1					
dalassion metron	10	1				
monasteriakon metron	$12^{1}/_{2}$	$1^{1}/_{4}$	1			
annonikon metron	15	$1^{1}/_{2}$	$1^{1}/_{5}$	1		
tetartion	40	4	$3^{1}/_{5}$	$2^{2}/_{3}$	1	
mina	100	10	8	$6^{2}/_{3}$	$2^{1}/_{2}$	1	
logarike litra[1)]	300	30	24	20	$7^{1}/_{2}$	3	1
≈ Volumen ℓ:	102,5	10,25	8,20	6,83	2,56	1,025	0,342

1) Gilt nur für Weißweinfüllung.

Tabelle 6.3.1–4: Offizielle byzantinische Gewichtseinheiten

Name	Verhältniszahlen					
pesa	1					
gomarion	$1^{1}/_{3}$	1				
kentenarion	4	3	1			
argyrike litra	384	288	96	1		
logarike litra	400	300	100	$1^{1}/_{24}$	1	
soualia litra	500	375	125	$1^{29}/_{96}$	$1^{1}/_{4}$	1
argyrike ouggia	4608	3456	1152	12	$11^{13}/_{25}$	$9^{27}/_{125}$
logarike ouggia	4800	3600	1200	$12^{1}/_{2}$	12	$9^{3}/_{5}$
soyalia ouggia	6000	4500	1500	$15^{5}/_{8}$	15	12
exagion	28800	21600	7200	75	72	$57^{3}/_{5}$
drachme	38400	28800	9600	100	96	$76^{4}/_{5}$
gramma	115200	86400	28800	300	288	$230^{2}/_{5}$
obolos	230400	172800	57600	600	576	$460^{4}/_{5}$
keration	691200	518400	172800	1800	1728	$1382^{2}/_{5}$
sitokokkon	2764800	2073600	691200	7200	6912	$5529^{3}/_{5}$
kridokokkon	3456000	2592000	864000	9000	8640	6912
≈ Gewicht (in g)						
4.–6. Jh.:	129600	97200	32400	337,5	324	259,2
6.–7. Jh.:	128800	96600	32200	335,417	322	257,6
7.–9. Jh.:	128000	96000	32000	333,333	320	256
seit 9. Jh.:	127600	95700	31900	332,292	319	255,2

Tabelle 6.3.1–3: Fortsetzung

c) Für Flüssigkeiten (Öl)

Name	Verhältniszahlen						
delassion metron	1						
monasterikon metron	$1\frac{1}{4}$	1					
annonikon metron	$1\frac{1}{2}$	$1\frac{1}{5}$	1				
tetartion	4	$3\frac{1}{5}$	$2\frac{2}{3}$	1			
soualia litra	30	24	20	$7\frac{1}{2}$	1		
soualia ouggia	300	288	240	90	12	1	
logarike litra	24	$19\frac{1}{5}$	16	6	$\frac{4}{5}$	$\frac{1}{15}$	1
≈ Volumen ℓ:	8,52	6,82	5,68	2,13	0,284	0,024	0,355

Verhältniszahlen									
1									
$1\frac{1}{24}$	1								
$1\frac{29}{96}$	$1\frac{1}{4}$	1							
$6\frac{1}{4}$	6	$4\frac{4}{5}$	1						
$8\frac{1}{3}$	8	$6\frac{2}{5}$	$1\frac{1}{3}$	1					
25	24	$19\frac{1}{5}$	4	3	1				
50	48	$38\frac{2}{5}$	8	6	2	1			
150	144	$115\frac{1}{5}$	24	18	6	3	1		
600	576	$460\frac{4}{5}$	96	72	24	12	4	1	
750	720	576	120	90	30	15	5	$1\frac{1}{4}$	1
28,125	27	21,6	4,5	3,375	1,125	0,563	0,188	0,047	0,038
27,951	26,833	21,467	4,472	3,354	1,118	0,559	0,186	0,047	0,037
27,778	26,667	21,333	4,444	3,333	1,111	0,556	0,185	0,046	0,037
27,691	26,583	21,267	4,431	3,323	1,108	0,554	0,185	0,046	0,037

6.3.2 Außereuropäischer Mittelmeerraum

Tabelle 6.3.2–1: Islamische Längeneinheiten

a) Kleinmaße

Name	Bedeutung	Verhältniszahlen					
asl tanab	Seil oder Kette	1					
bab, qasaba[1)]	Rute	10	1				
ba, qama	Klafter	20	2	1			
dira al-yad	kanonische Elle	80	8	4	1		
qabda	Faustbreite	480	48	24	6	1	
asba	Fingerbreite	1920	192	96	24	4	1
	≈ Länge cm:	3990	399	199,5	49,875	8,31	2,08

1) Nach 1830: 1 qasaba = 355 cm.

b) Wegmaße

1 barid = 4 farsah (Parasangen) = 12 mil (Meilen): etwa 24 km

c) Weitere Ellenmaße, vorwiegend für den Handel mit Stoffen (Angaben in cm)

Name	Bedeutung	≈ Länge
dira as-sariyya	kanonische Elle = ägypt. Handelle	49,875
dira al-barid	Post-Elle, identisch mit kanon. Elle	49,875
dira ad-dur	Häuser-Elle, auch: fiddiya	50,3
dira al-amma	gewöhnliche Elle, wahrsch. = schwarze Elle	54,04
dira al-kirbas	Elle für weiße Sackleinwand	54,04

Tabelle 6.3.2–1c: Fortsetzung

Name	Bedeutung	≈ Länge
dira as-sauda	»Schwarze Elle« = 24 asba	54,04
dira	abbassidische »schwarze Elle«	54,04
dira al-hadid	»Eisen-Elle« = 28 kanon. asba, $1^1/_6$ Handelle	58,187
pik	Kairo: Handelle + 4 asba = $1^1/_6$ Handellen	58,187
dira al-baladiyya	Tuchelle von Kairin	58,26
dira al-Bilahyya	auch kl. Hasimi-Elle genannt	60,055
pik	Damaskus	63,035
aras	pers. Elle = $^2/_3$ Königselle ($^2/_3$×95 cm)	64
pik	Tripoli	64
pik	Jerusalem	64,77
dira al-hindase	für indische Tuche. Heute:	65,6
dira al-Hasimiyya	= 8 qabda = 32 asba	66,5
dira al-amal	ägypt. »praktische Elle«, entspricht der Hasimi-Elle	66,5
dira al-miaha	Vermessungs-Elle = Königs-Elle	66,5
dira al-malik	»Königs-Elle«	66,5
dira al-Istanbuliyya	Stambuler Tuchelle	67,3
pik	Aleppo	67,9
dira al-omariyya	Elle des Kalifen Omar = $^1/_2$ Waage-Elle	72,815
zar	pers. Bezeichnung der Elle. Isfahaner Elle	79,8
dira al-mi'mariyya	»Bau-Elle«	79,8
zira	Seit 1647: agra	81,28
pik	Bagdad, al-Basra	82,9
gäz	pers., auch: zar, zira. 17. Jh.	95
dira al-mizaniyya	»Waage-Elle«. Zur Vermessung von Kanälen	145,63

Tabelle 6.3.2–2:
Islamische Flächeneinheiten (Angaben in m²)

Name		Fläche
faddan	= 400 qasaba² (im Mittelalter)	6368 [1)]
	= 333¹/₃ qasaba² (1800–1830)	5306,7 [1)]
	= 333¹/₂ qasaba² (ab 1830)	4200,8 [2)]
garib	= 100 qasaba² (im Mittelalter)	1592 [1)]
gr. garib	= 3¹/₂ garib	5837,3
	= 1066 gäz² (ab 15. Jh.)	958
marga	= (40 dira as-sauda)²	467,2
qirat	ägyptisch	175,035
qafiz	= ¹/₁₀ garib = 360 Quadratellen	159,2
habba	= ¹/₃ qirat = ¹/₇₂ faddan (ab 1830)	58,345 [2)]
daniq	= ¹/₆ qirat	29,17
asir	= 1 qasaba²	15,92 [1)]
sahm	= ¹/₂₄ qirat	7,293

1) Bis etwa 1830: 1 qasaba = 3,99 m.
2) Von 1830 bis zur Gegenwart: 1 qasaba = 3,55 m.

Tabelle 6.3.2–3: Islamische Volumeneinheiten

Bemerkung: Getreide wurde oft nach Volumen gemessen und nach Gewicht bewertet. 75–77 kg Weizen oder 60–72 kg Gerste wurden 100 ℓ gleich geachtet.

a) Für trockene Stoffe

aa) Frühzeit

Name	Verhältniszahlen				
wasq	1				
garib	8¹/₂	1			
farq	20	2¹/₃	1		
sa	60	7	3	1	
mudd	240	28	12	4	1
≈ Volumen ℓ:	252,3	29,5	12,6	4,21	1,053

Tabelle 6.3.2–3a: Fortsetzung

ab) Ägypten

Name	Verhältniszahlen						
irdabb	1						
butta	4	1					
waiba	6	$1^1/_2$	1				
gr. qadah	48	12	8	1			
kl. qadah	96	24	16	2	1		
rab	192	48	32	4	2	1	
harruba	1536	384	256	32	16	8	1
≈ Volumen ℓ:	90	22,5	15	1,88	0,94	0,47	0,06

ac) Irak

Name	Verhältniszahlen				
kurr	1				
kara	30	1			
qafiz	60	2	1		
makkuk	480	16	8	1	
kailaga	1440	48	24	3	1
≈ Volumen ℓ:	3600	120	60	7,5	2,5

ad) Weitere Volumenmaße für trockene Stoffe (Angaben in ℓ)

Name	Geltungsbereich	≈ Volumen
Reichs-müdd	Türkei	666,4
girara	Damaskus	265
qafiz	Tunis	201,877
qafiz	Syrien, Palästina	151,4
osman. kile	Türkei	141,08
garib	Persien	130
makkuk	Damaskus	105
mudd	Jerusalem	ca. 100

Tabelle 6.3.2–3a: Fortsetzung

Name	Geltungsbereich	≈ Volumen
qafiz	Cordoba	44,16
mudd	Amman	37,8
kile, kailca	Türkei	33,32
qabb	Jerusalem	ca. 25
kail	Damaskus	22,08
mudd	Persien	10,8
birsala		8,5
tillis	Türkei	8,32
kail	Aleppo	6,56
kailaga	Palästina	6,3
asir		6
mudd	Marokko	4,32
sunbul	Syrien	4,16
kailaga	Persien	2,2

b) Für Flüssigkeiten (Angaben in ℓ)

Name	Geltungsbereich	≈ Volumen
hik	persisches Weinmaß	41,7
metre	Türkei	10,265
peimana	Persien	8,3 kg[1)]
rub	Andalusien	8,16
kilinder	Türkei	2,57
gr. qist	Irak	2,432
qist	Ägypten: = $^1/_2$ sa	2,106
kl. qist	Irak	1,216
misqa	Mesopotamien	0,118

1) Für Wein, Essig, zerlassene Schafsbutter o. ä. Je nach Dichte der Füllung waren die Gefäße verschieden groß, so dass der Inhalt 10 Täbrizer *männ* = 8,3 kg wog.

Tabelle 6.3.2–4: Islamische Gewichtseinheiten

a) Bezugseinheiten (Angaben in g)

aa) Münzgewichtseinheiten

Name		≈ Gewicht
Golddinar		4,223
Silberdirham	Verhältnis Gold : Silber 10 : 7	2,956
Silberdirham	Verhältnis Gold : Silber 3 : 2	2,815

ab) Warengewichtseinheiten

Name	Geltungsbereich	≈ Gewicht
Standard-dirham	Irak	3,125
Standard-mitqal	Irak	4,464
mitqal	Ägypten	4,68
dirham	Syrien	3,14
dirham	Damaskus und Anatolien	3,086
mitqal	Damaskus	4,62
mitqal	Anatolien	4,81
dirham	Persien	3,2
mitqal	Persien	4,6

b) Einteilung des *ratl* (*rattl*, *rattel*, *ritl*, *rotolo* u. a.) im hohen Mittelalter in Mekka, Syrien, Kleinasien, Ägypten

Name	Verhältniszahlen					
ratl	1					
uqiya (Unze)	12	1				
mitqal	72	6	1			
dirham	108	9	$1^1/_2$	1		
qirat	1728	144	24	16	1	
habba	6912	576	96	64	4	1
≈ Gewicht g:	337,5	28,12	4,68	3,125	0,195	0,049

100 ratl = 1 qintar (Zentner).

Tabelle 6.3.2–4: Fortsetzung

c) Weitere Werte des *ratl* (Angaben in g)

Geltungsbereich	Geltungszeit	dirham	à	≈ Gewicht
Mekka	Frühzeit	480	3,125	1500
	Mittelalter	260	3,125	812,5
	spätes Mittelalter	130	3,271	425,25
Medina		195	3,125	609,375
Ägypten	Abbasiden-Zeit	96	3,125	300
	12. Jh.: ratl folfoli[1)]	144	3,125	450
	12. Jh.: ratl kabir	160	3,125	500
	12. Jh.: ratl laiti	200	3,100	620
	12. Jh.: ratl garwi	312	3,099	967
Palästina	Mittelalter	800	3,125	2500
Damaskus		600	3,083	1850
Aleppo		480	3,125	1500
Tripoli		630	3,125	1986
Irak		130	3,125	406,25
Konstantinopel		876	3,196	2800
Andalusien	96 mitqal à 4,72 g			453,3

1) Für Gewürze.

d) Weitere Gewichtseinheiten (Angaben in kg)

Name	Geltungsbereich, Umrechnung	≈ Gewicht
bahar	Hormuz: = 20 farasila = 200 männ	207,4
	für Kardamom, Kubetenpfeffer, Nelkenstiele, langen Pfeffer, Drachenblut, Aloe	248,8
	für Weizen, Gerste, Reis, Hanf, Talg, Sumach, Sesam, Kohle, Fischbein, Leinsamen, Butter, Sesamöl, Senfkörner, Seife	420,88
	Mekka, 17. Jh.	183,7
himl	Irak: Kamelslast = 300 männ od. 600 ratl	273
harwar	Persien: Eselslast = 100 männ	83,3
	Ostanatolien	162,144

Tabelle 6.3.2–4d: Fortsetzung

Name	Geltungsbereich, Umrechnung	≈ Gewicht
männ	antike »Mine« = 2 ratl = 260 dirham	0,8125
	Persien: wichtigstes Warengewicht	
	Schiras, 10. Jh.: = 260 dirham à 3,2 g	0,833
	Kerman: = 400 dirham	1,280
	Tabarestan: = 600 dirham	1,920
	Schiras, Ardabil: = 1040 dirham	3,328
	Persien, hohes u. spätes Mittelalter	
	kl. männ = 260 dirham	0,833
	gr. männ	ca. 3,000
	nordpers. männ = 600 dirham	1,920
	Ägypten: = 2 Bagdader ratl = 260 dirham	0,8125
	Syrien: = 260 dirham à 3,15 g	0,819
	Irak: = 260 dirham à 3,14 g (seit dem hohen Mittelalter)	0,8165
batman	Ostanatolien, 15. Jh.: = 1920 dirham à 3,207 g	6,157
oqqa	Türkei: = 400 dirham à 3,207 g	1,2828
qintar	»Zentner«: allgemein = 100 ratl, u. U. = 100 männ	
	Ägypten:	
	qintar folfoli[1] = 100 ratl à 144 dirham	45,0
	qintar laiti = 100 ratl laiti à 200 dirham	62,0
	qintar garwi = 100 ratl garwi à 312 dirham	96,7
	Alexandria	81,25
	Damaskus: = 100 ratl	185,0
	Damaskus, 17. Jh.: = 150 oqqa	192,4
	Aleppo: = 100 ratl à 720 dirham	228,0
	Persien	57,0
	Kleinasien: = 100 lodra à 176 dirham	56,443
bogca	Türkei: = 4 batman à 1580 dirham à 3,207 g	20,268
sporta	Ägypten, Mittelalter: »Ladung« von 500 ratl	222,465

1) Vorwiegend für Gewürze u. ä.; hauptsächlich in Alexandria.

Tabelle 6.3.2–4d: Fortsetzung

Name	Geltungsbereich, Umrechnung	≈ Gewicht
yük	Türkei: »Saumlast« = 8 bogca à 4 batman à 1580 dirham	162,144
	»Seiden-Saumlast« = 10 batman à 6,154 kg	61,54
wezne	Türkei: = 30 lodra à 120 dirham à 3,207 g	11,545
lodra	Türkei, Mittelalter: = 176 dirham	0,564

e) Kleine Gewichtseinheiten (Angaben in g)

Name	Geltungsbereich, Umrechnung	≈ Gewicht
uqiya	»Unze«, grundsätzlich = $^1/_{12}$ ratl	
	Mekka, Frühzeit: = 40 dirham	125,0
	Mekka, 17. Jh.: = $^1/_{15}$ rottula	27,08
	Ägypten: = 12 dirham	37,5
	Damaskus: = $^1/_{12}$ ratl = 50 dirham	154,166
	Aleppo: = 60 dirham à 3,167 g	190,0
	Jerusalem: = $66^2/_3$ dirham	208,33
	Bagdad: = $10^5/_6$ dirham	33,85
sir	Persien: = $^1/_{40}$ gr. männ	74,24
nass	Altarabisch: = $^1/_2$ uqiya à 20 dirham	62,5
gauza	»Nuss« = 7 mitqal/daraẖmi	29,75
dam, tank	Indien	20,963
istar	griech. Stater = $4^1/_2$ mitqal à 4,46 g	20,0
nawa	Arabien: = 5 dirham	15,6
tola, tolca	Indien, 16. Jh.: = 12 masa	12,0504
daraẖmi	attische Drachme	4,25
migr, magjar	Ägypten: = 18 qirat	3,51
baqila	Ägypten: »Bohne« = 4 samuna oder 12 qirat	2,34
masa	Indien	1,0042
samuna	Ägypten: = $^1/_4$ baqila	0,585

Tabelle 6.3.2–4e: Fortsetzung

Name	Geltungsbereich, Umrechnung	≈ Gewicht
wal	Indien: = 3 ratti ≐ $^1/_{32}$ tola	0,3766
qirat	Ägypten	0,195
harruba	»Johannisbrotkorn« = $^1/_{24}$ mitqal	0,195
nohod	Persien: »Erbse«; gleich groß: tasu	0,18
sorh	Indien: = $^1/_8$ masa = 1 ratti	0,1256
qamha	Ägypten: »Weizenkorn« = $^1/_{64}$ dirham	0,0488
gou	Persien: »Gerstenkorn« = $^1/_4$ tasu	0,045
gändom	Persien: »Weizenkorn«; gleichwertig mit gou, »Gerstenkorn«	0,048
aruzza	»Reiskorn« = $^1/_{240}$ mitqal à 4,46 g	0,0186

6.3.3 **Europa im 18. und 19. Jahrhundert**

Tabelle 6.3.3–1:
Einheiten von überregionaler Bedeutung – Bezugseinheiten

a) Fuß-Maße (Angaben in cm)

Bezeichnung	18. Jh.	19. Jh.	amtliche Umrechnung
Pariser Fuß (Pied de Roi)	32,47325	32,48394	32,48394
Rheinischer Fuß	31,3849	31,385	31,385
Bayerischer Fuß	28,874	29,186	29,18592
Nürnberger Fuß	30,386	30,378	30,3750
Wiener Fuß	32,032	31,610	31,6081

Tabelle 6.3.3–1: Fortsetzung

b) Ellen-Maße (Angaben in cm)

Bezeichnung	18. Jh.	19. Jh.	amtliche Umrechnung
Brabanter Elle	69,14	69,62	
in Brüssel		69,51	
in Frankfurt a. M.	69,13	69,88	
in Hamburg	69,14	69,10	
in Leipzig	69,09	68,50	
in Amsterdam	69,14	69,41	
Nürnberger Elle	65,96	65,64	65,81
Wiener Elle	77,53	77,92	77,7558
Berliner Elle	66,68	66,77	66,694
Bayerische Elle	83,49	83,30	83,3015

c) Einteilung der alten französischen Längenmaße

Bezeichnung	Verhältniszahlen			
Perche Royale	1			
Toise de Chatelet[1)]	$3^2/_3$	1		
Pied de Roi	22	6	1	
Pouces (Zoll)	264	72	12	1
Lignes (Linien)	3168	864	144	12

1) Nach der »Toise de Chatelet« wurde 1735 für die Gradmessung in Peru die »Toise de Pérou« gefertigt, die bis zur Einführung des »mètre provisoire et légal« 1795 das französische Längennormal darstellte.

d) Gewichtsmaße zu Beginn des 19. Jh.[2)] (Angaben in g)

Bezeichnung	
Kölnische Mark	233,855
Niederl. As	0,048 063
Niederl. Troy-Mark (5120 As)	246,083 86
Nürnberger Apothekerpfund	357,854

2) Vgl. auch Tab. 6.3.3–5.

Tabelle 6.3.3–2:
Europäische Längeneinheiten im 1. Drittel des 19. Jahrhunderts

Stadt Staat	Fuß-Maße cm	Ellen-Maße cm	Meilen-Maße m	Bemerkungen
Aachen	28,87	66,72		
Amsterdam	28,31	68,78	5857,9	
Ansbach	29,96	62,37		
Antwerpen	28,68	69,50	5857,9	
Augsburg	29,62	58,65		
Baden, Ghzt.	30,00	60,00	8888,8	seit 1810
Basel	30,45	53,98	8345,9	
Bayern, Kgr.	29,19	83,30	7407,4	seit 1811
Bern	29,33	54,17	8345,9	
Bologna	38,00	64,00		
Braunschweig, Hzt.	28,54	57,07	7419,2	
Bremen	28,94	57,87		
Breslau	28,80	57,61		
Dänemark	31,38	62,75	7522,7	
Danzig	28,69	57,39	7407,4	
Dresden	28,33	56,65	7416,0	neue Meile
Düsseldorf	28,74	68,52		
Emden	29,21	67,88		
Erfurt	28,33	56,31		
Florenz		58,36	1851,8	
Frankfurt a. M.	28,46	54,73		
Frankreich	32,48	118,84	4444,4	alte Einheiten
Gera	28,62	57,24		
Gotha	28,76	56,26		
Großbritannien	30,48	91,44	1609,3	
Hamburg	28,64	57,08	7532,5	
Hannover, Kgr.	29,20	58,40	7419,2	
Hessen, Ghzt.	25,00	60,00	7500	seit 1817
Hildesheim	28,00	56,00		
Kassel	28,77	58,39	9206,4	
Köln a. Rh.	28,74	57,48		
Leipzig	28,32	56,50	9062,1	

Tabelle 6.3.3–2: Fortsetzung

Stadt Staat	Fuß-Maße cm	Ellen-Maße cm	Meilen-Maße m	Bemerkungen
Lippe, Ft.	28,95	57,92		
Lübeck	28,32	57,58	7362,5	
Mailand	43,52	59,49		
Mainz	29,13	55,08		
Mecklenburg-Schwerin, Ghzt.	28,77	57,54	7532,5	
Neapel	26,37	210,94	10000	
Niederlande	10,00 (Palm)	100,00	1000	seit 1816
Nürnberg	30,40	65,64		
Preußen, Kgr.	31,39	66,69	7532,5	
Regensburg	31,36	81,00		
Riga	27,41	54,82	1066,8	
Rom	24,83	200,16	1489,0	
Russland	28,20	71,15	1066,8	
Schweden	29,67	59,37	10688,5	
Weimar	28,20	56,40	7358,5	
Wien	31,61	77,92	7586,5	
Württemberg, Kgr.	28,65	61,42	7449,75	
Würzburg	29,37	58,74	7407,4	
Zürich	30,16	60,28	8345,9	

Tabelle 6.3.3–3: Europäische Flächeneinheiten der Landwirtschaft in der 1. Hälfte des 19. Jahrhunderts

Stadt, Staat	Name	m^2	Bemerkungen
Aachen	Morgen	3053	nach 1816 wie Preußen
Amsterdam	Morgen	8129	
Ansbach	Juchart	3406	wie Bayern
Antwerpen	Bunder	13150	
Augsburg	Juchart	1401	nach 1811 wie Bayern

Tabelle 6.3.3–3: Fortsetzung

Stadt, Staat	Name	m^2	Bemerkungen
Baden, Ghzt.	Morgen	3600	
Basel	Juchart	3339	
Bayern, Kgr.	Juchart	3406	
Bern	Ackerjuchart	3440	
Bologna	Biolca	2832	
Braunschweig, Hzt.	Feldmorgen	2502	
Bremen	Morgen	2574	
Breslau	Morgen	5601	
Dänemark	Tonne	11049	
Danzig	Morgen	5553	
Dresden	Morgen	2770	
Düsseldorf	Feldmorgen	1700	
Emden	Morgen	2618	wie Hannover
Erfurt	Acker	2642	
Florenz	Stioro	409	
Frankfurt a. M.	Feldmorgen	2020	
Frankreich	Arpent de Paris	3419	
Gera	Scheffel	2452	
Gotha	Feldacker	2270	
Großbritannien	Acre	4047	
Hamburg	Morgen	9653	
Hannover, Kgr.	Morgen	2621	seit 1836
Hessen, Ghzt.	Morgen	2500	seit 1817
Hildesheim	Morgen	2621	seit 1836
Kassel	Feldacker	2388	
Köln a. Rh.	Feldmorgen	1700	
Leipzig	Acker	5540	
Lippe, Ft.	Morgen	2575	
Lübeck	Scheffel	1518	mittlerer Wert
Mailand	Tornatura	10000	
Mainz	Morgen	2495	
Mecklenburg-Schwerin, Ghzt.	Morgen	6547	
Neapel	Versura	514	
Niederlande	Morgen	8128,56	
Nürnberg	Tagewerk	4726	

Tabelle 6.3.3–3: Fortsetzung

Stadt, Staat	Name	m^2	Bemerkungen
Preußen, Kgr.	Neuer Morgen	2552	Alter Morgen: 5670 m^2
Regensburg	Juchart	3406	
Riga	Desjatine	10927	
Rom	Rubbio	2641	
Russland	Desjatine	10923	
Schweden	Tonne	4928	
Weimar	Acker	2850	
Wien	Joch	5755	
Württemberg, Kgr.	Morgen	3149	
Würzburg	Juchart	3406	
Zürich	Juchart	3600	

Tabelle 6.3.3–4: Europäische Volumeneinheiten in der 1. Hälfte des 19. Jahrhunderts

Stadt	Trockene Stoffe		Flüssigkeiten	
Staat	Name	ℓ	Name	ℓ
Aachen	Fass	24,71	Bierkanne	1,133
Amsterdam	Schepel	27,81	Stekan	19,403
Ansbach	Korn-Simmer	337,10	Maß	1,350
Antwerpen	Rasiere	79,63	Pot	1,422
Augsburg	Schaff	205,30	Visiermaß	1,177
Baden, Ghzt.	Malter	150,00	Maß	1,500
Basel	kl. Sester	17,08	alte Maß	1,422
Bayern, Kgr.	Metze	37,06	Maßkanne	1,069
Bern	Mütt	168,14	Maß	1,671
Bologna	Corba	78,65	Boccali	2,598
Braunschweig, Hzt.	Himten	31,17	Quartier	0,934
Bremen	Scheffel	74,07	Quart	0,943
Breslau	Scheffel	74,87	Quart	0,693
Dänemark	Korntonne	139,00	Pott	0,965
Danzig	Scheffel	48,64	Weinstoi	1,716

Tabelle 6.3.3–4: Fortsetzung

Stadt Staat	Trockene Stoffe Name	 ℓ	Flüssigkeiten Name	 ℓ
Dresden	Scheffel	103,90	Dresdener Kanne	0,936
Düsseldorf	Malter	165,83	Weinmaß	1,268
Emden	Scheffel	27,26	Biernösel	0,511
Erfurt	Malter	715,36	Biermaß	1,023
Florenz	Stajo	24,36	Barile da vino	45,584
Frankfurt a. M.	Malter	114,73	Altmaß	1,793
Frankreich	Hektoliter	100,00	Liter	1,000
Gera	Scheffel	106,16	Kanne	0,921
Großbritannien	Quarter	352,01	Pinte	0,688
Hamburg	Scheffel	105,29	Quartier	0,903
Hannover	Himten	31,17	Quartier	0,980
Hessen, Ghzt.	Malter	128,00	Maß	2,000
Hildesheim	Malter	158,70	Quartier	0,833
Kassel	Viertel	160,48	Maß	1,950
Köln a. Rh.	Malter	143,54	Maß	1,327
Leipzig	Scheffel	103,90	Schenkkanne	1,204
Lippe, Ft.	Roggenscheffel	44,29	Kanne	1,376
Lübeck	Scheffel	35,59	Quartier	0,936
Mailand	Korn-Moggio	146,23	Pinte	1,574
Mainz	Malter	109,06	Maß	1,695
Mecklenburg-Schwerin, Ghzt.	Scheffel	77,14	Pot	0,904
Neapel	Tomolo	55,23	Caraffa	0,727
Niederlande	Mudde	100,00	Kanne	1,000
Nürnberg	Korn-Sümmer	19,88	Schenkmaß	1,078
Preußen, Kgr.	Scheffel	54,96	Quart	1,154
Regensburg	Schaff	586,52	Köpfel	0,833
Riga	Loof	65,16	Stoof	1,210
Rom	Rubbio	267,75	Boccalo	1,423
Russland	Tschetwert	194,56	Kruschka	1,587

Tabelle 6.3.3–4: Fortsetzung

Stadt Staat	Trockene Stoffe Name	ℓ	Flüssigkeiten Name	ℓ
Schweden	Tonne	164,84	Kanne	2,618
Weimar	Scheffel	67,05	Kanne	1,018
Wien	Metzen	61,50	Maß, helleich	1,415
Württemberg, Kgr.	Scheffel	177,22	Maß	1,837
Würzburg	Korn-Malter	172,98	Schenkmaß	1,039
Zürich	Malter	328,50	Maß	1,825

Tabelle 6.3.3–5: Europäische Masseneinheiten (Gewichte) in der 1. Hälfte des 19. Jahrhunderts

a) Übersicht (Ziffern mit Klammern in der letzten Spalte verweisen auf Abschnitt b der Tabelle)

Stadt, Staat	Art des Gewichtes	g	Pfund und Lot je Zentner [oder Teilmaße]
Aachen	Alt. Pfund	467,043	100 à 32
Amsterdam, Niederlande	Alt. Troy-Pfund	492,168	1)
	Alte Troy-Mark	246,084	1)
	Alt. Handelspfund	494,041	100 à 32
	Alt. Medizinalpfund	369,089	1)
	Alt. Juwelenkarat	0,205 894	
Ansbach	Alt. Handelsgewicht	509,996	100 à 32
Antwerpen, Belgien	Alt. Handelspfund	470,156	100 à 16 Unzen
	Alt. Medizinalpfund	470,074	[Pf. à 20 Unzen]
Augsburg	Alt. Pfund Leichtgewicht	472,423	100 à 32
	Alt. Pfund Frohn- od. Schwergewicht	490,874	100
	Mark Silbergewicht	235,924	s. 4) Köln
Baden, Ghzt.	Medizinalpfund	357,780	s. 5) Nürnberg
	Köln. Mark	233,640	s. 4) Köln
	Handelspfund	500,000	100 à 32
Basel	Gr. Eisen- od. Handelspfund	493,240	100
	Kl. Eisengewichtspfund	486,200	[Pf. à 32 Lot]

Tabelle 6.3.3–5: Fortsetzung

Stadt, Staat	Art des Gewichtes	g	Pfund und Lot je Zentner [oder Teilmaße]
(Basel)	Messing-, Spezerei- u. Safrangewichtspfund	480,235	[Pf. à 32 Lot]
	Silbergewichtspfund	467,235	[Pf. à 32 Lot]
Bayern, Kgr. (außer Rheinkreis)	Köln. Mark	233,950	s. 4) Köln
	Medizinalpfund	360,000	s. 5) Nürnberg
	Handelspfund	560,000	100 à 32
Berlin	Alte Köln. Mark	233,811	s. 4) Köln
	Alt. Handelspfund	468,536	110 à 32
	Alt. Medizinalpfund	357,567	s. 5) Nürnberg
	Alt. Juwelenkarat	0,205587	
Bern	Pfund Eisengewicht	520,035	100 à 32
	Gewicht f. Gold, Silber, Seide u. Salz	489,506	[Mk. à 16 Lot]
	Medizinalpfund	356,578	s. 5) Nürnberg
Böhmen, Kgr.	Alt. Handelspfund	514,354	120 à 32
Bologna, Kirchenstaat	Handelspfund	361,850	[Peso = 25 Libbre à 12 Once]
	Medizinalpfund	325,666	[Libbra=12 Once à 8 Dramme à 3 Scrupoli à 24 Grani]
Braunschweig, Hzt.	Handelspfund	467,711	114 à 32
	Köln. Mark	233,856	[= 16 Lot = 64 Quentchen]
	Medizinalpfund	350,783	s. 5) Nürnberg
Bremen	Handelspfund	498,500	116 à 32
	Krämerpfund	470,283	[Pf. à 32 Lot]
Breslau	Alt. Pfund	405,228	132 à 32
Brüssel, Belgien	Alt. Handelspfund	467,670	100 à 16 Unzen
	Alt. Pfund Markgewicht	492,152	[= 2 Mk. à 8 Unzen]
Dänemark, Kgr.	Handelspfund	499,309	2)
	Silbergewichtspfund	469,938	[Pf. = 2 Mark]
	Medizinalgewicht		s. 5) Nürnberg
Danzig	Alt. Handelspfund	434,732	120 à 32
	Alt. preuß. Silbermark	190,619	[= 16 Lot]

Tabelle 6.3.3–5: Fortsetzung

Stadt, Staat	Art des Gewichtes	g	Pfund und Lot je Zentner [oder Teilmaße]
Dresden	Handelspfund	466,936	110 à 32
	Köln. Mark	233,468	s. 4) Köln
Düsseldorf	Alt. Pfund	467,625	110 à 32
Emden	Alt. Pfund	468,536	100
Erfurt	Alt. Pfund	467,625	110 à 32
Frankfurt a. M.	Pfund Schwergewicht	505,347	100
	Pfund Leichtgewicht	467,914	108 à 32
	Medizinalpfund	357,854	s. 5) Nürnberg
	Köln. Mark	233,957	s. 4) Köln
	Juwelenkarat	0,205 894	
Frankreich	Kilogramm	1000,000	100
	Pfund f. d. Kleinverkauf	500,000	[Pf. à 16 Unzen]
Genua	Pfund Peso grosso	348,687	150
	Pfund Peso sottile	316,968	[Pf. à 12 Unzen]
Goslar	Alt. Pfund	467,812	110 à 32
Gotha	Handelspfund	467,404	110 à 32
	Köln. Mark	233,702	s. 4) Köln
Großbritannien	Troy-Pfund	373,246	3)
	Avoirdupois-(Handels-) Pfund	453,598	112 à 16 Unzen
	Juwelenkarat	0,205 29	
Hamburg	Handelspfund	484,170	112 à 32
	Köln. Mark	233,703	s. 4) Köln
Hannover, Kgr.	Handelspfund	467,711	100 à 32
	Münzgewicht: Köln. Mark	233,856	[1 Mk. = 288 Grän]
	Medizinalgewicht	350,783	[1 Med.-Pf. = 12 Unzen]
	Juwelenkarat	0,205 537	
Hannover, Stadt	Alt. Handelspfund	489,635	112 à 32
Heidelberg	Alt. Pfund Leichtgewicht	467,923	108 à 32
	Alt. Pfund Schwergewicht	505,408	100
Hessen, Ghzt.	Handelspfund	500,000	100 à 32
	Medizinalpfund	357,828	s. 5) Nürnberg
	Köln. Mark	233,923	s. 4) Köln

Tabelle 6.3.3–5: Fortsetzung

Stadt, Staat	Art des Gewichtes	g	Pfund und Lot je Zentner [oder Teilmaße]
Hessen, Kft.	Pfund f. indir. Steuern	467,711	110 à 32
	Medizinalpfund	357,711	s. 5) Nürnberg
	Köln. Mark	233,906	s. 4) Köln
Karlsruhe	Alt. Pfund	467,290	104 à 32
Kassel, Kurhessen	Schweres Handelspfund	484,240	108 à 32
	Leichtes Handelspfund	467,812	108 à 32
Köln a. Rh.	Alte Mark	233,8123	4)
	Alt. Pfund	467,625	106 à 32
Königsberg i. Pr.	Alt. Pfund	381,238	128
	Alte Silbermark	190,619	[1 Mk. = 16 Lot]
Leipzig	Handelspfund	467,214	110 à 32
	Köln. Mark	233,8123	s. 4) Köln
Lippe-Detmold, Ft.	Handelspfund	467,410	108 à 32
	Medizinalpfund	350,783	s. 5) Nürnberg
Lübeck	Handelspfund	484,725	112 à 32
	Köln. Mark	233,690	s. 4) Köln
	Medizinalpfund	369,126	s. 5) Nürnberg
Lüneburg	Alt. Handelspfund	489,069	112 à 32
Mailand	Alt. gr. Pfund	762,517	[Pf. à 28 Once]
	Alt. kl. Pfund	326,793	[Pf. à 12 Once à 24 Denari]
	Alte Mark	234,997	[à 8 Once à 24 Denari]
	Medizinalpfund	420,009	s. 5) Nürnberg
	Juwelengewicht	0,206 085	
Mainz	Alt. Pfund Leichtgewicht	470,686	106 à 32
	Alt. Pfund Schwergewicht	498,927	100
Marseille	Alt. Handelspfund	407,930	100
Modena	Handelspfund	340,457	100 à 12 Once
	Medizinalpfund	340,457	[Libbra = 12 Once à 8 Dram.]
München	Alt. Handelspfund	561,384	100
Neapel	Pfund	320,760	[Libbra = 12 Once]

Tabelle 6.3.3–5: Fortsetzung

Stadt, Staat	Art des Gewichtes	g	Pfund und Lot je Zentner [oder Teilmaße]
Neuchâtel	Gemeines Pfund	520,100	100
	Pfund Gold- u. Silbergewicht	489,506	100
Niederlande	Niederl. Pfund	1000,000	
	Medizinalpfund	375,000	[à 12 Med. Onz. à 8 Drachm.]
Nürnberg	Alt. Handelspfund	509,996	100 à 32
	Alt. Pfund Silbergewicht	477,138	[Pf. à 32 Lot]
	Alte Nürnb. Mark	238,569	[Mk. à 8 Unzen]
	Alte Köln. Mark	233,832	s. 4) Köln
	Alt. Medizinalpfund	357,854	5)
Oldenburg	Handelspfund	480,367	100
	Medizinalpfund	357,854	
Padua	Peso grosso	486,539	[à 12 Unzen]
	Peso sottile	338,883	[à 12 Unzen]
Palermo	Pfund	317,552	
Paris	Alt. Pfund Markgewicht	489,506	100
Parma	Pfund	328,000	[Rubbo à 25 Libbre (Pf.)]
Polen	Handelspfund	405,504	100 à 32
	Medizinalpfund	358,511	s. 5) Nürnberg
	Münzgewicht	233,812	s. 4) Köln
	Alt. Handelspfund	405,228	160 à 32
Portugal	Mark	229,488	[Quintal = 128 Libbras (Pf.)]
Prag	Böhmisches Pfund	514,450	120 à 32
Preußen, Kgr.	Mark	233,856	6)
	Handelspfund	467,711	6)
	Medizinalpfund	350,783	s. 5) Nürnberg
	Juwelenkarat	0,205 537	
Regensburg	Alt. Handelspfund	566,917	100 à 32
	Alt. Pfund Silbergewicht	492,300	[Pf. à 32 Lot]
	Alte Regensb. Mark	246,150	[Mk. à 8 Unzen]
	Alte Köln. Mark	233,846	s. 4) Köln
Riga	Pfund	417,597	[Schiffspf. = 400 Pf.]

Tabelle 6.3.3–5: Fortsetzung

Stadt, Staat	Art des Gewichtes	g	Pfund und Lot je Zentner [oder Teilmaße]
Rom, Kirchenstaat	Pfund	339,161	[Cantaro = 100, 160 od. 250 Libbra]
Rostock	Pfund Stadt- od. Waagengewicht	508,229	112 à 32
	Pfund Krämergewicht	484,028	
	Gold-, Silbergewicht	233,812	s. 4) Köln
St. Petersburg, Russland	Handelspfund	409,300	[Pud = 40 Pf. à 32 Lot]
	Medizinalgewicht	357,854	s. 5) Nürnberg
Schweden	Schal- od. Viktualienpfund	425,340	120 à 32
	Stapelstädter Mark	340,272	
	Mark Bergwerksgewicht	375,826	
	Mark Münz-, Goldgewicht	210,639	
	Medizinalpfund	356,437	s. 5) Nürnberg
Solothurn	Handelspfund	518,400	100 à 32
	Medizinalpfund	357,622	s. 5) Nürnberg
Spanien	Kastil. Handelspfund	460,142	7)
	Kastil. Mark	230,071	7)
Turin	Handelspfund	368,845	
	Mark	245,896	
	Medizinalpfund	307,370	
Venedig	Alte Libbra grossa	476,999	[Pf. à 12 Unzen]
	Alte Libbra sottile	301,230	[Pf. à 12 Unzen]
	Alter Marco	238,499	[= 8 Once à 24 Denari]
Weimar	Handelspfund	467,625	110 à 32
	Münz-, Gold-, Silbergewicht	233,812	s. 4) Köln
Wien	Handelspfund	560,012	100 à 32
	Wien. Mark	280,644	s. 4) Köln
	Pfund Markgewicht	561,288	[Pf. = 2 Wiener Mk.]
	Köln. Mark	233,870	s. 4) Köln
	Medizinalpfund	420,009	s. 5) Nürnberg
	Juwelenkarat	0,206 085	

Tabelle 6.3.3–5: Fortsetzung

Stadt, Staat	Art des Gewichtes	g	Pfund und Lot je Zentner [oder Teilmaße]
Wiesbaden, Nassau	Handelspfund	470,686	106 à 32
Württemberg, Kgr.	Handelspfund	467,681	104 à 32
	Köln. Mark	233,864	s. 4) Köln
	Medizinalpfund	357,647	s. 5) Nürnberg
Würzburg	Alt. Pfund Leichtgewicht	477,138	[à 32 Lot]
	Alt. Pfund Schwergewicht	509,996	100 à 32
Zürich	Pfund Schwergewicht	528,568	100 à 36
	Pfund Leichtgewicht	469,838	[à 32 Lot]
	Mark	234,919	[à 16 Lot]

b) Einteilungen und Anmerkungen

1) *Amsterdam.* 1 Troy-Pfund (ehemaliges Münz-, Gold- und Silbergewicht) = 2 Mark = 16 Unzen = 320 Engels = 10 240 As. Auch: 1 Engels = 4 Vierling = 8 Troiske = 16 Deuske = 32 As. – 1 Pfund Apothekergewicht = $^3/_4$ Troy-Pfund. 1 Apothekerpfund = 12 Unzen = 96 Drachmen = 288 Skrupel = 5760 Gran.

2) *Dänemark.* 1 Zentner = 100 Pfund. 1 Pfund = 16 Unzen = 32 Loth = 128 Quentchen = 512 Ort (Pfennig) = 8192 Es = 65 536 Gran. – 1 Schiffpfund = 20 Ließpfund = 320 Pfund.

3) *Großbritannien.* 1 Troy-Pound = 12 Ounces = 240 Pennyweight = 5760 Grän; dies ist die Einteilung für Gold und Silber. – Einteilung als Apothekergewicht: 1 Troy-Pound = 12 Ounces = 96 Drams = 288 Scruples = 5760 Grän. – 1 Hundredweight (Zentner) = 112 Pound Avoirdupois (Handelsgewicht). 1 Pound = 16 Ounces = 256 Drams = 7000 Troy-Grän.

4) *Köln.* Silbergewicht: 1 Mark = 8 Unzen = 16 Loth = 64 Quentchen = 256 Pfennige = 288 Grän = 65 536 Richtpfennige. – Goldgewicht: 1 Mark = 8 Unzen = 24 Karat = 288 Grän = 65 536 Richtpfennige. – Andere Einteilung der Silbermark: 1 Mark = 8 Unzen = 152 Engels = 4864 As.

5) *Nürnberg.* Altes Medizinalpfund: 1 Pfund = 12 Unzen = 96 Drachmen = 288 Skrupel = 5760 Gran.

6) *Preußen.* 1 Schiffslast = 4000 Pfund. 1 Zentner = 110 Pfund. 1 Pfund = 32 Loth = 128 Quentchen. – Münz-, Gold- und Silbergewicht ist die

preußische Mark = $^1/_2$ Pfund = 288 Gran. – 1 Apothekerpfund = 24 Loth. – Das Loth des Handelsgewichts ist auch das Loth des Münz- und des Medizinalgewichts.

7) *Spanien.* Das Hauptgewicht Spaniens ist das kastilische Gewicht. 1 Quintal macho = 6 Arrobas = 150 Libras (Pfund). 1 gewöhnl. Quintal = 4 Arrobas = 100 Libras = 200 Marcos. – 1 kastilische Mark (Gold- oder Silbergewicht) = 8 Oncas = Ochavos = 128 Adarmes = 384 Tomines = 4608 Granos. – Als Medizinalgewicht wird dieselbe Mark eingeteilt in 8 Oncas = 64 Drachmas = 192 Escrupulos = 384 Obolos = 1152 Caracteres = 4608 Granos.

6.3.4 **Außereuropa im 19. Jahrhundert**

Tabelle 6.3.4–1: Außereuropäische Längen- und Flächeneinheiten in der 1. Hälfte des 19. Jahrhunderts
1) Kleinmaße; 2) Wegmaße; 3) Flächenmaße

Erdteil, Staat	Art und Name des Maßes	1) cm; 2) m; 3) m^2
Asien		
Arabien	1) Göß = $1^1/_2$ Covid	68,76
	2) Farsakh	4800,00
	Barri	1667,00
	3) Faddan od. Dhum	4050,00
Burma	1) Lan = 4 Taong à 2 Twah à $1^1/_2$ Mak à 8 Thit	193,99
	2) Theng = 1000 Cole	3394,86
China	1) Tschang = 10 Tschi à 10 Tsun à 10 Fen	373,00
	2) Li = 18 Ying	575,00
	3) King od. Tsin, Fu, Fee = 100 Teker	2453,00
Indien, britisch	1) Guz od. Göß = 2 Hath	91,44
	2) Coss = 2000 Guz	1828,80
	3) Biggu	1337,80

Tabelle 6.3.4–1: Fortsetzung

Erdteil, Staat	Art und Name des Maßes	1) cm; 2) m; 3) m²
Japan	1) Kin = 6 Shaku od. Kane à 10 Sun à 10 Bu	181,81
	2) Ri = 36 Tcho	3927,01
	3) Tcho-Landmaß	9917,40
Persien/Iran	1) Gas od. Göß = 4 Tscharek à 4 Girre à 2 Var	113,00
	2) Farsang od. Parasange	6720,97
	3) Dscherub od. Dscharib	1153,15
Siam/ Thailand	1) Wa(h) = 2 Khen à 2 Sok à 2 Keup	198,00
	2) Schoot = 400 Sen à 20 Wa(h)	15840,00
	3) Rai od. Quadrat-Sen = 4 Gnam	1564,16
Türkei	1) Pik Helebi	68,50
	Pik Endasch	65,30
	Kadem	33,70
	2) Agatsch od. Farsang = 3 Berri	5010,09
	3) Deunum	918,59
Afrika		
Abessinien/ Äthiopien	1) Pik Halebi = $1^1/_2$ Karid	68,58
	2) Khalad	65,00
	3) Quadrat-Khalad	4225,00
Ägypten	1) Qasaba = $6^2/_3$ Pik Beledi à $20^1/_2$ Kirat	385,00
	Baa = 4 Dhiramamari à 6 Qabdah à 4 Usbaa	300,00
	Usbaa = 6 Habba shair à 6 Kirat barsoum	3,125
	2) Färsakh = 3 Milla hachmi à 1000 Dhiramamari	2250,00
	3) Faddan	4200,83
Algerien	1) Pik, groß = $1^1/_3$ Pik, klein	63,60
Guinea	1) Pik od. Covado	57,75

Tabelle 6.3.4–1: Fortsetzung

Erdteil, Staat	Art und Name des Maßes		1) cm; 2) m; 3) m²
Marokko	1) Qama = $2^1/_4$ Cala		124,875
	Dhra od. Odo = 8 Domin		57,10
Tripolis/ Libyen	1) Dhraa Endasch od. Dhira (türkisch)		67,10
	Dhraa Arbi (arabisch)		48,25
Tunesien	1) Dhraa Endash od. Pik Hendasch		67,28
	Dhraa A'rabry		48,83
	2) Mil Tunisi		736,00
Amerika			
Argentinien	1) Braza = 2 Vara à 4 Palma à 3 Pic		173,20
	2) Legua		5196,00
	3) Legua quadrada od. Legua cuadre	km^2	26,9984
Bolivien	1) Vara nueva		83,59
	2) Legua		5199,00
	3) Vara cuadrada		0,699
Brasilien	1) Braça = 2 Vara		222,00
	2) Legua		5999,95
	3) Cuadra		17424,00
Chile	1) Estadal = 4 Vara à 3 Pie à 12 Pulgada		338,976
	Pulgada = 12 Linea à 12 Punto		2,354
	2) Legua = 1350 Estadal		4576,18
	3) Vara cuadrada		0,6987
Kanada	wie Großbritannien; vgl. a. Tab. 3.5–1		
Kolumbien	1) Vara = 3 Pié à $1^1/_3$ Cuarte à 9 Pulgada		83,60
	Pulgada = 12 Linea		2,32
	2) Legua = 3 Milla à $20^5/_6$ Cuadra à 100 Vara		5224,99
	3) Fanegada		6400,00

Tabelle 6.3.4–1: Fortsetzung

Erdteil, Staat	Art und Name des Maßes		1) cm; 2) m; 3) m²
Kuba	1) Vara habanera		84,50
	2) Legua = 208 1/3 Cordal		4200,40
	3) Hato = 4 Corral	km²	226,0496
	Caballeria de terra = 10 Caro		13420,20
Mexiko	1) Toesa = 2 Vara à 3 Pié à 12 Pulgada à 12 Linea		167,598
	2) Legua = 3 Milla		4189,95
	3) Hacienda = 5 Rancho à 4 Cuadere	km²	87,7805
Paraguay	1) Estadal = 4 Vara à 3 Pié à 12 Pulgada		335,44
	Pulgada = 12 Linea		2,329
	2) Legua = 1250 Estadal		4193,00
	3) Legua paraguayana	km²	19,400
	Cuadra		8000,00
	Lino		4883,24
Peru	1) Bracca = 2 Vara à 3 Pié		169,916
	2) Legua = 2500 Bracca		4237,29
	3) Fanegada		6459,64
	Topo = 5000 Vara cuadra		3698,40
Uruguay	1) Vara = 3 Pié à 12 Pulgada		85,90
	2) Legua lineal = 60 Cuadra à 100 Vara		5154,00
	3) Legua cuadra	km²	26,5637
Venezuela	1) Vara		83,59
	2) Legua = 3 Milla à 2222 Vara		5572,11
	3) Fanega = 10 000 Vara cuadra		6987,288
Vereinigte Staaten von Nordamerika	wie Großbritannien; vgl. a. Tab. 3.5–1		
Australien	wie Großbritannien; vgl. a. Tab. 3.5–1		

Tabelle 6.3.4–2: Außereuropäische Volumeneinheiten in der 1. Hälfte des 19. Jahrhunderts

1) Trockene Stoffe; 2) Flüssigkeiten; 3) keine Unterscheidung

Erdteil, Staat	Art und Name des Maßes	Inhalt: ℓ
Asien		
Arabien	1) Timan = Mekmeda	56,800
	2) Cuddi od. Köddi = 8 Nusfia à 16 Wakei	7,570
China	1) Sei = 2 Hwo à 5 Tow à 10 Sching à 10 Ho	122,43
	Ho = 10 Tscho à 10 Zo à 10 Tschao à 10 Gui à 64 Su	0,12243
	2) Flüssigkeiten nach Gewicht	
Indien, britisch	1) Candy = $6^1/_4$ Parah à 20 Adhole	881,000
	2) Gallon	3,782
Japan	3) Koku = 10 To à 10 Sho à 10 Go à 10 Sai à 10 Satsu	180,391
Persien/Iran	1) Artabe = 25 Capicha od. Homina à 2 Scenica à 4 Sextario	65,789
	2) Flüssigkeiten nach Gewicht	
Siam/Thailand	3) Kwen = 2 Ban à 40 Tang à $1^1/_4$ Sat à 32 Tanan	2944,00
	Tanan = 2 Laang à 4 Kam men à 4 Chai men	0,920
Türkei	1) Fortin = 4 Kilo	141,064
	2) Alma	5,205
	3) Metro = 10 Oke	11,330
	Schinik = 10 Öltschak à 10 Zarf	10,000
Afrika		
Abessinien/Äthiopien	1) Danla = 2 Landan à 10 Kuma	ca. 90,00
	Ardeb = 24 Madega	10,570
	2) Gane	ca. 60,00
	Tanika	0,667

Tabelle 6.3.4–2: Fortsetzung

Erdteil, Staat	Art und Name des Maßes	Inhalt: ℓ
Ägypten	1) Ardeb = 6 Waiba à 2 Kaila à 2 Rub à 12 Kele	197,750
	2) Daribe	1584,00
	Rubak	0,515
Algerien	1) Qafiz = 26$^1/_2$ Qualba = 204 Saa	528,228
	2) Kullek	16,667
Marokko	1) Cafisso = 16 Veda à 12 Saw	528,40
	Saah = 4 Moud	57,548
	2) Koula od. Kula	15,155
	3) Mud = 2 Nisf à 2 Rubua à 2 Tomini	45,65
Tripolis/ Libyen	1) Veba = 4 Tennen à 4 Orbach	107,32
	2) Barile = 24 Bozze (für Wein)	64,386
	Arbage = 8$^1/_2$ Oka (für Öl)	11,644
Tunesien	1) Kafis = 16 Uëba à 12 Saâ	495,936
	2) Millérolle = 4 Escandaux	63,437
Amerika		
Argentinien	1) Lastre = 2 Tonelada à 7$^1/_2$ Fanega à 4 Cuartilla	2056,86
	2) Pipa = 4 Cuarterola à 16 Cortane à 3 Frasco à 2 Medio	456,00
Bolivien	1) Fanega	75,00
	2) Azumbre esp.	2,017
Brasilien	1) Mojo = 15 Fanga à 4 Alqueira à 4 Maquia	830,46
	2) Tonelada = 2 Pipa à 26 Almud à 2 Pota à 6 Canada	870,53
Chile	1) Fanega = 12 Almude à 4 Cuartillo	96,96
	2) Arroba = 4 Curta à 2 Azumbre à 4 Cuartillo	35,52
	3) Pinto	0,560
Kanada	wie Großbritannien; vgl. a. Tab. 3.5–1	

Tabelle 6.3.4–2: Fortsetzung

Erdteil, Staat	Art und Name des Maßes	Inhalt: ℓ
Mexiko	1) Carga = 2 Fanega à 4 Cuartilla à 3 Almude	181,629
	Cuartilla = 3 Almude à 4 Cuartillo	22,704
	2) Jarra = 18 Cuartillo	8,213
Paraguay	2) Baril	96,90
	3) Fanega = 3 Baril à 4 Almude à 8 Frasco à 4 Quarta	288,00
Peru	1) Fanega	90,87
	2) Pinta	1,37
Uruguay	1) Fanega = 4 Cuartilla	132,403
	2) Frasco = 2 Medio à 2 Cuarto à 2 Octavo	2,635
Vereinigte Staaten von Nordamerika	wie Großbritannien; vgl. a. Tab. 3.5–1	
Australien	wie Großbritannien; vgl. a. Tab. 3.5–1	

Tabelle 6.3.4–3: Außereuropäische Masseneinheiten (Gewichte) in der 1. Hälfte des 19. Jahrhunderts

1) Handelsgewicht; 2) Edelmetallgewicht

Erdteil, Staat	Art und Name des Gewichtes	Masse: kg
Asien		
Arabien	1) Rahar od. Bihar = $2^2/_5$ Bahar à 15 Frehsil	199,320
	Mahnd = 2 Rottol à $8^2/_3$ Ukijja	0,553
	Timan = 40 Kella (für Reis)	84,900
	2) Bikh = $1^1/_2$ Wakeira à 10 Koffala	0,0498

Tabelle 6.3.4–3: Fortsetzung

Erdteil, Staat	Art und Name des Gewichtes	Masse: kg
Burma	1) Viss = 100 Tikal à 4 Mat'hs à 2 Mjus à Behs	1,6556
	Candy = 150 Viss	248,340
China	1) Pikul = 100 Kätti à 16 Tael od. Liang à 10 Tsin	60,4688
	Condorin od. Fän, Fen = 10 Käsch od. Li, Sabch	0,0003779
	2) Tael (für Silber)	0,03753
Indien, britisch	1) Bazar-Maund = 40 Sihr à 16 Chitak à 5 Chow od. Tola	37,324
	Factory-Maund = 2904 Tola	33,871
	Madras-Maund = 972 Tola	0,0117
	Bombay-Maund = 40 Bombay Sihr à 30 Bombay Parah	12,7005
	2) Sicca od. Tola = 10 Massa à 8 Röttil à 4 Dhan	0,01166
Japan	1) Pikal = 16 Kwan à $6^1/_4$ Kin à 160 Monme od. Momme	60,104
	2) Monme = 10 Fun à 10 Rin à 10 Moo	0,003756
Persien/Iran	1) Chawar e diwani = 40 Karawanen-Männ à 1600 Mesghal	294,40
	Maultier-Last = 22 Batman i Schah	154,598
	2) Derhem od. Drachme = 2 Miskal à 6 Döng à 4 Karat	0,00484
Siam/Thailand	1) Pikul od. Hap = 50 Tschang à 2 Kin	60,479
	Kin = 20 Thels à 2 Tikal	0,6048
	2) Tikal = 4 Salungs à 2 Fuangs à 2 Song-p'hais	0,01529
Türkei	1) Kantar = 44 Okka à 400 Drachmen	56,366
	2) Tscheki = 100 Drachmen od. Derhem à 16 Killa à 4 Grän	0,3196

Tabelle 6.3.4–3: Fortsetzung

Erdteil, Staat	Art und Name des Gewichtes	Masse: kg
Afrika		
Abessinien/	1) Kutal = $1^1/_2$ Kantar à 5 Farrasl à 20 Rottel	46,655
Äthiopien	Rottel = 10 Mocha à 1,2 Wakih à 10 Drachmen	0,311
Ägypten	1) Ratl = 10 Kantar à 1400 Dirham	449,280
	Contaro Forforo = 36 Oka à $2^7/_9$ Rottel à 144 Drachmen	44,545
	2) Drachme od. Dirham = 16 Kirat à 4 Grän	0,00309
Algerien	1) Rotl Atschari = 16 Ukkia à 8 Drachmen	0,546
	Rotl Ghreddari = 18 Ukkia	0,614
	Rotl Kebir = 24 Ukkia	0,819
	2) Rotl Föddi = Ukkia Föddi	0,497
Marokko	1) Gr. Kintar = $1^3/_5$ norm. Kintar à 100 Rottel od. Artal	81,280
	Rottel od. Artal = 20 Uckiah	0,508
Tripolis/ Libyen	1) Kantar = 40 Oka à $2^1/_2$ Rottel od. Rattl	48,834
	Rottel = 16 Unzen à 6,41 Mithqal à 24 Kharub	0,488
	2) Uckia od. Unze = 10 Dirhem à 16 Kharub	0,0305
Tunesien	1) Kantar Attari = 100 Rottol Attari à 16 Uckia à 10 Derhem	50,688
	2) wie Tripolis	
Amerika		
Argentinien	1) Tonnelada = 20 Quintal à 4 Arroba à 25 Libra	918,80
	Libra = 2 Marco à 8 Onza à 16 Ardame	0,4594
	2) wie Spanien	

Tabelle 6.3.4–3: Fortsetzung

Erdteil, Staat	Art und Name des Gewichtes	Masse: kg
Bolivien	1) Carga = $1^1/_2$ Quintal à 1635 Onza	69,013
Brasilien	wie Portugal	
Chile	wie Spanien	
Kanada	wie Großbritannien; vgl. a. Tab. 3.5–1	
Mexiko	wie Argentinien und Spanien	
Paraguay	wie Spanien	
Peru	1) Quintal = 100 Libra à 16 Onza	45,984
Uruguay	wie Argentinien	
Vereinigte Staaten von Nordamerika	wie Großbritannien; vgl. a. Tab. 3.5–1	
Australien	wie Großbritannien; vgl. a. Tab. 3.5–1	

7 Stück- oder Zählmaße

Tabelle 7–1: Historische europäische Stück- und Zählmaße

a) Allgemein übliche und solche für Kurzwaren

Grostausend = 10 Groshundert	=	1200 Stück
Gros (kl. Gros) = 12 Dutzend	=	144 Stück
großes Gros = 12 kl. Groß	=	1728 Stück
Groshundert	=	120 Stück
Schock = 4 Mandel	=	60 Stück
Mandel	=	15 Stück
Bauernmandel (gr. Mandel)	=	16 Stück
Dutzend	=	12 Stück
engl. großes Dutzend	=	15 Stück

b) Papierhandel

Pack	1				
Ballen	15	1			
Ries	150	10	1		
Buch	3 000	200	20	1	
Bogen					
Druckpapier	75 000	5000	500	25	
Schreibpapier	72 000	4800	480	24	
Neuries			1		
Neubuch			10	1	
Hefte			100	10	1
Bogen			1000	100	10

c) Tuch- und Leinenhandel

Allgemein

Webe	1			
Schock	$1\frac{1}{5}$	1		
Stiege	$3\frac{3}{5}$	3	1	
Mandel	$4\frac{4}{5}$	4	$1\frac{1}{3}$	1
Ellen	72	60	20	15

Braunschweig, Leipzig

Pack	1		
Stück	10	1	
Tuch	220	22	1
Ellen	7040	704	32

Breslau

Saum	1		
Ballen	$2\frac{1}{5}$	1	
Tuch	22	10	1
Ellen	704	320	32

d) Garnhandel

Die Grundlage der Garnlängenmessung bildet der Haspel oder die Weife. Bei diesem Gerät wird das Garn von Spulen abgezogen, auf einen Rahmen gewickelt und in die Form von »Strähnen« gebracht. Der Umfang dieses Rahmens wurde behördlich festgelegt und bildete die Einheit »Faden«. (Vgl. Bild 7–1.)

Braunschweigische Weife

Bund Garn	1			
Lopp	20	1		
Gebind	200	10	1	
Faden	1800	900	90	1
Br. Ellen	67500	3375	337,5	$3\frac{3}{4}$

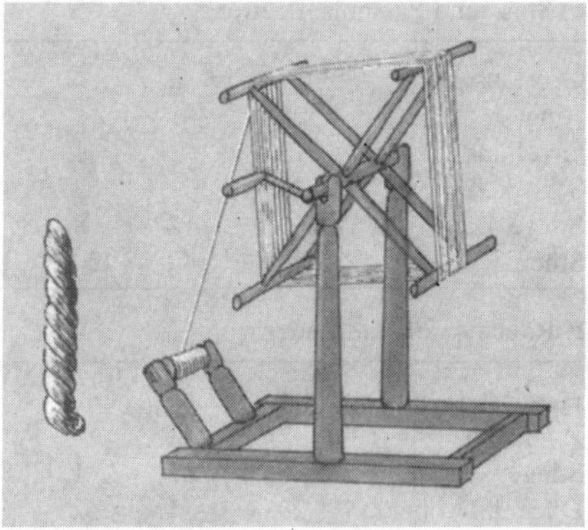

Bild 7–1: Haspel oder Weife mit Gebind

Ostfriesische Weife

Loop, Lauf	1			
Roof	4	1		
Gebind, Knipp	20	5	1	
Faden	1300	300	60	1
Hann. Ellen	3120	720	144	2,4

Preußische Weife

Strang, Strähn	1		
Gebinde	20	1	
Faden	880	44	1
Berl. Ellen	2200	110	$2^1/_2$

Sächsische Weife

Strang	1		
Gebind	5	1	
Faden	400	80	1
Sächs. Ellen	800	160	2

e) Stab- und Fassholz, Bretter

Grostausend	1				
Ring	5	1			
Groshundert	10	2	1		
Schock	20	4	2	1	
Stiege	60	12	6	3	1
Stück	1200	140	120	60	20

f) Rauchwaren und Leder

Hundert	1			
Zimmer	$2^1/_2$	1		
Stiege	5	2	1	
Däcker, Decher	10	4	2	1
Stück	100	40	20	10

Breslau: 1 Zimmer Füchse = 12 Bälge, 1 Zimmer Zobel = 20 Paar = 40 Felle
Wien: 1 Buschen Leder = 10 Felle, 1 Buschen Häute = 30 Stück, 1 Rolle Juchten = 6 Felle

g) Fischhandel

Stroh	1		
Wahl, Wall	6	1	
Stiege	24	4	1
Stück	280	80	20

Tonne Heringe = 800 bis 1200 Stück

8 Tabellen von Stoffeigenschaften

Dichte, Schmelzpunkt und Siedepunkt sind für viele Stoffe die wichtigsten Eigenschaften.
a) Die *Dichte* ϱ eines Stoffes ist der Quotient aus seiner Masse m und seinem Volumen V:

$$\varrho = \frac{m}{V}$$

Üblicherweise wird die Masse in g und das Volumen in cm^3 eingesetzt; die Dichte ergibt sich dann in g/cm^3. Da nach dem SI-System (s. Kap. 3) die kohärenten Einheiten jedoch kg und m^3 sind, ist die Dichteeinheit kg/m^3. Um ungewohnte Zahlenwerte zu vermeiden, wird in den folgenden Tabellen die Dichte für feste Stoffe und Flüssigkeiten in 10^3 kg/m^3 und für Gase in kg/m^3 angegeben.
Die *relative Dichte* d ist das Verhältnis der Dichte eines Stoffes zu der Dichte eines Bezugsstoffes unter Bedingungen, die für beide Stoffe anzugeben sind. Sie ist eine unbenannte Zahl. Bei festen Stoffen und Flüssigkeiten wählt man als Bezugsstoff meist Wasser von 4 °C beim Druck von 1013 hPa. Ist der Zustand (Druck, Temperatur) des Bezugsstoffes derselbe wie der des Prüfstoffes, kann dieses Verhältnis auch Dichte-Verhältnis genannt werden.
Die Dichte der Gase und Dämpfe hängt in weit höherem Maße von Druck und Temperatur ab als die der Flüssigkeiten und festen Körper. Sie wird im allgemeinen für den Normzustand 0 °C und 1013 hPa in kg/m^3 als Normdichte angegeben.
b) *Schmelzpunkt* und *Siedepunkt* geben die Temperaturen an, bei denen sich der Aggregatzustand eines Stoffes ändert. Bedingungen für den Aggregatzustand sind die Temperatur und der Druck. Ein fester Körper wird bei Steigerung der Temperatur zunächst in der Regel flüssig und dann gasförmig. Er schmilzt und siedet bei bestimmten

Temperaturen. Bei Abkühlung wird dieser Dampf wieder flüssig und dann fest (Gefrierpunkt, Erstarrungspunkt). Schmelz- und Erstarrungspunkt sind für denselben Körper gleich. Manche festen Stoffe, z.B. Schwefel, verdampfen bei gewöhnlichem Druck, ohne vorher zu schmelzen; sie »sublimieren«.

8.1 Chemische Elemente

Tabelle 8.1–1:
Zeichen, Dichte, Schmelz- und Siedepunkt chemischer Elemente
1) 10^3 kg/m^3 bei 20 °C.
2) kg/m^3 bei 0 °C und 101,325 kPa (Gase).

Zeichen	Element	Dichte 1)	Dichte 2)	Schmelzpunkt °C	Siedepunkt °C
Ac	Actinium	10,1		1050	3200±300
Al	Aluminium	2,702		660,37	2467
Am	Americium	13,67		990-998	2667
Sb	Antimon (Stibium)	6,684		630,74	1750
Ar	Argon		1,7837	-189,2	-187,7
As	Arsen	5,72		Sublimationspunkt	613
At	Astat	–		302	337
Ba	Barium	3,51		725	1640
Bk	Berkelium	14 (geschätzt)		–	–
Be	Beryllium	1,85		1273-1283	2970
Pb	Blei (Plumbum)	11,3437		327,502	1740
B	Bor	2,34		2300	2550
Br	Brom	3,14	7,59	-7,3	58,78
Cd	Cadmium (Kadmium)	8,642		320,9	765
Cs	Caesium (Cäsium)	1,8785		28,40±0,01	678,4
Ca	Calcium (Kalzium)	1,54		839±2	1484

Tabelle 8.1–1: Fortsetzung

Zeichen	Element	Dichte 1)	Dichte 2)	Schmelzpunkt °C	Siedepunkt °C
Cf	Californium	–		–	–
Ce	Cerium (Zer)	6,757		799	3426
Cl	Chlor	1,56	3,214	-100,98	-34,6
Cr	Chrom	6,92		1857±20	2300
Cm	Curium	14 (geschätzt)		1340±40	–
Dy	Dysprosium	8,55		1412	2562
Es	Einsteinium	–		–	–
Fe	Eisen (Ferrum)	7,86		1535	2750
Er	Erbium	9,064		1529	2863
Eu	Europium	5,2434		822	1597
Fm	Fermium	–		–	–
F	Fluor		1,696	-219,62	-188,14
Fr	Franzium (Francium)	–		(27)	(677)
Gd	Gadolinium	7,9		1313±1	3266
Ga	Gallium	5,904		29,78	2403
Ge	Germanium	5,323 (25 °C)		937,4	2830
Au	Gold (Aurum)	19,32		1064,43	2807
Hf	Hafnium	13,31		2227±20	4602
He	Helium		0,1785	-272,2 (26 bar)	-268,934
Ho	Holmium	8,7947		1474	2695
In	Indium	7,3		156,61	2080
Ir	Iridium	22,421		2410	4130
J/I	Jod/Iod	4,93	11,27	113,5	184,35
K	Kalium	0,86		63,65	774
Co	Kobalt (Cobalt)	8,9		1495	2870
C	Kohlenstoff (Carbon)				
	Diamant	3,15–3,53		3550	4827
	Graphit	1,9–2,3			
Kr	Krypton		3,736	-156,6	-153,30±0,10

Tabelle 8.1–1: Fortsetzung

Zeichen	Element	Dichte 1)	Dichte 2)	Schmelzpunkt °C	Siedepunkt °C
Cu	Kupfer (Cuprum)	8,96		1083,4±0,2	2567
Ku	Kurtschatovium	–		–	–
La	Lanthan	6,14–6,17		920±5	3457
Lw	Lawrencium	–		–	–
Li	Lithium	0,534	0,507	180,54	1347
Lu	Lutetium	9,8404		1663	3395
Mg	Magnesium	1,74		648,8±0,5	1090
Mn	Mangan	7,21–7,44		1244±3	1962
Md	Mendelevium	–		–	–
Mo	Molybdän	10,2		2617	4612
Na	Natrium	0,97		97,81±0,03	882,9
Nd	Neodym(ium)	7,007		1021	3068
Ne	Neon		0,9002	–248,67	–246,048
Np	Neptunium	20,25		640±1	3902
Ni	Nickel (Niccolum)	8,902		1453	2732
Nb	Niob(ium)	8,57		2468±10	4742
No	Nobelium	–		–	–
Os	Osmium	22,57		3045±30	5027±100
Pd	Palladium	12,02		1562	3140
P	Phosphor, weiß –, rot	1,82 2,2		44,1	280
Pt	Platin	21,45		1772	3827±100
Pu	Plutonium	19,84		641	3232
Po	Polonium	9,32		254	962
Pr	Praseodym(ium)	6,773		931	3512
Pm	Promethium	7,22±0,2		~ 1080	2460
Pa	Protactinium	15,37		<1600	–
Hg	Quecksilber (Hydrargyrum)	13,595 (0 °C)		–38,87	356,58
Ra	Radium	5		700	1140
Rn	Radon		9,73	–71	–61,8

Tabelle 8.1–1: Fortsetzung

Zeichen	Element	Dichte 1)	2)	Schmelzpunkt °C	Siedepunkt °C
Re	Rhenium	21,02		3180	5627 (geschätzt)
Rh	Rhodium	12,4		1966±3	3727±100
Rb	Rubidium	1,532		38,89	688
Ru	Ruthenium	12,3		2310	3900
Sm	Samarium	7,52		1077±5	1791
O	Sauerstoff (Oxygen)		1,429	-218,4	-182,962
Sc	Scandium	2,989		1541	2831
S	Schwefel (Sulfur)				
	rhombisch	2,07		112,8	444,674
	monoklin	1,957		119	
Se	Selen, rot	4,5		170–180	684,9±1
	–, metallisch	4,79 (25 °C)		217	
Ag	Silber (Argentum)	10,5		961,93	2212
Si	Silizium (Silicium)	2,33 (25 °C)		1410	2355
N	Stickstoff (Nitrogen)		1,2506	-209,86	-195,8
Sr	Strontium	2,54		769	1384
Ta	Tantal	16,6		2996	5425±100
Tc	Technetium	11,5 (berechnet)		2172	4877
Te	Tellur	6,24		449,5±0,3	989,8±3,8
Tb	Terbium	8,229		1360±4	3123
Tl	Thallium	11,3437		303,5	1457±10
Th	Thorium	11,72		1750	~ 4790
Tm	Thulium	9,32		1545±15	1947
Ti	Titan(ium)	4,5		1660±10	3287
U	Uran(ium)	~ 18,95		1132,3±0,8	3818
V	Vanadium (Vanadin)	6,11 (18,7 °C)		1890±10	3380
H	Wasserstoff (Hydrogen)		0,0899	-259,14	-252,87

Tabelle 8.1–1: Fortsetzung

Zeichen	Element	Dichte 1)	Dichte 2)	Schmelzpunkt °C	Siedepunkt °C
Bi	Wismut (Bismut)	9,74		271,3	1560±5
W	Wolfram	19,35		3410±20	5660
Xe	Xenon		5,887 ±0,009	-111,9	-107,1±3
Yb	Ytterbium	6,9654		819±5	1194
Y	Yttrium	4,4689		1522±8	3338
Zn	Zink (Zincum)	7,14		419,58	907
Sn	Zinn (Stannum)	7,31 (β)		231,9681	2270
Zr	Zirkonium (Zirconium)	6,49		1852±2	4377

8.2 Feste Stoffe

Tabelle 8.2–1:
Dichte von Baustoffen und Gesteinen (Dichte in 10^3 kg/m^3)

Stoff	Dichte	Stoff	Dichte
Asbestpappe	1,0 –1,5	Dachpappe	1,0 –1,2
Asphalt	1,0 –2,8	Dachschiefer	2,7 –2,8
Basalt, Melaphyr	2,95–3,1	Dachziegel	2,6
Beton		Diabas	2,8 –2,9
Asbestbeton	1,5 –2,2	Diorit	2,8 –3,0
Bimsbeton	~1,1	Dichte Kalke und Dolomite	2,65–2,85
Gasbeton	0,5 –0,9	Faserplatten	~1,0
Leichtbeton	bis 1,8	Gips	2,3
Schwerbeton	1,8 –2,7	(Schüttdichte)	1,6 –1,8
Stahlbeton und Spannbeton	2,2 –2,5	Gneis, Granulit	2,6 –3,0
Schwerstbeton	2,8 –5,0	Granit, Syenit	2,5 –3,0
Bitumen	1,05	Hartporzellan	2,2 –2,4

Tabelle 8.2–1: Fortsetzung

Stoff	Dichte	Stoff	Dichte
Hartsteingut	~1,9	Schamotte	1,7 –2,1
Kalk, gebrannt	2,8 –3,0	Schiefer	2,6 –2,7
(Schüttdichte)	0,9 –1,2	Hochofenschlacke	2,6 –3,0
Kalk, gelöscht	2,2 –2,3	(Schüttdichte)	0,4 –0,85
(Schüttdichte)	1,1 –1,3	Schlackensteine	1,2 –2,4
Kalkmörtel,		Ton, trocken	~1,8
trocken	1,6 –1,65	–, nass	~2,6
Kalkstein	2,5 –2,7	Wärmedämmstoffe	
Kaolin	2,2 –2,6	Fußbodendämm-	
Kies, trocken		platten	~0,65
(Schüttdichte)	1,9 –2,0	Glaswolle	0,075–0,1
Klinker	2,0 –2,6	Hobelspäne	
Kreide	1,8 –2,7	(Schüttdichte)	0,09–0,14
Lehm	1,5 –1,8	Holzspanplatten	0,4 –0,8
Marmor	2,5 –2,85	Holzwollplatten	0,38–0,46
Porphyr	2,4 –2,8	Mineralwolle	0,15–0,2
Sand, feucht		Zement	
(Schüttdichte)	1,9 –2,1	(Schüttdichte)	0,9 –1,5
Sand, trocken		Ziegel	1,4 –1,9
(Schüttdichte)	1,4 –1,65	Ziegelmauerwerk,	
Sandstein	2,0 –2,3	trocken	1,5 –1,8

Tabelle 8.2–2:
Dichte verschiedener fester Stoffe (Dichte in 10^3 kg/m^3)

Stoff	Dichte	Stoff	Dichte
Achat	2,5 –2,8	Elfenbein	1,8 –1,9
Asbest	2,1 –2,8	Fette	0,90–0,95
Baumwolle	1,47–1,5	Glimmer	2,6 –3,2
Bauxit	2,4 –2,5	Kalkspat	2,6 –2,8
Bleiglanz	7,2 –7,6	Keramik	2,1 –2,3
Borax	2,37	Knochen	1,7 –2,0
Brauneisenstein	3,4 –3,9	Koks, Stück	1,40
Braunkohle	1,2 –1,5	Lava	2,0 –3,0
Eis bei 0 °C	0,917	Leder	0,9 –1,0

Tabelle 8.2–2: Fortsetzung

Stoff	Dichte	Stoff	Dichte
Mennige	8,6 –9,1	Quarz	2,70
Mergel	2,3 –2,5	Salpeter (Kali)	1,95–2,1
Naphthalin	0,978	Schmirgel	4,0
Natriumchlorid	2,164	Schnee, lose, trocken	
Ocker	3,5	(Schüttdichte)	0,13
Opal	2,28–2,40	–, nass	
Oxalsäure	1,653	(Schüttdichte)	bis 0,95
Papier	0,7 –1,2	Schwerspat	4,25
Paraffine	0,8 –0,9	Sinterkorund	3,7 –4,0
Pech	1,25–1,33	Stearin	1,0
Porzellan	2,2 –2,5	Steinsalz	2,3 –2,4
Presskohle		Teer	1,1 –1,2
(Brikett)	1,25	Wachs	0,94–1,04

Tabelle 8.2–3: Dichte einiger Holzarten (Dichte in 10^3 kg/m^3)

a) Deutsche Wald- und Feldhölzer mit Rinde (Mittelwerte) 1) Derbholz; 2) Reisigholz

Holzart	grün	angetrocknet	lufttrocken	gedarrt
Eiche	1) 1,03	0,93	0,82	0,74
	2) 0,91	0,78	0,67	
Weißbuche	1) 0,99	0,89	0,81	0,72
	2) 0,89	0,77	0,67	
Rotbuche	1) 0,97	0,87	0,81	0,73
	2) 0,87	0,75	0,65	
Ahorn, Esche, Ulme	1) 0,93	0,85	0,74	0,66
	2) 0,81	0,70	0,58	
Birke	1) 0,88	0,77	0,69	0,60
	2) 0,77	0,64	0,52	
Erle, Linde	1) 0,82	0,69	0,59	0,47
	2) 0,69	0,56	0,44	

Tabelle 8.2–3a: Fortsetzung

Holzart	grün	angetrocknet	lufttrocken	gedarrt
Pappel, Weide	1) 0,76	0,64	0,54	0,41
	2) 0,63	0,50	0,37	
Tanne	1) 0,83	0,72	0,61	0,50
	2) 0,87	0,69	0,51	
Fichte	1) 0,80	0,68	0,58	0,47
	2) 0,90	0,71	0,53	
Kiefer	1) 0,86	0,73	0,62	0,49
	2) 0,87	0,68	0,49	
Lärche	1) 0,83	0,71	0,59	0,47
	2) 0,87	0,68	0,50	

b) Andere Holzarten (Dichte in 10^3 kg/m^3)

Holzart	grün	lufttrocken
Akazie	0,75–1,00	0,58–0,86
Apfelbaum	0,95–1,26	0,68–0,84
Balsa		0,08–0,2
Birnbaum	0,96–1,07	0,61–0,73
Buchsbaum	1,20–1,26	0,91–1,16
Ebenholz		1,26
Eberesche	0,87–1,13	0,69–0,89
Esche	0,70–1,14	0,57–0,94
Guajak (Pockholz)		1,17–1,39
Hickory		0,60–0,90
Kirschbaum	1,05–1,18	0,76–0,84
Kork		0,24
Mahagoni		0,56–1,06
Nussbaum	0,91–0,92	0,44–0,68
Pappel	0,61–1,07	0,40–0,49
Pechkiefer (Pitchpine)		0,75–0,85
Pflaumenbaum	0,87–1,17	0,68–0,90
Rosskastanie		0,58
Teakholz		0,63

Tabelle 8.2–3b: Fortsetzung

Holzart	grün	lufttrocken
Ulme (Rüster)	0,78–1,18	0,56–0,82
Weide	0,79	0,49–0,59
Zeder		0,57

8.3 Geschichtete Massen

Tabelle 8.3–1: Dichte geschichteter Massen (Schüttdichte) (in 10^3 kg/m^3)

a) Getreidearten, Sämereien, Hülsenfrüchte

Stoff	Schüttdichte	Stoff	Schüttdichte
Buchweizen	0,54–0,59	Weiße Bohnen	0,84–0,88
Dinkel		Erbsen	0,83–0,88
(Spelz, Spelt)	0,41–0,47	Hanfsamen	0,51–0,57
Gerste	0,62–0,70	Kleesamen	0,76–0,85
Gerstenmalz	0,47–0,59	Leinsamen	0,66–0,76
Hafer	0,43–0,54	Linsen	0,81–0,91
Hirse	0,62–0,70	Mohnsamen	0,57–0,69
Mais	0,70–0,80	Raps	0,55–0,60
Reis	bis 0,85	Saubohnen	0,79–0,84
Roggen	0,69–0,79	Wicken	0,80–0,88
Weizen	0,71–0,81		
Weizenmalz	0,64–0,68		

b) Andere Lebensmittel und Futtermittel

Stoff	Schüttdichte	Stoff	Schüttdichte
Äpfel	0,30	Kochsalz	1,25
Birnen, Pflaumen	0,35	Mehl, lose	0,40–0,55
Heu, lose	0,07	Mehl, gepresst	0,70–0,80
Heu, gepresst	0,17	Mohrrüben	0,66–0,76
Kartoffeln	0,65–0,75	Rüben	0,65

Tabelle 8.3–1b: Fortsetzung

Stoff	Schüttdichte	Stoff	Schüttdichte
Stroh, lose	0,045	Zucker	0,75
Stroh, gepresst	0,28	Zuckerrübenschnitzel	0,30

c) Brennstoffe und andere Stoffe

Stoff	Schüttdichte	Stoff	Schüttdichte
Asche	0,90	Phosphat	0,80
Braunkohle	0,75	Sand, nass	2,10
Braunkohlenbriketts		Schlamm	1,80
geschüttet	0,73	Steinkohle	0,90
gesetzt	1,030	Steinkohlenbriketts	bis 1,20
runde	0,820	Steinkohlenkoks	0,50
Dammerde, trocken	1,40	Thomasmehl	2,21
natürlich feucht	1,60	Torf	0,60
gesättigt nass	1,80	Torfstreu, gepresst	0,21
Holzkohle	0,20–0,40	Wolle, lose	0,45
Kieselgur, lose	0,10–0,24	Wolle, gepresst	1,30
Kohlenstaub	0,40–0,50		

8.4 Flüssigkeiten

Tabelle 8.4–1:
Dichte von Flüssigkeiten (in 10^3 kg/m^3 bei 18 °C)

a) Lebensmittel

Stoff	Dichte	Stoff	Dichte
Äthylalkohol	0,7892	(Öle, fette)	
Bier	1,02 –1,04	Mandelöl	0,924–0,925
Honig	1,450	Olivenöl	0,915
Milch	1,031	Rizinusöl	0,961–0,970
Öle, fette		Rüböl	0,913
Hanföl	0,928	Öle, aromatische	
Leinöl	0,935–0,940	Anisöl	0,987

Tabelle 8.4–1a: Fortsetzung

Stoff	Dichte
(Öle, aromatische)	
Bergamottöl	0,886
Bittermandelöl	1,043
Lavendelöl	0,877 – 0,893
Nelkenöl	1,066
Orangenblütenöl	0,819
Pfefferminzöl	0,920
Rosenöl	0,832
Zitronenöl	0,847

Stoff	Dichte
Weine	
Bordeaux	0,994
Burgunder	0,992
Champagner	0,926
Madcira	1,038
Malaga	1,045
Mosel	0,916
Portwein	0,997
Rheinwein	0,992 – 1,002

b) Andere Flüssigkeiten

Stoff	Dichte
Äther	0,72
Benzin	0,70 – 0,74
Benzol	0,88
Dieselöl	0,85 – 0,88
Erdöl	0,73 – 0,94
Kalilauge (40 %, 15 °C)	1,392
Kohlenstoffdisulfid (Schwefelkohlenstoff)	1,263
Methansäure (Ameisensäure)	1,22
Methylalkohol	0,792
Methylbenzol (Toluol)	0,866
Natronlauge (40 %, 15 °C)	1,434
Nitrobenzol	1,203
Propanon (Azeton)	0,791
Propantriol (Glyzerin)	1,26
Petroleum	0,80 – 0,82
Salpetersäure (50 %)	1,31
(65 %)	1,40

Stoff	Dichte
Salzsäure (38 %)	1,19
Schmieröl	0,85
Schwefelsäure	
(50 %)	1,40
(98 %)	1,84
Seewasser	1,02
Silikonöle	0,76 – 0,97
Spiritus	0,83
Steinkohlenteer	1,20
Terpentinöl	0,855
Tetrachlormethan (Tetrachlorkohlenstoff)	1,598
Trichlormethan (Chloroform)	1,489
Wasser bei 0 °C	0,999841
4 °C	0,999973
10 °C	0,999700
20 °C	0,998203
50 °C	0,9881
100 °C	0,9583
Wasserstoffperoxid	1,4631

Tabelle 8.4–2: Dichte verflüssigter Gase
(Temperatur in °C, Dichte in 10^3 kg/m³)

Stoff	Temperatur	Dichte
Azethylen	−23,5	0,52
	20	0,40
Ammoniak	−10	0,65
	20	0,61
Chlor	−34	1,56
Kohlendioxid	−60	1,19
	20	0,77
	31,1	0,468
Luft	−192	0,96
Sauerstoff	−183	1,14
Schwefeldioxid	−10,1	1,46
Stickstoff	−195,8	0,81
Wasserstoff	−253	0,07

8.5 Gase

Tabelle 8.5–1:
Dichte von Gasen (in kg/m³ bei 0 °C und 101,325 kPa)

Gas	Dichte	Gas	Dichte
Azethylen	1,1709	Propan	2,0037
Ammoniak	0,7714	Propen (Propylen)	1,915
Chlorwasserstoff	1,6392	Schwefeldioxid	2,9263
Kohlendioxid	1,9768	Schwefel-wasserstoff	1,5392
Kohlenmonoxid	1,2500	Stadtgas	~0,6
Luft, trocken	1,2928	Stickstoff(II)oxid	1,340
Methan	0,7168	Wasserdampf	0,768
Ozon	2,22		

9 Tabellen genormter Abmessungen

9.1 Buch- und Druckwesen

Tabelle 9.1–1: Papierformate und Papiergewichte

a) Früher übliche Formate (Abmessungen in cm)

Bezeichnung	Format	Bezeichnung	Format
Folio	21×33	Median I	42×53
Quart	22,5×28,5	Klein Median	44×56
Oktav	14,25×22,5	Post	46×56
Brief	27×42	Median II	46×59
Kanzlei	33×42	Klein Royal	48×64
Propatria	34×43	Lexikon	50×65
Groß Propatria	36×45	Super Royal	54×68
Bischof	38×48	Imperial	57×78
Löwen od. Register	40×50	Olifant	67,5×108,2

b) Nach DIN 476 genormte Papierformate (Abmessungen in mm)

Kl.	Bezeichnung	Reihe A	Reihe B	Reihe C	Reihe D
0	Vierfachbogen	841×1189	1000×1414	917×1297	771×1090
1	Doppelbogen	594×841	707×1000	648×917	545×771
2	Bogen	420×594	500×707	458×648	385×545
3	Halbbogen	297×420	353×500	324×458	272×385
4	Viertelbogen	210×297	250×353	229×324	192×272
5	Blatt	148×210	176×250	162×229	136×192
6	Halbblatt	105×148	125×176	114×162	96×136
7	Viertelblatt	74×105	88×125	81×114	68×96
8	Achtelblatt	52×74	62×88	57×81	48×68
	usw.				

Ausgangswert ist das Format A 0 mit der Fläche von 1 m^2 und dem Seitenverhältnis $1:\sqrt{2}$. Die kleineren Formate entstehen durch fortlaufendes Halbieren aus den Ausgangsformaten. Für die »unabhängigen« Fertigformate – Zeichnungen, Briefbogen, Rechnungen, Formulare, Akten, Postkarten – gilt die Reihe A. Davon abhängige Formate – Briefumschläge, Schnellhefter, Karteikästen, Aktendeckel – müssen nach den Reihen B, C, D bemessen werden.

c) Papiergewicht gängiger Papiersorten (Angaben in g/m^2)

Papiersorte	Gewicht	Papiersorte	Gewicht
Luftpostpapier	18–25	Illustrationspapier	60– 80
Durchschlagpapier	25–30	Umschlagpapier	80– 90
Dünndruckpapier	39	Buchungspapier	90–100
Zeitungs-, Prospektpapier	50	Kunstdruckpapier	90–120
Saugpostpapier	70–80	Buchungskarton	130–150
Schreib- u. SM-Papier	70–80	Postkartenkarton	140–170
Werkdruckpapier	70–80	Karteikarton	190–250
		Umschlagkarton	200–300

Tabelle 9.1–2: Deutsche Buchformate

Für die bibliographische Formatangabe ist die Höhe des Einbandrückens maßgebend, auch bei Querformaten. Blatt- und Seitenzahlen eines Papier-/Druck-Bogens ergeben sich aus der Zahl der Falzungen.

Bezeichnung	Abkürzung	Rückenhöhe cm	Falzungen pro Bogen	Blattzahl pro Bogen	Seitenzahl pro Bogen
Sedez	16°	bis 15	4	16	32
Duodez	12°			12	24
Klein-Oktav	Kl.-8°	bis 18,5	3	8	16
Oktav	8°	bis 22,5	3	8	16
Groß-Oktav	Gr.-8°	bis 25	3	8	16
Lexikon-Oktav	Lex.-8°	bis 30	3	8	16
Quart	4°	bis 35	2	4	8
Groß-Quart	Gr.-4°	bis 40	2	4	8
Folio	2°	bis 45	1	2	4
Groß-Folio	Gr.-2°	über 45	1	2	4

Tabelle 9.1–3: Schriftgrade. Typographisches System

Der Schriftgrad gibt die Buchstabenhöhe einer Druckschrift an. Die Einheit (seit 1978 amtlich nicht mehr anzuwenden) ist der typographische Punkt, Einheitenzeichen p.
1 p = 1000333/2660000 = 0,376065 mm. Oft haben die einzelnen Schriftgrade noch besondere Namen[1)].

Name	Punkt	mm
Achtelpetit	1	0,376
Viertelpetit (Nonplusultra)	2	0,752
Microscopique	$2^1/_2$	0,940
Viertelcicero (Brillant)	3	1,128
Halbpetit (Diamant)	4	1,504
Perl (frz. a. Parisienne, Sedanoise)	5	1,880
Nonpareille[2)]	6	2,256
Insertio	$6^1/_2$	2,444
Kolonel (Mignon, frz. Mignonne)	7	2,632
Petit (Jungfer)	8	3,009
Borgis (Bourgeois)	9	3,385
Korpus (Garmond)	10	3,761
Rheinländer (Brevier)	11	4,137
Cicero	12	4,513
Mittel	14	5,265
Tertia	16	6,017
$1^1/_2$ Cicero (Para[n]gon)	18	6,769
Text (Secunda)	20	7,521
Doppelcicero	24	9,026
Doppelmittel (Roman)	28	10,530
Doppeltertia (Kleine Kanon)	32	12,034
3 Cicero (Kanon)	36	13,538
Grobe Kanon	42	15,795
4 Cicero (Kleine Missal)	48	18,051
Missal	54	20,308
5 Cicero (Grobe Missal)	60	22,564

1) Vor allem bei den größeren Schriftgraden sind die Benennungen z. T. unsicher oder widersprüchlich.

2) Entsprach in dem um 1785 von F. A. Didot (nach P. S. Fournier) entwickelten typographischen System 1 Linie = $^1/_{12}$ Zoll = $^1/_{144}$ des französischen Pied de Roi.

Tabelle 9.1–3: Fortsetzung

Name	Punkt	mm
Kleine Sabon	66	24,820
6 Cicero (Sabon)	72	27,077
7 Cicero (Grobe Sabon)	84	31,589
8 Cicero (Real)	96	36,102

9.2 Verpackungswesen

Tabelle 9.2–1: Abmessungen von Behältnissen für Fertigpackungen mit Lebensmitteln

a) Maßbehältnisse

Behältnisse aus formbeständigem Material in Flaschenform, die bestimmte Genauigkeitsanforderungen einhalten und entsprechend gekennzeichnet sind (z. B. Nennvolumen, Randvollvolumen). Sie dienen zur Abfüllung von Getränken.

Volumen-Tabelle (Angaben in ℓ)

Nennvolumen	Randvollvolumen als Mittelwert nach DIN 6129 Teil 2, Ausgabe Oktober 1999				
	Reihe 1	Reihe 2			Reihe 3
		Ziffer 1		Ziffer 2	
		kalt	warm		
0,01				0,011	
0,02				0,0215	
0,025				0,027	
0,03				0,0325	
0,04				0,0425	
0,05	0,055			0,053	
0,1	0,110	0,105		0,105	
0,125	0,135	0,130		0,130	
0,2	0,215	0,210		0,210	
0,25	0,265	0,260		0,260	
0,33	0,345			0,340	0,355

Tabelle 9.2–1: Fortsetzung

Nennvolumen	Randvollvolumen als Mittelwert nach DIN 6129 Teil 2, Ausgabe Oktober 1999				
	Reihe 1	Reihe 2			Reihe 3
		Ziffer 1		Ziffer 2	
		kalt	warm		
0,35	0,370	0,360	0,365	0,360	
0,375	0,395	0,392	0,392	0,385	
0,5	0,520	0,517	0,517	0,515	0,540
0,7	0,730	0,717	0,725	0,715	0,745
0,75	0,780	0,767	0,775	0,765	0,795
1,0	1,035	1,017	1,030	1,017	1,045
1,5	1,550	1,530		1,530	
2,0	2,070	2,040		2,040	
2,5				2,550	
3,0	3,100	3,060		3,060	
4,0	4,130			4,080	
5,0	5,150	5,100		5,100	

Reihe 1: Weinähnliche Getränke aus Stein-, Kern- oder Beerenobst, Hagebutten, Schlehen, frischen Rhabarberstengeln. – Schaumwein, Obst- und Fruchtschaumwein, Apfelwein, Birnenwein. Bier. – Tafelwasser, süße alkoholfreie Erfrischungsgetränke, andere alkoholfreie Erfrischungsgetränke, Frucht- und Gemüsesäfte sowie daraus hergestellte flüssige Zubereitungen.
Reihe 2, Ziffer 1: Wein, Likörwein, weinhaltige Getränke (Weingesetz § 29), Mischgetränke (Weinverordnung § 20, Schaumwein-Branntweinverordnung § 16) und weinähnliche Getränke aus Malzauszügen oder aus Honig.
Reihe 2, Ziffer 2: Spirituosen und sonstige alkoholische Getränke; außer Bier, Schaumwein und weinähnlichen Getränken. Essig. Speiseöl. Milch, flüssige Milcherzeugnisse, soweit sie nach Volumen verkauft werden, sowie flüssige Lebensmittel eigener Art, soweit sie unter Verwendung von Milch oder Milcherzeugnissen hergestellt sind und nach Volumen verkauft werden.
Reihe 3: Fruchtsaft sowie daraus hergestellte flüssige Zubereitungen in Weithalsgläsern. Gemüsesaft in Weithalsgläsern.

Tabelle 9.2–1: Fortsetzung

b) Runde Konservendosen, Falzdeckeldosen (Abmessungen nach DIN 32 Teil 1, Ausgabe Februar 1985)

Für Konservendosen wurde eine den Maßbehältnissen entsprechende Volumenreihe genormt. Der Zweck ist, die Anzahl der Packungsgrößen zu verringern, um eine übersichtliche Füllmengenreihe zu erhalten. Dies erfordert eine entsprechende Volumenreihe der Behältnisse. Das Ziel ist eine möglichst große Markttransparenz.

Volumen-Tabelle

Nennvolumen mℓ	Zulässiger Volumenbereich von mℓ	bis mℓ	Nenndurchmesser d mm	Höhe Richtwert h mm
106	102	110	56	50
			73	33
125	120	130	83	28
212	206	218	63	75
			73	58
			99	36
314	306	322	65	101
			73	83
			99	50
340	331	349	73	88
425	416	436	56	184
			73	110
			99	63
580	567	593	83	115
636	623	649	99	92

Tabelle 9.2–1b: Fortsetzung

Nennvolumen mℓ	Zulässiger Volumenbereich von mℓ	bis mℓ	Nenndurchmesser d mm	Höhe Richtwert h mm
720	706	734	73	182
850	833	867	99	119
1062	1042	1082	99	145
1275	1255	1295	99	176
1700	1674	1724	99	229
			113	178
2650	2620	2680	153	156
3100	3069	3131	153	179
4250	4207	4293	153	246
10200	10098	10320	230	259

Fertigpackungen, die konform zu diesen Größenreihen hergestellt worden waren, waren von der Pflicht zur Grundpreisangabe befreit. Mit der Umsetzung der EU-Richtlinie 2007/45/EG vom 5. September 2007 wurden mit Wirkung vom 11. April 2009 alle vorgeschriebenen Verpackungsgrößen außer für Wein, Schaumwein und Spirituosen freigegeben. Die Preisangaben-Verordnung (PAngV) fordert für alle Produkte zusätzlich zur Angabe des Endpreises auch die Angabe des Grundpreises je Maßeinheit 1 kg oder 1 Liter bzw. 100 g oder 100 ml.

9.3 Bekleidungsgrößen

Tabelle 9.3–1: Konfektionsgrößen der Damenoberbekleidung

Normalgrößen (Körperhöhe etwa 1,68 m)										
1)	S		M		L		XL		XXL	
34	36	38	40	42	44	46	48	50	52	54
Kurzgrößen (Körperhöhe etwa 1,60 m)										
	18	19	20	21	22	23	24	25	25	
Langgrößen (Körperhöhe etwa 1,76 m)										
68	72	76	80	84	88	92				

1) Internationale Größen.

Tabelle 9.3–2: Konfektionsgrößen der Herrenoberbekleidung

Bund-weite cm	normal	schlank	unter-setzt	unter-setzt kurz	extra stark	extra stark kurz
74		88				
76	44	90				
80	46	94				
84	48	98	23	$23^1/_2$		
88	50	102	24	$24^1/_2$		
92	52	106	25	$25^1/_2$		
96	54	110	26	$26^1/_2$	47	$47^1/_2$
100	56	114	27	$27^1/_2$	49	$49^1/_2$
104					51	$51^1/_2$
106			28	$28^1/_2$		
108	58				53	$53^1/_2$
112			29	$29^1/_2$		
114	60				55	$55^1/_2$
118			30	$30^1/_2$	57	$57^1/_2$
124					59	$59^1/_2$
128					61	$61^1/_2$

Tabelle 9.3–3: Größen von Herrenhemden

Kragenweite cm	Größe international	Kragenweite inch	gemessene Bundweite cm	Hemden-Fertigmaß cm	gemessene Bundweite cm	Hemden-Fertigmaß cm	gemessene Bundweite cm	Hemden-Fertigmaß cm
			normal		modisch weit		weit	
37/38	S	$14^1/_2$–15	92	104	92	116	–	–
39/40	M	$15^1/_4$–$15^3/_4$	100	112	100	124	104	118
41/42	L	16–$16^1/_2$	110	120	110	132	114	126
43/44	XL	17–$17^1/_2$	120	128	120	140	124	134
45/46	XXL	18–$18^1/_2$	132	136	–	–	132	144
47/48	XXXL	19–$19^1/_2$	–	–	–	–	138	150
49/50	XXXXL	20–$20^1/_2$	–	–	–	–	144	156

Ärmellängen: 64 cm = normal, weit und modisch weit
59 cm = extra kurz
69 cm = extra lang

9.4 Schuhgrößen

In der Schuhkonfektion gibt es trotz intensiver Normungsversuche noch mehrere verschiedene Größenmaße für Schuhe, denen allen die Länge des Schuhleistens zugrunde liegt.

1. Metrisches Schuhmaß. Die Einheit der Schuhnummer ist ein Zentimeter. Die Leistenlänge von beispielsweise 36 cm entspricht der metrischen Größe 36. Dieses System war in der ehemaligen DDR verbindlich, konnte sich aber sonst nicht durchsetzen.
2. Pariser Stich oder deutsche Größen. Die Einheit der Schuhnummer beträgt zwei Drittel Zentimeter. Dieser Wert wurde gewählt, da der Abstand von einem Zentimeter zwischen zwei Nummern zu groß und der von einem halben Zentimeter zu klein erschien. Dieses System kam aus Frankreich, und die Einheit heißt »Pariser Stich«. Nach dieser Größenskala sind fast alle im deutschen Schuhhandel angebotenen Schuhe gekennzeichnet.
3. Englische Größen. Die Einheit der Schuhnummer beträgt ein Drittel englische Zoll, da der Unterschied von einem Zoll zwischen zwei Nummern zu groß ist. Die Einheit von $^{1}/_{3}$ Zoll = 0,846 cm wird »Size« genannt. Die Numerierung beginnt erst bei $8^{1}/_{3}$ Zoll = 21,17 cm.
4. Das amerikanische (Brannock-)System ist außerhalb Europas gebräuchlich. Es entsteht aus dem englischen durch Addition von $1^{1}/_{2}$.

Tabelle 9.4–1: Vergleich deutscher und englischer Schuhgrößen

1)	33	34	35	36	37	$37^{1}/_{2}$	38	$38^{1}/_{2}$	39	40	$40^{1}/_{2}$	41
2)	1	2	$2^{1}/_{2}$	$3^{1}/_{2}$	4	$4^{1}/_{2}$	5	$5^{1}/_{2}$	6	$6^{1}/_{2}$	7	$7^{1}/_{2}$
1)	42	$42^{1}/_{2}$	43	44	45	46	47	48				
2)	8	$8^{1}/_{2}$	9	$9^{1}/_{2}$	$10–10^{1}/_{2}$	$11–11^{1}/_{2}$	12	$12^{1}/_{2}$				

1) Deutsche Größen. 2) Englische Größen.

10 Zeittafeln der Metrologie

Tabelle 10–1:
Metrologie in Vorderasien bis etwa zum Jahre 1000 v. Chr.

Zeit	Metrologie	Allgemeine Geschichte
~10000	Im Zweistromland wird die gleicharmige Balkenwaage verwendet.	Älteste Siedlungen im Zweistromland. Beginn des Bewässerungsackerbaus am Unterlauf des Euphrat.
~ 5000	Im Zweistromland Sonnenuhren zur Tageseinteilung benutzt.	Älteste Schriftdenkmäler des Zweistromlandes.
~ 4000	In Uruk wird als Maß der Länge die »königliche Elle« angewendet.	Vordringen semitischer (akkadischer) Viehzüchterstämme ins Zweistromland.
~ 2650	Sulgi I., König von Ur (Zweistromland), begründet ein geschlossenes Maß- und Gewichtssystem, das für die metrologische Entwicklung des Altertums richtunggebend wird.	Sumerisches Reich von Lagasch. 2530–2350 Semitisches Reich von Akkad. 2200–2140 Herrschaft der Gutäer im Zweistromland. Eroberung Babyloniens durch die Amoriter.
~2100–2001	Älteste bekannte Längeneinheit auf einer Statue des sumerischen Fürsten Gudea von Lagasch (Paris, Louvre).	1955–1912 König Hammurapi in Babylonien. 1758 Vernichtung des babylonischen Großreiches durch die Hethiter. 1746–1171 Kassiten-Herrschaft in Babylonien. 1400 Assur erscheint als unabhängiger Staat.
~ 1300	Tragbare Sonnenuhren in Gezer in Israel.	1146–1123 Nebukadnezar I. König von Babylonien.

Tabelle 10–1: Fortsetzung

Zeit	Metrologie	Allgemeine Geschichte
~ 1200	Die Juden haben zweierlei Maß, ein heiliges für die Abgaben an den Tempel und ein gewöhnliches für den Handel.	1116–1090 Tiglatpileser I. begründet die assyrische Großmacht. 1100 Babylonien unter assyrischer Herrschaft.

Tabelle 10–2:
Metrologie in Ägypten bis etwa zum Jahre 1000 v. Chr.

Zeit	Metrologie	Allgemeine Geschichte
~10000	Die Schattennadel ist bekannt.	Verbreitung des Bewässerungsackerbaus im Niltal.
~ 5000	Die gleicharmige Balkenwaage wird verwendet.	
~ 4000	Zylindrische Wägestücke in Oberägypten in Verwendung. Als Grundlage der Längenmessung gilt die königliche Elle.	Aufkommen der Schrift. Frühes Reich. Altes Reich. Architekt und Gelehrter Imhotep. Bau großer Pyramiden unter der 4. Dynastie (Mitte des 3. Jt.). Vordringen der Ägypter zum Sinai, nach Israel und Phönikien. Zerfall des Alten Reiches in halbabhängige Königreiche.
~ 3000	Wasseruhren in Form von Ein- und Auslaufuhren bekannt.	
~ 2550	Erster Nachweis von Meridianmessung beim Bau der Pyramide zu Meidum.	
~ 2200	Auf der Nil-Insel Elephantine der erste Wasserstandsmesser (Nilometer) gebaut.	Um 2150 Beginn des Mittleren Reiches. Aufstieg der 11. Dynastie in Theben. 12. Dynastie. Sesostris III. Unterwerfung Ägyptens durch Unternubien.
~ 2000	Als Längeneinheit gilt: 1 Fuß = 16 Zoll (Fingerbreiten) = 307,86 mm; $1^1/_2$ Fuß = 1 Elle (»geringe Elle«).	

Tabelle 10–2: Fortsetzung

Zeit	Metrologie	Allgemeine Geschichte
~1600	Der ägyptische Schreiber Ahmes berechnet das Verhältnis des Kreisumfangs zu seinem Durchmesser ziemlich genau zu 3,1605 (π = 3,14159...).	Herrschaft der Hyksos (etwa 1700–1570). Neues Reich (vom 16. Jh. an). 18. Dynastie. Pharao Tutmosis III. unterwirft Nubien bis zum 4. Katarakt.
~1500	Gräber jener Zeit enthielten Ellenmaßstäbe. Es werden Wasseruhren verwendet, bei denen der Wasserstand die Uhrzeit (den Zeitpunkt) anzeigt. Die sog. »Nadeln der Kleopatra« dienen zur Messung der Tageszeit, der Jahreszeit und der Sonnenwendepunkte.	Um 1500 Errichtung der ägyptischen Hegemonie in Syrien. Um 1400 Reformen Amenophis' IV. Pharao Ramses II.

Tabelle 10–3:
Metrologie in Ägypten und Vorderasien bis etwa Christi Geburt

Zeit	Metrologie	Allgemeine Geschichte
~1000	Als Wägestücke werden Metallbarren oder Metallscheiben benutzt.	Jerusalem Hauptstadt Israels. Phönikier besiedeln Cypern. Griechische Siedlungen in Kleinasien. Im 10. Jh. Zerfall des israelischen Reiches in Israel (im Norden) und Juda (im Süden).
730	Ahas, König von Juda, stellt einen Obelisken als öffentliche Sonnenuhr auf, dessen Sonnenschatten auf Stufen fallen und damit die Tageszeit anzeigen.	Neuassyrisches Reich (909 bis 612). Chaldäisches (neubabylonisches) Reich (625 bis 539).

Tabelle 10–3: Fortsetzung

Zeit	Metrologie	Allgemeine Geschichte
631	Öffentliche Wasseruhren in Assyrien.	Unter Nebukadnezar II. Blüte des chaldäischen Reiches.
570	Nebukadnezar II. führt die Gewichtsnorm des Dungi I. wieder ein.	Anfänge des persischen Weltreiches (550).
~550	Klafter und Fuß in Mesopotamien.	Nach Untergang des Reiches Juda Babylonische Gefangenschaft der Juden (587). Rückkehr 538.
305	Im ptolemäischen Ägypten erscheint die Elle als »königliche Elle« mit 2 Spannen, 6 Handbreiten, 24 Fingerbreiten; neu ist der Fuß mit $^{2}/_{3}$ Elle als »Ptolemäischer oder königlicher Fuß« (1 Fuß = 350 mm).	Alexander d. Gr. beginnt 334 seinen Feldzug gegen Persien. Stirbt 323. 305–30 Ägypten unter den Ptolemäern. Eumenes I. gründet 263 Reich von Pergamon. Reitervolk der Parther gründet 240 im Iran ein selbständiges Reich.
220	Eratosthenes, Bibliothekar zu Alexandria, Lehrer des Heron, nimmt erste Gradmessung zwischen Alexandria und Syene vor, wobei er den Erdumfang zu 252000 Stadien bestimmt. 1 Stadion = 600 griech.-olymp. Fuß (zu 297 mm), ergibt für den Erdumfang 45000 km.	Priestergeschlecht der Makkabäer kämpft 167 erfolgreich gegen die Syrer.
140	Ktesibios aus Alexandria baut eine Wasseruhr mit Schwimmer und Zeiger.	

Tabelle 10–4:
Metrologie in Griechenland und Rom bis etwa Christi Geburt

Zeit	Metrologie	Allgemeine Geschichte
~2000	Der ägyptische Schoinos wird in Griechenland eingeführt.	Nach 1200 Einwanderung der Italiker. Beginn der Eisenzeit in Griechenland. 1100–900 Dorische Wanderung. Um 950 Einigung Attikas. Um 900 Gründung Spartas.
776	Beginn der Zählung der Kalenderjahre in Griechenland nach den alle vier Jahre stattfindenden Olympischen Spielen.	Um 800 Einwanderung der Etrusker nach Italien. 800–500 griechische Kolonisation an den Küsten des Mittel- und des Schwarzen Meeres.
~650	Erste Klepsydra (Handwasseruhr) in Griechenland.	
~600	Berosus, Chaldäer, übermittelt den Griechen die Kenntnis der Sonnenuhr.	Um 624 Gesetze des Drakon in Athen.
594	Solon reformiert die Maße und Gewichte in Athen.	594 Solons Verfassung in Athen.
535	Der griechische Philosoph Pythagoras beschreibt die Erde als Kugel, die sich mit Sonne, Mond und Planeten um ein Zentralfeuer dreht.	Um 550 Peloponnesischer Bund unter Führung Spartas.
531	Theodoros von Samos kennt Winkelmaß und Wasserwaage.	
seit 510	In Rom Zeitrechnung nach amtierenden Konsuln.	Um 510 wird Rom Republik. Ende der Tyrannis in Athen.
~500	Entstehung der griechischen Zahlen.	
~300	Ein Teil der griechischen Maße wird von den Römern übernommen. Die Etrusker kennen die Laufgewichtswaage.	500–448 Zeitalter der Perserkriege. 451 Zwölftafelgesetz der Decemvirn in Rom.

Tabelle 10–4: Fortsetzung

Zeit	Metrologie	Allgemeine Geschichte
293	Parpirius Cursor erbaut die erste Sonnenuhr in Rom.	268 Ganz Italien von den Römern unterworfen. 264 bis 133 Begründung der römischen Weltherrschaft.
250	Archimedes zu Syrakus ist Begründer der Lehren der Statik (Hebelgesetz), der Gesetze über den Auftrieb.	212 Die Römer erobern Syrakus (Ermordung von Archimedes).
50	In Athen erbaut Andronikos von Kyrrhos den »Turm der Winde« als Kombination von Wasseruhr und Sonnenuhren.	58–51 Cäsar erobert Gallien. 27 Octavian übernimmt als »Augustus« die Herrschaft über Rom.

Tabelle 10–5: Metrologie in Europa und im Mittelmeerraum von Christi Geburt an

Zeit	Metrologie
81	Frontinus, Curator aquarum, erlässt Vorschriften über Wassermessung in Rom.
~100	Vitruv baut Wegmesser.
~190	Unter Kaiser Commodus Messwagen zur Landvermessung in Gebrauch.
325	Konzil von Nicäa: Julianischer Kalender Grundlage der christlichen Zeitrechnung.
518	Originale der römischen Maße werden in die Obhut der Hauptkirche Konstantinopel gegeben.
~530	Dionysius Exiguus schlägt Zeitrechnung ab Christi Geburt vor.
564	Der Mönch Victorius legt Christi Geburt auf das Jahr 754 nach der »Erbauung Roms« fest.
622	Auszug Mohammeds von Mekka nach Medina, Beginn der islamischen Zeitrechnung, 637 beschlossen.
~700	Wasseruhr kommt nach Europa.
789	Der »Karlsfuß« wird als Längeneinheit für das karolingische Reich festgelegt.

Tabelle 10–5: Fortsetzung

Zeit	Metrologie
802	Araber rechnen mit indischen Ziffern.
864	Neue Maßfestlegung im karolingischen Reich; Originale der Maße werden in Paris im Palais Royal aufbewahrt.
~900	Erfindung der Räderuhren in Mitteleuropa.
994	Nach astronomischen Beobachtungen geregelte Sonnenuhr in Magdeburg.
1020	Von al-Biruni (973–1048) wird eine Waage zum Messen der Dichte gebaut.
~1090	Arabische (indische) Ziffern werden in Deutschland benutzt; Nullzeichen wird eingeführt.
1101	Heinrich I. von England legt das Yard fest.
1121	Das Werk *»Waage der Weisheit«* von al-Chasini ist die erste, im heutigen Sinne wissenschaftliche Abhandlung über die Waage.
1250	In Europa kommen Räderuhren mit Gewichtsantrieb und »Waaghemmung« auf.
1300	Beginn der Einteilung des Tages in zweimal 12 gleich lange Stunden.
1325	Levi ben Gerson beschreibt den Jakobstab.
ab 1345	Erste Sanduhr sicher nachweisbar.
1412	Nikolaus von Kues verlangt Kalenderreform.
1494	Heinrich VII. bestimmt für ganz England einheitliches Maß und Gewicht und führt das Troy-Gewicht ein.
~1500	Erste Federuhr. Kleinuhrenherstellung beginnt.
1510	Peter Henlein aus Nürnberg baut die erste Taschenuhr mit Federaufzug, Spindelhemmung und Waag (Nürnberger Ei).
1528	Jean Fernel schlägt vor, einen Teil des Meridianbogens zwischen Paris und Amiens als Naturmaß einem Maßsystem zugrunde zu legen.
1530	In England wird das Avoirdupois-Gewicht als Handelsgewicht verbindlich eingeführt.
1582	Kalenderreform durch Papst Gregor XIII.
1585	Simon Stevin, Baumeister und Mathematiker aus Brügge, macht auf die Vorteile des Dezimalsystems aufmerksam.
1592	Galileo Galilei (1564–1642) erfindet einen Temperatur-

Tabelle 10–5: Fortsetzung

Zeit	Metrologie
	anzeiger, der die Ausdehnung der Luft durch Ansaugen von Wasser zur Anzeige benutzt. Bei Uhren benutzt er als Schwingsystem eine Spirale mit Unruh.
~1600	Erste Pendeluhr. Santorio Sanctorius (1561–1636) erfindet das erste Fieberthermometer. Es arbeitet ähnlich dem Thermoskop von Galilei.
1615	Salomon de Caus (1576–1630) erfindet die Walgeruhr, eine vervollkommnete Wasseruhr.
1627	Johannes Kepler (1571–1630) lässt in Ulm den »Keplerkessel« als Universalmaß für Länge, Volumen und Masse gießen.
1650	Carlo Rinaldini (1615–1698) macht den Vorschlag, den Gefrier- und den Siedepunkt des Wassers als Temperaturfixpunkte zu benutzen.
1657	Die »Accademia del Cimento« (Akademie des Versuchs) wird in Florenz gegründet, die geschlossene Weingeist- und Quecksilberthermometer mit unterschiedlicher Teilung herstellt.
1660	Robert Boyle (1627–1691) benutzt für seine Beobachtungen ein Wasserthermometer.
1661	Christopher Wren (1632–1723) schlägt die Länge eines Halbsekunden-Pendels als Naturmaß für die Längeneinheit vor.
1669	Gilles Personne de Roberval (1602–1675) gibt das Prinzip einer oberschaligen Waage an.
1672	Jean Richer (1630–1696) entdeckt, dass die Schwingungsdauer eines Pendels von der geographischen Breite abhängt.
1675	Olaf Roemer (1644–1710) berechnet aus dem Zeitunterschied der Verfinsterung zweier Jupitermonde die Lichtgeschwindigkeit.
1676	Robert Hooke (1635–1703) entdeckt, dass die Längenänderung einer Feder der auslenkenden Kraft proportional ist. »Hookesches Gesetz«.
1714	Gabriel Daniel Fahrenheit (1686–1736) baut gute Alko-

Tabelle 10–5: Fortsetzung

Zeit	Metrologie
	hol- und Quecksilberthermometer. Er entwickelt eine nach ihm benannte Skala mit drei Fixpunkten.
1718	Jakob Leupold (1674–1727) erbaut die »Leipziger Heuwaage«, eine große Laufgewichtswaage, die beladene Fahrzeuge wiegen kann.
1720	George Graham (1674–1751) erfindet die nach ihm benannte ruhende Hemmung für Uhren.
1722	»Postmeilensäulen« werden im Kurfürstentum Sachsen aufgestellt.
1726	Erste Schwarzwälder Kuckucksuhr.
1730	Antoine Ferchault de Réaumur (1683–1759) fertigt brauchbare Alkoholthermometer und teilt sie zwischen Gefrier- und Siedepunkt des Wassers in 80 Teile.
1734	Die Leipziger Elle wird sächsisches Landesmaß.
1735	Charles-Marie de la Condamine (1701–1774) fertigt für seine Gradmessung in Peru nach dem bisherigen französischen Längennormal, der »Toise de Chatelet«, die »Toise de l'Academie«, später »Toise de Pérou« genannt.
	John Harrison (1693–1776) baut das erste seiner berühmten Schiffschronometer.
1742	Anders Celsius (1701–1744) schlägt die nach ihm benannte 100teilige Temperaturskala vor.
1751	Friedrich II. von Preußen erlässt zur Vereinheitlichung der Maßeinheiten in seinem Lande ein Maß- und Gewichtsgesetz.
1757	Der zur Navigation auf See verwendete Spiegelquadrant erhält 120 Grad und heißt nunmehr Sextant.
1758	In Großbritannien wird das Imperial Standard Yard als Längennormal eingeführt.
1766	Die Toise de Pérou wird als französisches Längennormal eingeführt.
1770	Philipp Matthäus Hahn (1739–1790) konstruiert eine selbstanzeigende Waage (Neigungswaage).
1771	Georg Friedrich Brander (1713–1783) beschreibt eine neue hydrostatische Waage, die als reine Neigungswaage arbeitet.

Tabelle 10–5: Fortsetzung

Zeit	Metrologie
1773	Der preußisch-rheinländische Fuß wird gesetzlich festgelegt. 1 Fuß = 139,13 Pariser Linien = 0,313853 m (nach der Definition von 1799).
1777	Maria Theresia erlässt für Österreich ein »Zimentierungspatent« (Maßordnung).
1782	James Six († 1793) baut die ersten Maximum-Minimum-Thermometer in der noch heute üblichen Form.
1790	Charles Maurice de Talleyrand (1754–1838) stellt in der Französischen Nationalversammlung den Antrag, das Maßwesen zu vereinheitlichen.
1792	In Frankreich wird der Revolutionskalender eingeführt. Jean-Baptiste Delambre (1749–1822) und Pierre Méchain (1744–1804) beginnen mit der Vermessung des Meridianbogens zwischen Dünkirchen und Barcelona als Grundlage eines einheitlichen Maßsystems.
1795	Das »mètre provisoire et légal« wird mit 443,443 Pariser Linien gesetzlich eingeführt.
1799	Durch Dekret vom 10. Dezember wird das »mètre vrai et définitif« zu 443,296 Pariser Linien angenommen. Ein mittleres Sekundenpendel lässt sich unter 45° Breite zu 440,429754 Pariser Linien berechnen.
1806	Im Königreich Württemberg wird das »alte vaterländische Maß und Gewicht« vom Jahre 1557 rekonstruiert und gesetzlich neu eingeführt.
1809	Im Königreich Bayern werden die Altbayerischen Maße und Gewichte einheitlich eingeführt.
1810	Das Großherzogtum Baden führt als erster deutscher Staat dezimal unterteilte Bezugseinheiten ein. Leider wird als Längeneinheit der Fuß zu 30 cm und als Gewichtseinheit das Pfund zu 500 g gewählt.
1816	Das Königreich Preußen führt einheitliche, aber nichtmetrische Einheiten ein.
1817	Das Großherzogtum Hessen führt ein neues Maß- und Gewichtssystem ein, dessen Einheiten aus dem Mittel bisher gebräuchlicher Einheiten gebildet werden.
1820	Hans Christian Ørsted (1777–1851) entdeckt den Elektromagnetismus.

Tabelle 10–5: Fortsetzung

Zeit	Metrologie
	Johann Salomo Christoph Schweigger (1779–1857) konstruiert aufgrund von Ørsteds Entdeckungen das erste Galvanometer, um damit Stärke und Richtung des elektrischen Stromes zu messen.
1821	Friedrich Alois Quintenz (1774–1822) baut eine tragbare Brückenwaage mit dezimaler Hebelübersetzung: »Dezimalwaage«.
1824	Das englische Yard wird an das Meter angeschlossen: 1 Yard = 0,9143834 m.
1825	Erfindung des Planimeters (Flächenmessgerät).
1827	Georg Simon Ohm (1789–1854) entdeckt den Zusammenhang zwischen Strom, Spannung und Widerstand und formuliert das nach ihm benannte »Ohmsche Gesetz«.
1829	Die erste elektromagnetisch angetriebene Uhr wird hergestellt.
1831	Carl Friedrich Gauß (1777–1855) schlägt ein absolutes Einheitensystem vor, in dem auch die elektrischen und magnetischen Einheiten durch cm, g, s ausgedrückt werden (CGS-System).
1833	W. Ch. Bochkoltz erfindet eine Zweischneiden-Substitutionswaage, eine Vorläuferin der heutigen mechanischen Laboratoriumswaagen.
	Der Deutsche Zoll- und Handelsverein wird gegründet. Er bringt durch die Einführung des Zollpfunds zu 500 g einen gewissen Fortschritt auf dem Wege zu einem einheitlichen Maß- und Gewichtssystem in den deutschen Bundesstaaten.
1847	Joseph Béranger konstruiert eine neuartige Tafelwaage und verbessert die Bauart nach Roberval.
1851	William Thomson, der spätere Lord Kelvin (1824–1907), nimmt einen absoluten Nullpunkt an, bei dem die Energie der Moleküle null sei. Ihm zu Ehren wurde im SI die Einheit der Temperatur Kelvin (K) genannt.
1856	Der Deutsche Zollverein führt die einheitliche Unterteilung des Zollpfund zu 500 g nach Gramm und dezimalen Vielfachen des Gramm ein.

Tabelle 10–5: Fortsetzung

Zeit	Metrologie
1858	Das Königreich Sachsen führt ein neues Maß- und Gewichtssystem mit dem Zollpfund als Gewichtseinheit ein.
1861	Eine vom Deutschen Bund berufene Sachverständigenkommission schlägt vor, das metrische System in Deutschland einzuführen.
1867	Die 2. Generalkonferenz der europäischen Gradmessung befürwortet die allgemeine Annahme des metrischen Systems und beschließt, für die Bewahrung und Weitergabe der Urmaße eine Behörde zu errichten. Daraus entsteht die »Meterkonvention« (s. 1875).
1868	Der Norddeutsche Bund nimmt das metrische System an.
1872	Das metrische Maßsystem tritt im Deutschen Reich in Kraft.
1875	Abschluss der Internationalen Meterkonvention.
1876	In Österreich wird das metrische Maßsystem eingeführt.
1877	Die Seewarte Hamburg beginnt mit jährlichen Chronometerprüfungen.
1880	Erste Eichzulassung einer selbsttätigen Waage zum Abwägen. Die Bauart wurde vorwiegend für Getreide eingesetzt.
	A. Rueprecht entwickelt eine Waage höchster Genauigkeit zur Vergleichung von 1-kg-Massenormalen mit einer Messunsicherheit von etwa 0,01 mg.
1887	Die Physikalisch-Technische Reichsanstalt wird als Staatsinstitut des Deutschen Reiches gegründet. Erster Präsident: Hermann von Helmholtz.
1889	Otto Lummer (1860–1925) und Eugen Brodhun (1860 bis 1938) entwickeln ein neuartiges Photometer, das als Lummer-Brodhun-Würfel bekannt wird.
	Die 1. Generalkonferenz für Maß und Gewicht genehmigt die Prototypen für das Meter und das Kilogramm und verteilt Kopien (Etalons) an die Mitgliedsstaaten. Das Kilogramm ist nunmehr die Einheit der Masse.
1890	K. Feußner erfindet den Gleichspannungs-Kompensationsapparat für Messungen hoher Genauigkeit.

Tabelle 10–5: Fortsetzung

Zeit	Metrologie
1893	Im Deutschen Reich wird durch Gesetz die Mitteleuropäische Zonenzeit eingeführt.
1900	Erste Versuche zur elektrischen Messung nichtelektrischer Größen. Das National Physical Laboratory in Teddington bei London wird gegründet.
1901	Das US National Bureau of Standards wird gegründet. Giovanni Giorgi empfiehlt ein Einheitensystem mit den Basiseinheiten Meter, Kilogramm, Sekunde und Ampere. Dieses MKSA-System bildet die Grundlage des SI (s. 1960).
1905	Armbanduhren kommen in Mode.
1916	In Deutschland wird zum ersten Mal die Sommerzeit eingeführt.
1917	Wilhelm Kösters (1876–1950) entwickelt den Interferenzkomparator für Längenmessungen hoher Genauigkeit (Kösters-Komparator).
1932–1934	Adolph Scheibe und Udo Adelsberger entwickeln eine hochgenaue Quarzuhr, mit der erstmalig die Ungleichförmigkeit der Erdrotation gemessen werden konnte.
1936	Druckwerk an Neigungswaagen wird eingeführt.
1944	Th. Gast entwickelt eine Mikrowaage mit elektrodynamischer Kraftkompensation, die das Vorbild der heutigen elektronischen Waagen für Höchstlasten unter 20 kg wird.
1947	E. Mettler und H. Meier entwickeln eine oberschalige Präzisions-Substitionswaage und bestimmen damit die Entwicklung der modernen mechanischen Laboratoriumswaage.
1948	Die 9. Generalkonferenz für Maß und Gewicht lässt die Aufstellung eines vollständig neuen Einheitensystems studieren, das geeignet ist, in allen Staaten gesetzlich eingeführt zu werden.
1958	Die Konvention über die Gründung einer Internationalen Organisation für Gesetzliches Messwesen (Organisation Internationale de la Métrologie Légale, OIML) tritt in

Tabelle 10–5: Fortsetzung

Zeit	Metrologie
	Kraft. Hauptaufgabe: allgemeine Grundsätze des gesetzlichen Messwesens festzulegen.
1960	Die 11. Generalkonferenz für Maß und Gewicht bestimmt für das neue Einheitensystem den Namen: »Système International d'Unités« mit dem Kurzzeichen »SI«. Neue Definition des Meter über die von E. Engelhardt entwickelte Krypton-Wellenlängen-Normallampe. Damit Abkehr von der Maßverkörperung durch einen Platinstab.
1964	Erste Eichzulassung einer elektromechanischen Waage mit Dehnungsmessstreifen-Wägezellen. Beginn der Elektronik im Waagenbau und damit Möglichkeit der elektronischen Datenverarbeitung.
1966–1973	Entwicklung der Caesium-Atomuhr der Physikalisch-Technischen Bundesanstalt (PTB), gegenwärtig der genauesten Uhr der Welt.
1977	Gründung des »Deutschen Kalibrierdienstes (DKD)«, einer Organisation unter Aufsicht der PTB zur Kontrolle industrieller Präzisionsmessungen außerhalb des gesetzlichen Messwesens.
1983	Die 17. Generalkonferenz für Maß und Gewicht beschließt eine neue Definition der Basiseinheit Meter als Länge der Strecke, die Licht im Vakuum während der Dauer von (1/299792428) Sekunden durchläuft.
1985	Reproduktion der Spannung von 1 Volt in der PTB mit Hilfe von Josephson-Spannungsnormalen mit einer Unsicherheit von $3 \cdot 10^{-10}$ Volt. Das Weston-Normalelement hat eine Unsicherheit von $\pm 10^{-5}$ Volt. Nobelpreis für Klaus-Olaf von Klitzing: Der Quanten-Hall-Effekt findet Anwendung bei der Realisierung eines hochgenauen reproduzierbaren Normals für elektrische Widerstände.
1992	Durch die Neufassung des Eichgesetzes wird das gesetzliche Messwesen der modernen Entwicklung angepasst.
1998	Das Medizinproduktegesetz trägt der starken Zunahme der »Apparatemedizin« Rechnung und soll die Sicherheit,

Tabelle 10–5: Fortsetzung

Zeit	Metrologie
	Eignung und Leistung der Medizinprodukte sowie die Gesundheit und den erforderlichen Schutz der Patienten, Anwender und Dritter gewährleisten.
1999	Inbetriebnahme der »Cäsium-Fontänenuhr« der PTB.
2000	Mit einem neuartigen Josephson-Spannungsnormal als schnell umpolbarer Spannungsquelle können thermoelektrische Effekte in Thermokonvertern sehr genau gemessen werden. Die relative Unsicherheit der Messung von Wechselspannungen und -stromstärken wird dadurch auf weniger als 10^{-7} verringert.
2003	Start des internationalen Avogadro-Projektes zur Neudefinition der Basiseinheit der Masse durch Rückführung auf Naturkonstanten (Deutschland, Italien, Belgien, Japan, Australien und USA).
2004	Am 30. April 2004 wurde die Europäische Richtlinie für Messgeräte 2004/22/EG (MID) im Amtsblatt der Europäischen Union veröffentlicht. Sie wird wirksam ab dem 30. Oktober 2006 und regelt die Mindestanforderungen an die wichtigsten Messgerätearten, die im geschäftlichen Verkehr verwendet werden, sowie die Verfahren zur Prüfung und Bewertung der Konformität mit den Anforderungen.
2006	Die Europäische Richtlinie für Messgeräte 2004/22/EG (MID) ist in Deutschland in nationale Rechtsvorschriften umzusetzen.
2010	Entwurf des »Comité International des Poids et Mesures« (CIPM) zur Neudefinition des SI auf der Grundlage von Naturkonstanten.

11 Literaturverzeichnis

11.1 Nach Kapiteln geordnet

Die Nummern verweisen auf das alphabetische Literaturverzeichnis 11.2.

1 *Einleitung:* 138, 140, 199, 202
1.1 *Sinn und Notwendigkeit des Messens und der Maße:* 8, 193
1.2 *Einige Begriffe vom Messen und von den Maßen:* 2, 3, 4, 8, 59, 78, 84, 93, 130, 173

2 *Historische Entwicklung des Messens und der Maßsysteme:* 3, 4, 13, 26, 111, 138, 140, 141, 142, 144, 145, 157, 182, 183, 194, 199, 200, 202, 203, 208, 217
2.1 *Vorgeschichtliche Zeit:* 3, 49
2.2 *Vorderasien und Ägypten im frühen Altertum:* 23, 27, 33, 38, 88, 107, 110, 111, 112, 113, 114, 115, 134, 138, 139, 147, 151, 187, 188, 189
2.3 *Griechenland und das Römische Reich in der Antike:* 23, 27, 33, 73, 88, 115, 116, 138, 139, 151, 188, 189
2.4 *Europa und der Mittelmeerraum im Mittelalter und in der Neuzeit bis zum Ende des 18. Jahrhunderts:* 28, 48, 81, 82, 148, 159, 186, 201, 203, 204, 206, 207, 213
2.5 *Kulturen außerhalb des Abendlandes: Indien, China:* 52, 196
2.6 *Entstehung des metrischen Maßsystems:* 19, 20, 68, 85, 180, 213
2.7 *Die Einführung des metrischen Maßsystems:* 21, 28, 41, 61, 68, 72, 85, 185, 186, 213
2.8 *Geschichte der Zeitrechnung und der Zeitmessung:* 15, 32, 116, 140, 154
2.8.1 *Geschichte des Kalenders:* 44, 58, 62, 174, 212
2.8.2 *Ären und Epochen:* 32, 44, 58, 140
2.8.3 *Tageseinteilung und Sonnenuhren:* 16, 44, 99, 140, 158
2.8.4 *Wasseruhren und Sanduhren:* 15, 99, 140, 158, 163
2.8.5 *Ortszeit und Zeitgleichung:* 58, 99
2.8.6 *Räderuhren:* 1, 6, 99, 103, 104, 105, 140, 158
2.8.7 *Neueste Entwicklung der Zeitmessung:* 99, 105, 140, 158

2.8.8 *Die gesetzliche Zeit:* 140, 158
2.8.9 *Darstellung der gesetzlichen Zeit:* 140, 158
2.8.10 *Verbreitung der gesetzlichen Zeit:* 140, 158

3 *Das Internationale Einheitensystem SI:* 34, 56, 60, 141, 155, 166, 171, 176, 178, 184
3.1 *Einführung:* 31, 56, 85
3.2 *Erläuterungen zu einigen Einheiten der Tabelle 3.1–2:* 25, 31, 79, 92, 167, 177
3.3 *Gesetzliche Vorschriften über Einheiten im Messwesen:* 56, 184
3.4 *Nicht mehr anzuwendende Einheiten:* 56, 184
3.5 *Umrechnung angelsächsischer Einheiten:* 13, 56, 69, 141, 190, 217
3.6 *Einheiten außerhalb des SI:* 24, 56, 60, 164

4 *Zahlen, Ziffern, Zeichen und Symbole*
4.1 *Zahlen und Ziffern:* 66, 89, 127
4.2 *Zeichen und Symbole:* 37, 53, 126, 137, 150, 154, 160, 172, 175, 198
4.3 *Zahlensymbolik:* 45, 74, 202, 214, 216

5 *Obrigkeitliche Aufsicht über das Mess- und Eichwesen:* 3, 4, 5, 8, 42, 143
5.1 *Geschichtliche Entwicklung der Aufsicht:* 51, 123, 124, 128, 144, 152, 156, 169, 182, 185, 213
5.2 *Heutige gesetzliche Grundlagen des Eichwesens in der Bundesrepublik Deutschland:* 8, 29, 30, 56, 96, 168, 181, 184
5.3 *Organisation des Mess- und Eichwesens:* 5, 35, 95, 101, 123, 124, 128, 170, 185
5.4 *Internationale messtechnische Organisationen:* 129, 184, 185

6 *Tabellen alter Einheiten von Länge, Fläche, Volumen und Gewicht. Chronologisch und geographisch geordnet:* 142, 190, 191
6.1 *Vorbemerkung:* 2, 3, 4, 78, 98
6.2 *Antike:* 39, 88, 114, 151
6.2.1 *Vorderasien:* 10, 14, 63, 107, 112, 134, 146, 147, 149
6.2.2 *Ägypten:* 76, 112, 114, 115
6.2.3 *Griechenland:* 23, 88, 115, 135
6.2.4 *Römisches Reich:* 88, 102, 135

6.3 *Mittelalter und Neuzeit bis zur Einführung des metrischen Maßsystems:* 41, 54, 55, 70, 71, 118, 119, 120, 121, 153, 165
6.3.1 *Byzantinisches Reich:* 159
6.3.2 *Außereuropäischer Mittelmeerraum:* 17, 18, 36, 55, 63, 69, 80, 106, 108, 117, 133, 136, 162
6.3.3 *Europa im 18. und 19. Jahrhundert:* 7, 8, 9, 12, 17, 18, 36, 41, 43, 47, 48, 54, 55, 67, 69, 75, 86, 90, 94, 106, 108, 117, 122, 131, 132, 133, 136, 152, 161, 162, 165, 179, 192, 195, 197, 204, 205, 209, 210, 211
6.3.4 *Außereuropa im 19. Jahrhundert:* 12, 17, 18, 36, 69, 106, 108, 117, 133, 136, 153, 162

7 *Stück- oder Zählmaße:* 69, 98, 162

8 *Tabellen von Stoffeigenschaften:* 31
8.1 *Chemische Elemente:* 46, 87
8.2 *Feste Stoffe:* 87
8.3 *Geschichtete Massen:* 69, 87
8.4 *Flüssigkeiten:* 69, 87
8.5 *Gase:* 87

9 *Tabellen genormter Abmessungen:* Einschlägige DIN-Normen

10 *Zeittafeln der Metrologie:* 22, 64, 77, 91, 93, 109

11.2 Alphabetisches Verzeichnis

1 Abeler, Jürgen: Ullstein Uhrenbuch. Berlin / Frankfurt a. M. / Wien 1975.
2 Adron, Lutz: messen, wiegen, zählen. Das Lexikon der Maß- und Währungseinheiten aller Zeiten und Länder. Gütersloh 1987.
3 Alberti, Hans Joachim: Maß und Gewicht. Berlin 1957.
4 Auböck, Josef: Hand-Lexikon der Münzen, Raum- und Gewichtsmaße der Erde. Wien 1893.
5 Barczynski, Otto: Handbuch der Verwaltung des Deutschen Maß- und Gewichtswesens. 4. Aufl. Magdeburg 1909.

6 Bassermann-Jordan, Ernst: Uhren. Ein Handbuch für Sammler und Liebhaber. Berlin 1914.
7 Baumann, Eduard Andreas: Übersicht der Längen-, Flächen-, Hohlmaße, Gewichte und Münzen aller Länder der Erde als Vergleichung mit den neuen eidgenössischen Maß-, Gewicht- und Münzsystemen. Zürich 1851.
8 Bayerisches Landesamt für Maß und Gewicht, München (Hrsg.): Geschäftsberichte. 1986 ff. [jährl.].
9 Becker, Gerhard: Das Rechnen mit Münze, Maß und Gewicht seit Adam Ries. Cloppenburg 1994.
10 Beinhauer, Karl W. (Hrsg.): Die Sache mit Hand und Fuß. 8000 Jahre Messen und Wiegen. Mannheim 1994.
11 Benzinger, J.: Hebräische Archäologie. Leipzig 1927.
12 Bergmann, A.: Münzen, Maße und Gewichte aller Staaten. Leipzig 1903.
13 Berriman, A. E.: Historial Metrology. New York 1953.
14 Das große Bibellexikon. Bd. 2: Artikel Maß und Gewicht. Wuppertal/Gießen 1988. S. 933–939.
15 Bilfinger, Gustav: Zeitmesser der antiken Völker. Stuttgart 1886.
16 Mittelalterliche Horen und die modernen Stunden. Stuttgart 1892.
17 Bleibtreu, L. C.: Handbuch der Münz-, Maß- und Gewichtskunde. Stuttgart 1863.
18 Blind, August: Maß-, Münz- und Gewichtswesen. 2. Aufl. Berlin/Leipzig 1923.
19 Block, Walter: Grundlagen des dezimalen metrischen Systems oder Messung des Meridianbogens zwischen den Breiten von Dünkirchen und Barcelona. Leipzig 1911.
20 – Über die Einheit des Gewichtes im dezimalen metrischen System nach den Arbeiten von Levevre-Gineau. Bericht von Tralles. Leipzig 1911.
21 Blocken, Felix von: Die neuen Maße und Gewichte in Tabellen und bildlicher Darstellung. Regensburg 1871.
22 Bochkoltz, W. Ch.: Beschreibung einer sehr genauen Waage [...]. In: Dinglers Journal (Stuttgart) 52 (1834).
23 Böckh, August: Metrologische Untersuchungen über Gewichte, Münzfüße und Maße des Altertums in ihrem Zusammenhange. Berlin 1838.
24 Bolt, Bruce A.: Erdbeben. Eine Einführung. Berlin/Heidelberg 1984.

25 Borucki, Hans: Einführung in die Akustik. 3. Aufl. Mannheim/Wien/Zürich 1989.
26 Brachner, Alto: Von Ellen und Füßen zur Atomuhr. Geschichte der Meßtechnik. Deutsches Museum, München 1996.
27 Brandis, J.: Münz-, Mass- und Gewichtswesen in Vorderasien. Bis auf Alexander den Großen. 2. Aufl. Berlin 1866. Nachdr. Amsterdam 1966.
28 Brandt, Otto: Urkundliches über Maß und Gewicht in Sachsen. Manuskript. Dresden 1933.
29 Breuer, Dietmar: Neuere Entwicklungen im gesetzlichen Meßwesen in der Europäischen Union. Vortrags-Ms. 1995.
30 – Die Reform des gesetzlichen Meßwesens – ein Beispiel für den Wandel im deutschen Wirtschaftsrecht. In: Gewerbearchiv 40 (1994) S. 265–271.
31 Breuer, Hans: dtv-Atlas zur Physik. Tafeln und Texte. 2 Bde. München 1987.
32 Brinckmeier, Eduard: Practisches Handbuch der historischen Chronologie aller Zeiten und Völker, besonders des Mittelalters. 2. Aufl. Berlin 1882.
33 Büsing, Hermann: Metrologische Beiträge. In: Jahrbuch des Deutschen Archäologischen Instituts 97 (1982).
34 Burger, A.: Ein Beitrag zu den gesetzlichen Regelungen über Einheiten im Meßwesen. Darstellung von Einheitennamen in der Informationsverarbeitung. In: Schule und Beratung. H. 8–9 (1981) S. 5–11.
35 Cahan, David: Meister der Messung. Die Physikalisch-Technische Reichsanstalt im Deutschen Kaiserreich. Weinheim [u. a.] 1992.
36 Chelius, Georg Kaspar: Maß- und Gewichtsbuch. 3. Aufl. hrsg. von Johann Friedrich Hauschild. Frankfurt a. M. 1830.
37 Croy, Peter: Die Zeichen und ihre Sprache. Göttingen 1972.
38 Deimel, Anton: Sumerisches Lexikon. 1. Teil. Rom 1930. (Scripta Pontificii Instituti Biblici.)
39 Dilke, O. A. W.: Mathematik, Maße und Gewichte in der Antike. Stuttgart 1991.
40 Dohrn-van Rossum, Gerhard: Die Geschichte der Stunde. Uhren und moderne Zeitordnungen. München 1992.
41 Dove, H. W.: Über Maaß und Messen. 2. Aufl. Berlin 1835.
42 Drewitz, C.: Das Maß- und Gewichtswesen Deutschlands in technischer und rechtswissenschaftlicher Beleuchtung. Berlin 1918.

43 Dubler, Anne Marie: Maße und Gewichte im Kanton Luzern und in der alten Eidgenossenschaft. Luzern 1975.
44 Ekrutt, Joachim W.: Der Kalender im Wandel der Zeiten. 5000 Jahre Zeitberechnung. Stuttgart 1972. (Kosmos Bibliothek. 274.)
45 Endres, Franz Carl / Schimmel, Annemarie: Das Mysterium der Zahl. Zahlensymbolik im Kulturvergleich. 5. Aufl. München 1990. (Diederichs Gelbe Reihe. 52.)
46 Enzyklopädie Naturwissenschaften und Technik. Bd. 2. München 1980. Stichwort »Elemente«: S. 1121 f.
47 Eytelwein, Johann Albert: Vergleichungen der gegenwärtig und vormals in den königlich preußischen Staaten eingeführten Maaße und Gewichte, mit Rücksicht auf die vorzüglichsten Maaße und Gewichte in Europa. 2. Aufl. Berlin 1810.
48 Faussner, Hans Constantin / Grote, Alfred von: Die alten Getreidemaße und ihre Vereinheitlichung. In: Urbarbuch des landesfürstlichen Kastenamtes Burghausen für den Kasten Ober- und Niederweilhart von 1581. Hildesheim [u. a.] 1983.
49 Fettweis, Ewald: Völkerkundliche Beiträge zur Frage nach der Entstehung der Meßkunst. In: Technikgeschichte 26 (1937) S. 130–138.
50 – Orientierung und Messung in Zeit und Raum bei Naturvölkern. In: Studium Generale 11 (1958) S. 1–12.
51 Forschen, Messen, Prüfen. 100 Jahre Physikalisch-Technische Reichs- und Bundesanstalt 1887–1987. Hrsg. von J. Bortfeld, W. Hauser, H. Rechenberg. Weinheim 1987.
52 Franke, Otto: Geschichte des chinesischen Reiches. 3 Bde. Berlin/Leipzig 1937.
53 Frutiger, Adrian: Der Mensch und seine Zeichen. Schriften, Symbole, Signate, Signale. 2. Aufl. Wiesbaden 1989.
54 Gerhardt, M. R. B.: Allgemeiner Contorist oder [. . .]. Erster Theil, welcher die Münz- Maaß- und Gewichtskunde [. . .] von ganz Europa enthält. Berlin 1791.
55 – Allgemeiner Contorist oder [. . .]. Zweyter Theil enthält I. Die Münz- Maaß- und Gewichtskunde [. . .] der außerhalb Europa gelegenen Länder und Handelsorte. II. Vollständige Münz- Maaß- und Gewichts-Vergleichungstafeln. Berlin 1792.
56 German, Sigmar / Drath, Peter: Handbuch SI-Einheiten. Braunschweig/Wiesbaden 1979.
57 Gesetz über den Feingehalt von Gold- und Silberwaren. Vom

16. Juli 1884 (RGBl. I S. 120). Letzte Änderung vom 12. März 1976 (BGBl. I S. 513).

58 Ginzel, Friedrich Karl: Handbuch der mathematischen und technischen Chronologie. 3 Bde. Leipzig 1906–1914. Nachdr. Leipzig 1958.

59 Göbel, Ernst O. / Kochsiek, Manfred (Hrsg.): Darf's ein bißchen genauer sein? – Präzisionstechnik, wo und wozu? Braunschweig 2000. (PTB-Texte. 11.)

60 Göbel, Rudolf / Gutmacher, Edward / Behrends, Reinhard: Wissensspeicher Größen, Einheiten, Formeln. Thun, Frankfurt a. M. 1983.

61 Grimm, Friedrich Wilhelm: Vollständige Darstellung des Maß- und Gewichts-Systems im Großherzogtum Hessen. Darmstadt 1840.

62 Gumpach, Johannes von: Die Zeitrechnung der Babylonier und Assyrer. Heidelberg 1852. Nachdr. Walluf 1972.

63 Haag, Herbert (Hrsg.): Bibel-Lexikon. Zeittafel I–III, Nachtrag II. Zürich/Köln ^{2}1968.

64 Haeder, Walter: Von der Königlichen Elle zum Meter. Chronologie einer technisch-wissenschaftlichen Entwicklung. Berlin / Köln / Frankfurt a. M. 1973. (DIN Normungskunde. 2.)

65 Hahn, Gernot von: Jahre, Tage, Stunden. Das große Buch von Zeit und Kalender. Aarau/Stuttgart 1984.

66 Hartner, Willi: Zahlen und Zahlensysteme bei Primitiv- und Hochkulturvölkern. In: Paideuma 2 (1941/42) S. 268–326.

67 Hase, Wolfgang / Dethlefs, Gerd: Damit mußten sie rechnen … auch auf dem Lande. Zur Alltagsgeschichte des Rechnens mit Münze, Maß und Gewicht. Cloppenburg 1994.

68 Hasenauer, Walter: Die Internationale Meterkonvention – Wie es dazu kam und was aus ihr wurde. In: Elektrotechnik und Maschinenbau 92 (1975) S. 484 ff.

69 Haupt, Waldemar: Maße, Währungen, Werte. Stuttgart [1939].

70 Hauschild, Johann Friedrich: Vergleichungs-Tafeln der Gewichte verschiedener Länder und Städte. Frankfurt a. M. 1836.

71 – Frankfurter Geschäftshandbuch. Enthaltend die Maß-, Gewichts-, Münz-, Kurs- und Wechselverhältnisse. Frankfurt a. M. 1845.

72 – Zur Geschichte des deutschen Maß- und Münzwesens in den letzten 60 Jahren. Frankfurt a. M. 1861.

73 Heimberg, Ursula: Römische Landvermessung. Limitatio. Stuttgart 1977.
74 Heinimann, Felix: Maß – Gewicht – Zahl. In: Museum Helveticum 32,3 (1975).
75 Heinrich, Placidus: Bestimmung der Maaße und Gewichte des Fürstentums Regensburg. Regensburg 1808.
76 Helck, Wolfgang / Otto, Eberhard (Hrsg.): Lexikon der Ägyptologie. Bd. 3: Maße und Gewicht. Wiesbaden 1972.
77 Hellemans, Alexander / Bunch, Bryan H.: Fahrplan der Naturwissenschaften. Ein chronologischer Überblick. München 1990.
78 Hellwig, Gerhard: Lexikon der Maße und Gewichte. Gütersloh 1979.
79 Hentschel, Hans-Jürgen: Licht und Beleuchtung. Theorie und Praxis der Lichttechnik. 3. Aufl. Heidelberg 1987.
80 Hinz, Walther: Islamische Maße und Gewichte, umgerechnet ins metrische System. Handbuch der Orientalistik. Erg.-Bd. 1. H. 1. Leiden 1955.
81 Hippel, Wolfgang von: Maß und Gewicht im Gebiet von bayerischer Pfalz und Rheinhessen (Departement Donnersberg) am Ende des 18. Jahrhunderts. Mannheim 1994.
82 – Maß und Gewicht im Gebiet des Großherzogtums Baden am Ende des 18. Jahrhunderts. Mannheim 1996.
83 – Maß und Gewicht im Gebiet des Königreichs Württemberg und der Fürstentümer Hohenzollern am Ende des 18. Jahrhunderts. Stuttgart 2000.
84 Hoffmann, Dieter / Witthöft, Harald (Hrsg.): Genauigkeit und Präzision in der Geschichte der Wissenschaft des Alltags. Braunschweig 1996.
85 Hoppe-Blank, J.: Vom metrischen System zum Internationalen Einheitensystem. 100 Jahre Meterkonvention. Braunschweig 1975.
86 Huggle, Ursula / Ohler, Norbert: Maße, Gewichte und Münzen; historische Angaben zum Breisgau und zu angrenzenden Gebieten. Bühl (Baden) 1998.
87 Hütte. Des Ingenieurs Taschenbuch. Bd. 1. 18. Aufl. Berlin 1955. S. 1025–1039.
88 Hultsch, Friedrich: Griechische und römische Metrologie. 2. Bearbeitung. Berlin 1882. Nachdr. Graz 1971.
89 Ifrah, Georges: Universalgeschichte der Zahlen. 2. Aufl. Frankfurt a. M. / New York 1987.

90 Jäckel, Joseph: Neueste Europäische Münz-, Maß- und Gewichtskunde. 2 Bde. Wien 1828.

91 Jenemann, Hans R.: Tabelle zur Entwicklung der Präzisionswaage. In: 80.

92 – Zur Geschichte der Bestimmung der Dichte flüssiger und fester Körper. In: Acta Metrologiae Historicae III. St. Katharinen 1992.

93 Kahnt, Helmut / Knorr, Bernd: Alte Maße, Münzen und Gewichte. Ein Lexikon. Mannheim/Wien/Zürich 1987.

94 Karsten, Gustav: Maaß und Gewicht in den Herzogtümern. In: Landwirthschaftliches Wochenblatt für die Herzogtümer Schleswig, Holstein und Lauenburg. [o. O.] 1857.

95 Kern, Ulrich: Forschung und Präzisionsmessung. Die Physikalisch-Technische Reichsanstalt zwischen 1918 und 1948. Weinheim [u. a.] 1994.

96 Kletke, G. M.: Preußische Maaß- und Gewichts-Ordnung, mit Inbegriff sämmtlicher seit dem 16. Mai 1816 bis zum Jahre 1842 incl. erschienenen Erläuterungen, Ergänzungen und Zusätze. Berlin 1844.

97 – Maaß- und Gewichtsordnung vom 17. August 1868 nebst der Eichordnung vom 16. Juli 1869. Berlin ^{2}1871.

98 Klimpert, Richard: Lexikon der Münzen, Maße und Gewichte, Zählgrößen und Zeitgrößen aller Länder der Erde. 2. Aufl. Berlin 1896. Nachdr. Graz 1972.

99 Koch, Rudi (Hrsg.): BI-Lexikon. Uhren und Zeitmessung. Leipzig 1987.

100 Kochsiek, Manfred (Hrsg.): Handbuch des Wägens. 2., bearb. und erw. Aufl. Braunschweig/Wiesbaden 1989.

101 Kochsiek, Manfred [u. a.]: Harmonisierung des gesetzlichen Meßwesens in Europa. In: PTB-Mitteilungen 103 (1993) S. 73–79.

102 Kretzmer, F.: Rohrberechnungen und Strömungsmessungen in der altrömischen Wasserversorgung. In: Zeitschrift VDI 78 (1934) S. 19–22.

103 Kreuzer, Anton: Die Armbanduhr. Spezialitäten, Extravaganzen und technische Steckbriefe. Klagenfurt 1983.

104 Krug, Günter: Mechanische Uhren. Einzelteile, Baugruppen, Werk- und Hilfsstoffe. Berlin 1987.

105 Krüger, Gustav: Uhren und Zeitmessung. 2. Aufl. Bern/Stuttgart 1977.

106 Kruse, Jürgen Elert: Allgemeiner und besonders Hamburgischer Contorist, welcher [...] Gewichten und Maaßen gegen die zu Hamburg [...] gebräuchlich sind, genau vergleichet [...]. Hamburg 1753.
107 Landolt, M. K.: Das älteste bekannte Maß- und Gewichtssystem. In: Bulletin des schweizerischen Elektrotechnischen Vereins 60 (1969) S. 985 ff.
108 Lanzac, August: Die Münz-, Maaß- und Gewichtskunde aller Staaten und Städte der Welt. Dresden 1865.
109 Laporte, H.: Zur Geschichte der Temperaturmeßgeräte. In: Meß-, Steuerungs- und Regelungstechnik msr 16 (1973) S. 190–191, 254–255.
110 Lehmann, C. F.: Altbabylonisches Maß und Gewicht und deren Wanderung. In: Zeitschrift für Ethnologie 21 (1889) S. (245) – (325).
111 – Das Altbabylonische Maß- und Gewichtssystem als Grundlage des antiken Gewichts-, Münz- und Maßsystems. Leiden 1893.
112 Lepsius, Richard: Die altägyptische Elle und ihre Einteilung. In: Abhandlungen der kgl. Akademie der Wissenschaften. Berlin 1865.
113 – Die Babylonisch-Assyrischen Längenmaße nach der Tafel von Senkeret. In: Philolog. und Histor. Abhandlungen der kgl. Akademie der Wissenschaften. Berlin 1874. S. 105–145.
114 – Die Längenmaße der Alten. Berlin 1884.
115 Lexikon der Alten Welt. Anhang V: Maße und Gewichte. Zürich/Stuttgart 1965. Sp. 3421–36.
116 Lietzmann, Hans: Zeitrechnung der römischen Kaiserzeit, des Mittelalters und der Neuzeit für die Jahre 1–2000 n. Chr. 4. Aufl. Berlin / New York 1984.
117 Littrow, J. J. von: Handbuch der vorzüglichsten Münzen, Maße und Gewichte zur Vergleichung mit denen des österreichischen Kaiserstaates. 3. Aufl. Wien 1865.
118 Löhmann, Friedrich: Tafeln zur Verwandlung des Längen- und Hohlmaßes, so wie des Gewichtes und der Rechnungsmünzen [...]. Erste Abteilung, die Tafeln der Fuß-Maße enthaltend. Leizpig 1821.
119 – Dass. Zweite Abteilung, die Tafeln der Ellen-Maße enthaltend. Leipzig 1822.

120 – Dass. Dritte Abteilung, die Tafeln der Handelsgewichte enthaltend. Leipzig 1823.
121 – Dass. Des fünften Bandes erste Abteilung, die Tafeln der Medizinal- und Apothekergewichte. Leipzig 1832.
122 Lorenzen-Schmidt, K. J.: Kleines Lexikon alter schleswig-holsteinischer Gewichte, Maße und Währungseinheiten. Neumünster 1990.
123 Das rechte Maß. Messen und Eichen in Bayern. WVhefte 71/1, Hrsg.: Bayrisches Staatsministerium für Wirtschaft und Verkehr. München 1972.
124 Matthaes, K.: Das Eichwesen in Schleswig-Holstein. Zum 100jährigen Bestehen der Eichaufsicht. Kiel 1959.
125 Mehl, Andreas: Volumenmessung in der römischen Wasserversorgung. In: Technikgeschichte 54 (1987) S. 263–272.
126 Meldau, Robert: Zeichen, Warenzeichen, Marken. Kulturgeschichte und Werbewert graphischer Zeichen. Bad Homburg v. d. H. / Berlin / Zürich 1967.
127 Menninger, Karl: Zahlwort und Ziffer. Eine Kulturgeschichte der Zahl. 3. Aufl. (Nachdr. der 2. Aufl. 1958.) Göttingen 1979.
128 Messen, Prüfen, Eichen. Eichwesen in Schleswig-Holstein. Hrsg. zum 125jährigen Bestehen der Eichverwaltung des Landes Schleswig-Holstein. Kiel 1984.
129 Metrologie in Europa – fachübergreifend tätige Organisationen. In: PTB-Mitteilungen 100 (1990) S. 281–289, 375–386.
130 Mettler Wägelexikon. Praktischer Leitfaden der wägetechnischen Begriffe. Von L. Biétry und M. Kochsiek. Hrsg.: Mettler-Toledo AG. Greifensee 1990.
131 Müllner, Johann Nikolaus: Münz-, Maaß- und Gewichtskunde vom Königreiche Böhmen. Prag 1796.
132 Mulsow, Hermann: Maß und Gewicht der Stadt Basel bis zum Beginn des 19. Jahrhunderts. Diss. Freiburg i. Br. 1910.
133 Nelkenbrecher, J. C.: Taschenbuch der Münz-, Maaß- und Gewichtskunde für Kaufleute. 8. Aufl. von M. R. B. Gerhardt. Berlin 1798.
134 Neugebauer, O.: Zur Entstehung des Sexagesimalsystems. In: Abhandlungen der Ges. der Wissenschaften zu Göttingen. Mathem.-physikal. Klasse. N. F. Bd. 13,1. Berlin 1927.
135 Nissen, Heinrich: Griechische und römische Metrologie. In: Iwan Müller: Handbuch der klassischen Altertumswissenschaft. Bd. 1. 2. Aufl. München 1892. S. 834–890.

136 Noback, Christian / Noback, Friedrich: Vollständiges Taschenbuch der Münz-, Maass- und Gewichts-Verhältnisse [...]. 2 Abteilungen. Leipzig 1851.
137 Oesterreicher-Mollwo, Marianne (Bearb.): Herder-Lexikon Symbole. 2. Aufl. Freiburg i. Br. / Basel / Wien 1978.
138 Omm, Peter: Meßkunst ordnet die Welt. Buchschlag bei Frankfurt a. M. 1958.
139 Oxé, August: Kor und Kab. Antike Hohlmaße und Gewichte in neuer Beleuchtung. In: Bonner Jahrbücher 147. Darmstadt 1942. S. 91–216.
140 Padelt, Erna: Menschen messen Zeit und Raum. Berlin 1971.
141 – / Laporte, Hansgeorg: Einheiten und Größenarten der Naturwissenschaften. 2. Aufl. Leipzig 1967.
142 Pfeiffer, Elisabeth: Die alten Längen- und Flächenmaße. Ihr Ursprung, geometrische Darstellungen und arithmetische Werte. 2 Bde. St. Katharinen 1986.
143 Plato, Fritz: Die Maß- und Gewichtsordnung vom 30. Mai 1908 mit den Ausführungsbestimmungen. Berlin 1912.
144 Die historische Entwicklung der Meßkunde und des Maß- und Gewichtswesens. In: Walter Block: Messen und Wägen. Leipzig 1928.
145 Prell, Heinrich: Die Stadienmaße des klassischen Altertums in ihren wechselseitigen Beziehungen. In: Wiss. Zeitschrift der Technischen Hochschule Dresden 6 (1956/57) S. 549–563.
146 Reicke, Bo / Rost, Leonhard: Biblisch-Historisches Handwörterbuch. Bd. 2: H–O. Göttingen 1964. Artikel »Maße und Gewichte«, Sp. 1159–68.
147 Reisner, George: Altbabylonische Maße und Gewichte. In: Sitzungsberichte der kgl. Preuß. Akademie der Wissenschaften. Berlin 1896.
148 Ricker, M.: Beiträge zur älteren Geschichte der Buchhaltung in Deutschland. Berlin 1967.
149 Rienecker, Fritz: Lexikon zur Bibel. Wuppertal 1969. Sp. 883–897.
150 Rohrwasser, Alfred: Österreichs Punzen. Edelmetall-Punzierung in Österreich von 1524–1984. Perchtoldsdorf 1983.
151 Rottländer, Rolf C. A.: Antike Längenmaße. Braunschweig/Wiesbaden 1979.
152 Rottleuthner, Wilhelm: Die alten Localmaße und Gewichte

nebst den Aichungsvorschriften in Tirol und Vorarlberg. Innsbruck 1883.

153 – Alte lokale und nichtmetrische Gewichte und Maße und ihre Größen nach metrischem System. Bearb. von Wilhelm E. Rottleuthner. Innsbruck 1985.

154 Rüffer, B. / Erke, H.: Grundsätze für den Einsatz von Symbolen und Piktogrammen im Straßenverkehr. In: Forschung, Straßenbau und Straßenverkehrstechnik, H. 332 (1981). Bonn-Bad Godesberg 1981.

155 Sacklowski, Alfred: Einheitenlexikon: Anwendung, Erläuterung von Gesetz und Normen. Neu bearb. von Peter Drath. Hrsg.: DIN, Deutsches Institut für Normung. Berlin/Köln 1986.

156 Saß, E.: Die Geschichte des Eichwesens von 1380–1870. DAMG Mitteilungsblatt Nr. 73. Berlin 1957.

157 Sawelski, F. S.: Die Masse und ihre Messung. Moskau/Leipzig 1974.

158 – Die Zeit und ihre Messung. Von der billionstel Sekunde bis zu Jahrmilliarden. Leipzig 1977.

159 Schilbach, Erich: Byzantinische Metrologie. Handbuch der Altertumswissenschaft. Abt. 12. Tl. 4. München 1970.

160 Schirek, Carl: Die Punzierung in Mähren. Gleichzeitig ein Beitrag zur Geschichte der Goldschmiedekunst. Brünn 1902.

161 Schlender, Johannes: Steingewichte der Fränkischen Alb und ihrer näheren Umgebung. Eine Bestandsaufnahme. Solingen 1998. (Maß und Gewicht. Zeitschrift für Metrologie. Beih. 2.)

162 Schmidt, Louis: Die Münzen, Maße, Gewichte, die Usanzen [...] sämmtlicher Staaten und Handelsplätze der Erde. Wien/Pest [1870].

163 Schmidt, M. C. P.: Die antike Wasseruhr. In: Kulturhistorische Beiträge. H. 2. Leipzig 1912.

164 Schneider, Götz: Erdbeben. Entstehung – Ausbreitung – Wirkung. Stuttgart 1975.

165 Schoapp, Johann Georg: Europäische Gewichts-Vergleichungen [...] gegen das Nürnberger Gewicht. Europäische Elen-Vergleichungen [...] gegen die Nürnberger Elen. Nürnberg 1722.

166 Scholz, Günter / Vogelsang, Klaus: Kleines Lexikon: Einheiten, Formelzeichen, Größen. Leipzig 1991.

167 Schröder, Gottfried: Technische Optik. Grundlagen und Anwendungen. 7. Aufl. Würzburg 1990.
168 Schröter, Georg: Eichgesetz und Waagen. Ein Leitfaden. Hrsg.: Mettler Instrumente GmbH. Gießen 1990.
169 Schulz, Otto: Die Entwicklung des Eichwesens in Norddeutschland im Wandel der Zeiten – 1692 bis 1992. In: PTB-Mitteilungen 103 (1992) S. 198–203.
170 Schulz, Wilfried: Das gesetzliche Meßwesen in der Bundesrepublik Deutschland. Physikalisch-Technische Bundesanstalt. PTB-Bericht TWD-36. Braunschweig 1990.
171 Schwartz, R.: Darstellung der Masseskala der PTB von 1 mg bis 10 kg. Braunschweig 1991. (PTB-Bericht MA 21.)
172 Schwarz-Winklhofer, Inge / Biedermann, Hans: Das Buch der Zeichen und Symbole. München/Zürich 1972.
173 Seiler, Eberhard (Hrsg.): Grundbegriffe des Meß- und Eichwesens. Braunschweig/Wiesbaden 1983.
174 Seleschnikow, Semjon I.: Wieviel Monde hat ein Jahr? Kleine Kalenderkunde. Köln 1981.
175 Seling, Helmut / Domdey-Knödler, Helga: Europäische Stadtmarken, die Sie nicht verwechseln sollten. Typologie alter Goldschmiedemarken. München 1984.
176 SI. Das Internationale Einheitensystem. 2. Aufl. Wiesbaden 1982.
177 Spieweck, Frank / Bettin, Horst: Methoden zur Bestimmung der Dichte von Festkörpern und Flüssigkeiten. Physikalisch-Technische Bundesanstalt. PTB-Bericht W-46. Braunschweig 1991.
178 – Das Internationale Einheitensystem – Entwicklung der Einheiten und heutiger Stand. Physikalisch-Technische Bundesanstalt. PTB-Bericht W-58. Braunschweig 1994.
179 Steuer, Heiko: Waagen und Gewichte aus dem mittelalterlichen Schleswig. Köln 1997.
180 Straßer, Georg: Die Toise, der Yard und das Meter. Das Ringen um ein einheitliches Maßsystem. In: Jubiläumsveranstaltung 100 Jahre metrisches Maßsystem in Österreich. Wien [1972].
181 Taschenbuch Meß- und Eichwesen. Fehlergrenzen, Formeln, Tabellen. Kiel 1984.
182 Trapp, Wolfgang: Geschichte des gesetzlichen Meßwesens. Physikalisch-Technische Bundesanstalt. Bericht PTB-TWD-43. Braunschweig 1994.

183 – Von den Anfängen der Massebestimmung zur elektromechanischen Waage. In: 80.
184 – Gesetzliche Grundlagen des Meßwesens. In: P. Profos (Hrsg.): Handbuch der Industriellen Meßtechnik. 5. Aufl. München 1991.
185 – Organisation des gesetzlichen Meßwesens vom 18. Jahrhundert bis zur Gegenwart. In: Acta Metrologiae Historicae III. Linz 1991.
186 Ulbrich, Karl: Die historische Entwicklung der Maßsysteme in Österreich. In: Blätter für Technikgeschichte. H. 36/37 (1974/75). Wien 1976.
187 Unger, Eckard: Die Nippurelle. In: Publikationen der Kaiserlich Osmanischen Museen. Konstantinopel 1916.
188 – Artikel »Gewicht«. In: Reallexikon der Vorgeschichte von Max Ebert (Hrsg.). Bd. 4. Berlin 1926. S. 308–318.
189 – Artikel »Maß«. In: Ebd. Bd. 8. Berlin 1927. S. 58–60.
190 United Nations (Hrsg.): World Weights and Measures. Handbook for Statisticians. New York 1966.
191 Vangroenweghe, Daniel / Geldof, Tillo: Apothecaries' Weights – Pondera Medicinalia. Brügge 1989.
192 Verdenhalven, Fritz: Alte Maß- und Währungssysteme aus dem deutschen Sprachgebiet. Neustadt an der Aisch ^{2}1998.
193 Vieweg, Richard: Maß und Messen in der Wissenschaft und im täglichen Leben. In: Jahrbuch 1954 der Akademie der Wissenschaften umd Literatur Mainz. Wiesbaden 1954.
194 Walden, P.: Maß, Zahl und Gewicht in der Chemie der Vergangenheit. Stuttgart 1931.
195 Wang, Victor: Die Vereinheitlichung von Maß und Gewicht in Deutschland im 19. Jahrhundert. St. Katharinen 2000.
196 Weights and Measures in China through the Ages. Ed.: National Bureau of Metrology. Peking 1981.
197 Weiß, Hildegard: Vereinheitlichung von Maß und Gewicht in Deutschland im 19. Jahrhundert. Unter besonderer Berücksichtigung Bayerns. Solingen 1996. (Maß und Gewicht. Zeitschrift für Metrologie. Beih.1.)
198 Wills, Franz Hermann: Schrift und Zeichen der Völker von der Urzeit bis heute. Düsseldorf/Wien 1977.
199 Witthöft, Harald: Umrisse einer historischen Metrologie zum Nutzen der wirtschafts- und sozialgeschichtlichen Forschung. 2 Bde. Göttingen 1979.

200 Witthöft, Harald: Sammelbericht. Literatur zur historischen Metrologie 1945–1982. In: Vierteljahresschrift für Sozial- und Wirtschaftsgeschichte 69,4 (1982).
201 – Münzfuß, Kleingewichte, pondus Caroli und die Grundlegung des nordeuropäischen Maß- und Gewichtswesens in fränkischer Zeit. Ostfildern 1984.
202 – (Hrsg.): Die historische Metrologie in den Wissenschaften. Philosophie-, Architektur- und Baugeschichte, Geschichte der Mathematik und der Naturwissenschaften, Geschichte des Münz-, Maß- und Gewichtswesens. St. Katharinen 1986.
203 – (Hrsg.): Metrologische Strukturen und die Entwicklung der alten Maß-Systeme. St. Katharinen 1988.
204 – Längenmaß und Genauigkeit 1660 bis 1870 als Problem der deutschen historischen Metrologie. In: Technikgeschichte 57 (1990) Nr. 3. S. 189–210.
205 – Das Fundament des Gewichts in Köln nach schriftlichen Überlieferungen des 14.–19. Jahrhunderts. In: Jahrbuch des Kölnischen Geschichtsvereins 61 (1990) S. 35–57.
206 – Thesen zu einer karolingischen Metrologie. In: Science in Western and Eastern Civilisation in Carolingian Times. Basel 1993.
207 – Städtisches Gewicht – Ordnung, Amt, Zeichen. In: Anzeiger des Germanischen Nationalmuseums. Nürnberg 1993. S. 117–131.
208 – Deutsche Bibliographie zur Historischen Metrologie. St. Katharinen 1991. (Handbuch der Historischen Metrologie. Bd. 1.)
209 – Deutsche Maße und Gewichte des 19. Jahrhunderts. Tl. 1: Die Orts- und Landesmaße. St. Katharinen 1993. (Handbuch der Historischen Metrologie. Bd. 2.)
210 – Deutsche Maße und Gewichte des 19. Jahrhunderts. Tl. 2: Die Maß- und Gewichtseinheiten. St. Katharinen 1994. (Handbuch der Historischen Metrologie. Bd. 3.)
211 – Deutsche Maße und Gewichte des 19. Jahrhunderts. Tl. 3: Korpus der Maße und Gewichte nach den Rechtsquellen des 19. Jahrhunderts. St. Katharinen 1994. (Handbuch der Historischen Metrologie. Bd. 4.)
212 Zemanek, Heinz: Kalender und Chronologie: Bekanntes und Unbekanntes aus der Kalenderwissenschaft. 5. Aufl. München/Wien 1990.

213 Zeulmann, Stephan: Das Maß- und Gewichtswesen. München 1914.
214 Ziegler, Heinz: Studien zum Umgang mit Zahl, Maß und Gewicht in Nordeuropa seit dem Hohen Mittelalter. St. Katharinen 1997.
215 – Der Rheinländische Fuß – ein alter Maßstandard in Nordeuropa. Braunschweig 1999. (PTB-Bericht TWD-46.)
216 Zimmermann, Albert: Maß und Zahl im philosophischen Denken des Mittelalters. In: 174.
217 Zupko, Ronald Edward: British Weights and Measures. A History from Antiquity to the Seventeenth Century. Madison, Wis. 1977.

11.3 Wichtige Links zu metrologischen Institutionen und Organisationen

Die Aufgabe von CODATA – Committee on Data for Science and Technology besteht darin, die internationale Wissenschaft im Interesse der Gesellschaft zu stärken, indem sie das Management von wissenschaftlichen und technischen Daten und deren Gebrauch fördert.	www.codata.org
Das BIPM – Internationales Büro für Maß und Gewicht hat die Aufgabe, ein weltweit einheitliches und eindeutiges System von Maßen auf der Basis des Internationalen Einheitensystems zur Verfügung zu stellen.	www.bipm.fr
Die Deutsche Akkreditierungsstelle GmbH (DAkkS) fasst die bisherigen EA-Mitglieder des DAR (ehemals DACH, DAP und TGA/DATECH) und DKD zusammen.	www.dakks.de
Die European Association of National Metrology Institutes (EURAMET e.V.)	www.euramet.org

ist eine regionale Metrologie-Organisation (RMO) von Europa.	
Die Internationale Organisation des Gesetzlichen Messwesens (Organisation Internationale de Métrologie Légale, International Organization of Legal Metrology – OIML) beruht auf einem internationalen Regierungsabkommen. Die Mitglieder umfassen Staaten, die aktiv zu technischen Entwicklungen beitragen, und korrespondierende Mitgliedstaaten, die als Beobachter teilnehmen.	www.oiml.org
Die Aufgabe des National Institute of Standards and Technology – NIST im US-Department für Wirtschaft ist es, in den Vereinigten Staaten die Innovation und die industrielle Wettbewerbsfähigkeit durch fortschrittliche Messtechnik, Normen und Technologien zu fördern und zu stärken.	www.nist.gov
Das Schweizer Bundesamt für Metrologie und Akkreditierung – METAS realisiert und verbreitet international abgestimmte und anerkannte Maßeinheiten in der erforderlichen Genauigkeit in den Bereichen Handel, Verkehr, öffentliche Sicherheit, Gesundheit und Umwelt.	www.metas.ch
Das Nederlands Meetinstituut – NMi bietet komplette metrologische Dienstleistungen in den Bereichen Prüfen, Zertifizierung, Kalibrierung und Training an.	www.nmi.nl
Das National Physical Laboratory – NPL ist das Nationale Institut für Messungen im Vereinten Königreich und weltweit führend bei genauesten Messungen in Wissenschaft und Technik.	www.npl.co.uk
Das BIPM – Bureau International des Poids et Mesures (Meterkonvention) hat	www.bipm.fr

die Aufgabe, weltweit die Einheitlichkeit von Messungen und die Rückführbarkeit auf das Internationale System der Einheiten (SI) zu sichern.	
COOMET – Euro-Asian Cooperation of National Metrological Institutions ist eine regionale Organisation und wurde ursprünglich von nationalen Metrologie-Institutionen in Zentral- und Osteuropa gegründet. In 2000 wurde sie umbenannt in Euro-Asian Cooperation of National Metrology Institutions und ist offen für weitere Mitglieder. Die Hauptaktivitäten liegen auf Harmonisierung der technischen Vorschriften, Zusammenarbeit, Qualitätsmanagement und Training.	www.coomet.org
In der International Measurement Confederation – IMEKO, einer Nicht-Regierungs-Organisation, arbeiten 39 Organisationen auf dem Gebiet der Weiterentwicklung der Messtechnik zusammen.	www.imeko.org
Die Europäische Kooperation für Akkreditierung (European co-operation for Accreditation) – EA ist eine Non-Profit-Vereinigung anerkannter Akkreditierungsstellen in Europa. Ziele sind die Harmonisierung und einheitliche Auslegung von Normen sowie die gegenseitige Anerkennung von Akkreditierungen.	www.european-accreditation.org
Das Hauptziel der European Cooperation in Legal Metrology – WELMEC ist, ein harmonisiertes und konsistentes System des europäischen Gesetzlichen Messwesens zu etablieren. Zurzeit sind 37 Staaten Mitglieder in WELMEC.	www.welmec.org
Die Physikalisch-Technische Bundesanstalt – PTB in Braunschweig und Berlin ist das deutsche nationale Metrologie-	www.ptb.de

Institut mit wissenschaftlich-technischen Dienstleistungsaufgaben. Sie ist die »Hüterin der Einheiten« und führt Messungen mit höchster Genauigkeit und Zuverlässigkeit durch – mit Metrologie als Kernkompetenz.

Die Deutsche Akademie für Metrologie – DAM ist eine gemeinsame Einrichtung aller deutschen Bundesländer. Die Hauptaufgaben der DAM bestehen in der Aus- und Fortbildung auf dem Gebiet des Gesetzlichen Messwesens für technische Bedienstete aus allen Bundesländern Deutschlands sowie für Fachleute aus den von der Industrie betriebenen staatlich anerkannten Prüfstellen und privaten sowie staatlichen Institutionen.	www.dam-germany.de
Die Arbeitsgemeinschaft Mess- und Eichwesen – AGME ist das Koordinierungsorgan der Eichaufsichtsbehörden der 16 Bundesländer in Deutschland. Sie unterhält eine Geschäftsstelle an der Deutschen Akademie für Metrologie – DAM, der Vorsitz der AGME wechselt alle zwei Jahre.	www.agme.de
Auf Nando (New Approach Notified and Designated Organisations) Information System informierten die Europäische Kommission und die anderen Mitgliedstaaten über Benannte Stellen, die alle geforderten Anforderungen für bestimmte Richtlinien erfüllen.	www.ec.europa.eu/enterprise/newapproach/nando/

12 Bildquellennachweis

Jürgen Abeler: Ullstein Uhrenbuch. Berlin: Ullstein, 1975.
Bilder 2.8.6–2, 2.8.6–3.

Bayerisches Landesamt für Maß und Gewicht. Bayerische Eich- und Beschussämter. Internetauftritt:
URL: http://www.lmg.bayern.de (2006).
Bilder: 4.2–7, 4.2–8.

Beschussämter in Deutschland. Internetauftritt:
URL: http://www.beschussamt.de (2006).
Bild 4.2–6.

Almut Bohnsack: Spinnen und Weben. Entwicklung von Technik und Arbeit im Textilgewerbe. Reinbek bei Hamburg: Rowohlt Taschenbuch Verlag, 1981.
Bild 7–1.

Franz Embacher: Sonnenuhren bauen leicht gemacht. Köln-Braunsfeld: Müller, 1984.
Bild 2.8.5–1.

Georges Ifrah: Histoire Universelle des Chiffres. Paris: Seghers, 1981.
Bilder: 4.1–1, 4.1–2, 4.1–3, 4.1–4, 4.1–5.

Bruno Kisch: Scales and Weights. A Historical Outline. New Haven / London: Yale University Press, [3]1975.
Bild 4.2–5.

Gustav Krüger: Uhren und Zeitmessung. Bern/Stuttgart: Hallwag, 1976.
Bild 2.8.6–5.

Physikalisch-Technische Bundesanstalt PTB. Braunschweig 2005.
Bilder: 2.8.9–1, 5.3–1. URL: http://www.ptb.de (2006).

Inge Schwarz-Winklhofer/Hans Biedermann: Das Buch der Zeichen und Symbole. München: Droemer Knaur, 1972. – Copyright © K. F. Sammler Verlag, Graz.
Bilder 4.2–1, 4.2–3.

Hans Dieter Stöver: Mord auf der Via Appia. München/Zürich: Droemer Knaur, 1982. – © Bocola Verlag GmbH, Bonn.
Bild 2.8.3–1.

Ivar Veit: Technische Akustik. Würzburg: Vogel, [4]1988.
Bilder 3.2.4–1, 3.2.4–2.

Heinz Wallerus: Vortragsunterlagen über die Modul-Richtlinie der Europäischen Union. 2004.
Bild 5.2–1.

13 Register

Zu den Autoren

WOLFGANG TRAPP, Jahrgang 1918, studierte Fernmelde- und Hochfrequenztechnik an der Technischen Hochschule Braunschweig. Promotion zum Dr.-Ing. Als Leiter des Laboratoriums für Neigungswaagen an der Physikalisch-Technischen Bundesanstalt in Braunschweig wirkte er maßgeblich bei der Neufassung von Eichgesetzen und der Harmonisierung der Eichvorschriften im Rahmen der Europäischen Gemeinschaft mit. Ab 1964 Leiter der Eichverwaltung von Schleswig-Holstein in Kiel, ab 1967 Direktor des Bayerischen Landesamtes für Maß und Gewicht in München. Berater der Kommission für Warenverpackung (DIN-Ausschuss). Für seine Verdienste um die bayerische Eichverwaltung erhielt er anlässlich seiner Pensionierung im Jahre 1983 das Bundesverdienstkreuz am Bande. Verschiedene Fachpublikationen, darunter *Handbuch der Münzkunde und des Geldwesens in Deutschland* (2006).

HEINZ WALLERUS, Jahrgang 1949. Nach dem Studium der Elektrotechnik – Nachrichtentechnik und Promotion zum Dr.-Ing. arbeitete er einige Jahre als Entwickler von elektronischen Messgeräten in der Industrie. Nach dem Wechsel zum Deutschen Patentamt in München ging er im Jahre 1984 zum Landesamt für Maß und Gewicht in München. Hier war er bis zum Frühjahr 2012 stellvertretender Direktor und leitete die Abteilung für das Prüfstellenwesen. Als Leiter der Deutschen Akademie für Metrologie (DAM) war er auch verantwortlich für die Aus- und Fortbildungsmaßnahmen auf dem Gebiet des Gesetzlichen Messwesens für ganz Deutschland. Für seine Beiträge zum Gesetzlichen Messwesen wurde er im Jahre 2010 mit der Ehrenmedaille der Organisation Internationale de Métrologie Légale (OIML) ausgezeichnet.